YINGYONGDIANZIJISHU

# 应用电子技术

吕学新　刘建东　孙十柱　主编

山东科学技术出版社

图书在版编目(CIP)数据

应用电子技术／吕学新，刘建东，孙十柱主编. -- 济南：山东科学技术出版社，2017.9(2020.10重印)

ISBN 978 - 7 - 5331 - 9084 - 2

Ⅰ. ①应… Ⅱ. ①吕… ②刘… ③孙… Ⅲ. ①电子技术 Ⅳ. ①TN

中国版本图书馆 CIP 数据核字(2017)第 221381 号

## 应用电子技术
YINGYONG DIANZI JISHU

责任编辑：魏海增　梁天宏
装帧设计：李晨溪

主管单位：山东出版传媒股份有限公司
出　版　者：山东科学技术出版社
　　　　　　地址：济南市市中区英雄山路 189 号
　　　　　　邮编：250002　电话：(0531)82098088
　　　　　　网址：www.lkj.com.cn
　　　　　　电子邮件：sdkj@ sdcbcm.com
发　行　者：山东科学技术出版社
　　　　　　地址：济南市市中区英雄山路 189 号
　　　　　　邮编：250002　电话：(0531)82098071
印　刷　者：山东泰安新华印务有限责任公司
　　　　　　地址：山东省泰安市岱岳区范镇岱岳新兴产业园复兴路
　　　　　　邮编：271000　电话：(0538)6119360

规格：16 开(184mm×260mm)
印张：21
字数：420 千
版次：2017 年 9 月第 1 版　2020 年 10 月第 2 次印刷

## 《应用电子技术》编委会

主　　任：杜喜亮
副 主 任：纪克玲　吕学新　陶梦民
主　　编：吕学新　刘建东　孙十柱
副 主 编：辛　鑫　马　岚　高　赛
编　　者：王　昱　李海勇　王慧云　杨　琦
　　　　　柳景深　亓延娟　王宗魁　刘峰善
　　　　　胡庆峰　辛洪强　刘立全

# 前　言

本教材是为了提高一体化教学质量，探索工作过程式教学，满足学生系统地学习应用电子专业而编写的，目的在于指导和帮助他们较系统地了解本专业的最新应用动向、全面地学习相关的专业理论知识，帮助他们掌握本专业的操作技能，成为"知其然、亦知其所以然"的复合型技能人才。

本书共分为五个项目，由吕学新、刘建东、孙十柱主编。项目一由刘建东、高赛编写，李海勇、柳景深校对；项目二由马岚编写，王慧云、杨琦校对；项目三由马岚、刘峰善编写，刘立全、辛洪强校对；项目四由辛鑫编写，王昱、王宗魁校对；项目五由辛鑫编写，亓延娟、胡庆峰校对。本书由纪克玲、陶梦民主审，在编写过程中还得到了学院各级领导和积成电子股份有限公司的大力支持。

由于本书所涉及的专业知识更新速度较快，编者在编写的过程中参阅了大量的相关教材、教辅参考书、专业文章及技术资料、图片等，在此向相关作者致以衷心的感谢。如有不敬之处，恳请见谅！

由于时间仓促，作者水平有限，书中不妥和错漏之处，恳请广大同行和读者给予批评指正。

编　者

# 目 录

**项目一　直流稳压电源** ... 1

　　任务一　万用表的使用 ... 3
　　任务二　认识常用元器件 ... 16
　　任务三　认识半导体元器件 ... 30
　　任务四　手工焊接 ... 53
　　任务五　装配直流稳压电源 ... 66

**项目二　有源音箱制作** ... 90

　　任务一　基本放大电路 ... 92
　　任务二　多级放大电路 ... 123
　　任务三　功率放大电路 ... 139
　　任务四　有源音箱的安装与检测 ... 151
　　任务五　集成运算放大器 ... 167

**项目三　调光台灯的制作** ... 181

　　任务一　认识调光台灯 ... 183
　　任务二　调光电路的安装与调试 ... 197

**项目四　防盗报警器的制作** ... 202

　　任务一　认识防盗报警器 ... 204
　　任务二　认识元器件 ... 214
　　任务三　基本逻辑运算 ... 221

任务四　脉冲波形的产生与整形 ………………………………………… 230
　　任务五　电路分析 ……………………………………………………… 243
　　任务六　成品制作 ……………………………………………………… 248

**项目五　数字秒表的制作** ………………………………………………… 258
　　任务一　认识数字秒表 ………………………………………………… 260
　　任务二　认识元器件 …………………………………………………… 263
　　任务三　组合逻辑电路 ………………………………………………… 273
　　任务四　触发器及时序逻辑电路 ……………………………………… 286
　　任务五　电路分析 ……………………………………………………… 306
　　任务六　成品制作 ……………………………………………………… 318

# 项目一　直流稳压电源

### 工作情景描述

同学们家中都有电视机、收音机等家庭常用电气设备，小小的匣子里藏着怎样的奥秘能让它们有这样丰富的功能呢？不妨让我们动手拆开来一探究竟，图1-1所示为某收音机的内部电路图。

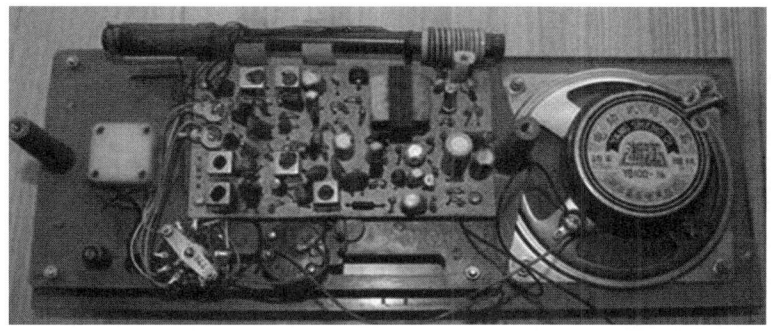

图1-1　收音机的内部电路图

### 学习目标

**知识目标**

1. 掌握万用表测量常用元器件及电量。
2. 认识常用电气元件并了解其主要参数等。
3. 理解直流稳压电源工作原理。

**能力目标**

1. 能正确识别元器件，正确使用仪器仪表。
2. 能正确装配直流稳压电源。
3. 能按照训练步骤进行电路参数的调试。

**情感目标**

1. 培养学生认真、严谨的工作态度和责任感。
2. 养成严格遵守规范的工作规程的习惯。
3. 培养学生发现问题、解决问题的能力。

### 建议课时

48 课时

### 工作流程与活动

任务一　万用表的使用
任务二　认识常用元器件
任务三　认识半导体元器件
任务四　手工焊接
任务五　装配直流稳压电源

# 任务一　万用表的使用

### 学习目标

**知识目标**

1. 了解万用表结构和主要挡位。
2. 能正确使用万用表测量电阻。
3. 能用万用表准确测量电压和电流。

**能力目标**

1. 能根据需要，查找、搜索资料。
2. 学会万用表常见故障的排除方法。

**情感目标**

1. 培养学生对该门专业课的兴趣
2. 促进学生形成严密的逻辑思维。

### 学习过程

查阅资料，完成以下问题，了解任务对象。

1. 常用万用表的类型？

2. 指针式万用表和数字式万用表的主要区别？

3. 观察万用表实物图 1-2（a）(b)，查阅资料回答万用表的主要组成部分，并对各部分进行简单介绍。

## 知识储备

万用表是一种可以测量多种电学量，具有多种量程的便携式仪表。一般万用表可以用来测量直流电流、直流电压、交流电压和直流电阻等电量。有的万用表还可以测量交流电流、电感、电容以及晶体三极管的值等。由于它的测量范围广，使用方便，因此在电气维修和测试工作中被广泛应用。常用的万用表有模拟式和数字式两种，如图 1-2 (a) 所示为指针式万用表，图 1-2 (b) 所示为数字式万用表。

### 一、模拟式万用表

本书以 MF47 型万用表为例，介绍模拟式万用表的结构、原理、使用与维护知识等。MF47 型万用表是一种高灵敏度、多量程的便携式整流系仪表，能完成交直流电压、直流电流、电阻等基本项目的测量，还能估测电容器的性能等。MF47 型万用表外形如图 1-2 (a) 所示，背面有电池盒。

图 1-2　万用表实物图

1. 测量机构（俗称"表头"）

表头是万用表的重要组成部分，决定了万用表的灵敏度。表头由表针、磁路系统和偏转系统组成。为了提高测量的灵敏度和便于扩大电流的量程，表头一般都采用内阻较大、灵敏度较高的磁电式直流电流表。另外，表头上还设有机械调零旋钮，用以校正表针在左端的零位。万用表的表头是一个灵敏电流表,电流只能从正极流入,从负极流出。在测量直流电流的时候,电流只能从与"+"插孔相连的红表笔流入,从与"-"插孔相连的黑表笔流出;在测量直流电压时,红表笔接高电位,黑表笔接低电位,否则,不但测不出数值还很容易损坏表针。

2. 表盘

表盘由多种刻度线以及带有说明作用的各种符号组成。只有正确理解各种刻度线的读数方法和各种符号所代表的意义,才能熟练、准确地使用好万用表。表盘上的符号 A - V - Ω 表示这只表是可以测量电流、电压和电阻的多用表。表盘上印有多条刻度线,如图 1 - 3 所示,其中右端标有"Ω"的是电阻刻度线,其右端表示零,左端表示 ∞,刻度值分布是不均匀的。符号"-"表示直流,"~"表示交流,"⌒"表示交流和直流共用的刻度线,hFE 表示晶体管放大倍数刻度线,dB 表示分贝电平刻度线。

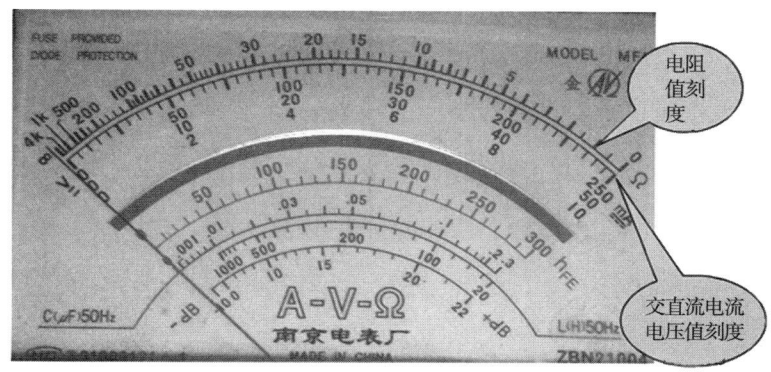

图 1 - 3　MF47 型万用表表头图

3. 转换开关

转换开关用来选择被测电量的种类和量程(或倍率),是一个多挡位的旋转开关。MF47 型万用表转换开关如图 1 - 4 所示,测量项目包括:电流、直流电压、交流电压和电阻。

图 1 - 4　MF47 型万用表转换开关图

每挡又划分为几个不同的量程（或倍率）以供选择。当转换开关拨到电流挡，可分别与五个接触点接通，用于500mA、50mA、5mA、0mA和50μA量程的电流测量；同样，当转换开关拨到电阻挡，可用×1、×10、×100、×1k、×10k倍率分别测量电阻；当转换开关拨到直流电压挡，可用于0.25V、1V、2.5V、10V、50V、250V、500V和1000V量程的直流电压测量；当转换开关拨到交流电压挡，可用于10V、50V、250V、500V、1000V量程的交流电压测量。

4. 机械调零旋钮和电阻挡调零旋钮

机械调零旋钮的作用是调整表针静止时的位置。万用表进行任何测量时，其表针应指在表盘刻度线左端"0"的位置上，如果不在这个位置，可调整该旋钮使其到位如图1-5所示。

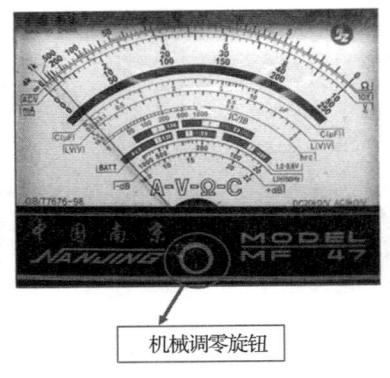

图1-5　MF47型万用表机械调零旋钮图

电阻挡调零旋钮的作用是，当红、黑两表笔短接时，表针应指在电阻（欧姆）挡刻度线的右端"0"的位置，如果不指在"0"的位置，可调整该旋钮使其到位。需要注意的是，每转换一次电阻挡的量程，都要调整该旋钮，使表针指在"0"的位置上，以减小测量的误差。

5. 表笔

表笔分为红、黑两支，使用时应将红色表笔插入标有"＋"号的插孔中，黑色表笔插入标有"－"号的插孔中。另外，MF47型万用表还提供2500V交直流电压扩大插孔以及5A的直流电流扩大插孔。使用时分别将红表笔移至对应插孔中即可。

二、数字式万用表

数字式万用表主要由数字式电压基本表、测量线路、量程转换开关3部分组成。数字式电压基本表是数字式万用表的核心，它相当于指示类仪表的测量机构。测量线路的作用是将被测的各种电量和电参量转换为微小的直流电压，供数字式电压基本表显示数值。量程转换开关的作用是当其置于不同位置时,可接通不同的测量线路。

目前在国内广泛使用的数字式万用表主要有 DT-800 系列的数字式万用表,其中 DT-830 型为该系列中的一种便携式数字万用表。该表采用由 CC7106 型 A/D 转换器组成的数字式电压基本表作为仪表的核心,整机体积小、功耗低、使用方便。

DT-9 系列包括 DT-9205,DT-930,DT-9805 等型号,均属于目前国内较常见的便携式液晶显示数字万用表。下面以 DT-9205 型为例,说明数字式万用表的主要组成部分。

DT-9205 型数字式万用表的面板如图 1-6 所示,前面板包括液晶显示器、电源开关、量程开关、输入插孔、hFE 插座等,后面板装有电池盒。

图 1-6　DT-9205 型数字式万用表面板图

1. 液晶显示器

该表采用 FE 型大字号 LCD 显示器。该表还具有自动调零和自动显示极性功能,测量时若被测电压或电流的极性为负,则在显示值前将出现"-"号。当仪表所用电源电压(9V)低于 7V 时,显示屏左上方将显示箭头方向,提示应更换电池。若输入超量程,显示屏左端显示"1"或"-1"的提示符号。小数点由量程开关进行同步控制,使小数点左移或右移。

2. 电源开关

在量程开关左上方标有"POWER"的开关即电源开关。若将此开关拨到"ON",接通电源,即可使用。使用完毕应将开关拨到"OFF"位置,以免空耗电池。

3. 量程开关

位于面板中央的量程开关为转换开关,如图 1-7 所示,提供多种测量功能和量程,供使用者选择。若使用表内蜂鸣器做线路通断检查时,量程开关应放在标有

"•))"的挡位上。

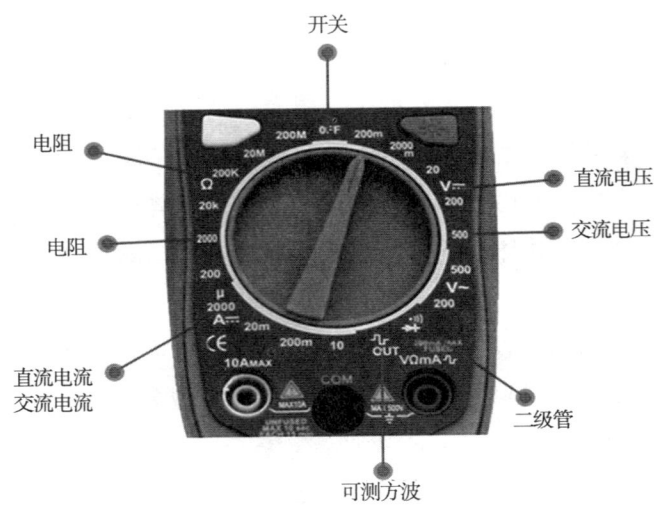

图1-7 转换开关结构示意图

4. hFE 插座

采用四眼插座，旁边分别标有 B、C、E。其中 E 孔有两个，在内部连通。测量时，应将被测晶体管三个极对应插入 B、C、E 孔内。

5. 输入插孔

输入插孔共有四个，位于面板下方。使用时，黑表笔插在"COM"插孔，红表笔则应根据被测量的种类和量程不同，分别插在"V·Ω""mA"或"10 A"插孔内。

使用时应注意：在"V·Ω"与"COM"之间标有"MAX750 V～，1000 V－"的字样，表示从这两个孔输入的交流电压不得超过 750 V（有效值），直流电压不得超过 1000 V。另外，在"mA"与"COM"之间标有"MAX200 mA"，在"10A"与"COM"之间标有"MAX10A"，分别表示在对应插孔输入的交、直流电流值不得超过 200 mA 和 10 A。

6. 电池盒

电池盒位于后盖下方。为便于检修，起过载保护的 0.5 A 快速熔丝管也装在电池盒内。

### 三、指针式万用表使用

1. 使用方法

万用表能测量直流电流、交直流电压、电阻及音频电压等，并具有较高的电压灵敏度。另外它还具有外壳坚固的特点，故在生产中得到了广泛的应用。

在使用前应检查指针是否指在机械零位上，如不指在零位时，可旋转表盖的调零器使指针指示在零位上。

（1）万用表表笔的插接

将测试棒红黑插头分别插入"+""-"插座中，如测量交流直流 2500 V 或直流 5 A 时，红插头则应分别插到标有 2500 或"5 A"的插座中。

（2）交直流电压测量

测量交流 10~1000 V 或直流 0.25~1000 V 时，转动开关至所需电压挡。测量交直流 2500 V 时，开关应分别旋转至交流 1000 V 或直流 1000 V 位置上，而后将测试棒跨接于被测电路两端。

（3）直流电流测量

测量 0.05~500 mA 时，转动开关至所需电流挡，测量 5 A 时，转动开关可放在 500 mA 直流电流量限上而后将测试棒串接于被测电路中。

（4）电阻测量电路

①欧姆表基本原理

由于仪表指针的偏转角与电流成正比，而电流与成反比。因此，仪表指针的偏转角就能够反映的大小。由以上分析可知，欧姆表的标度尺是不均匀的，而且是反向的，如图 1-8 所示。

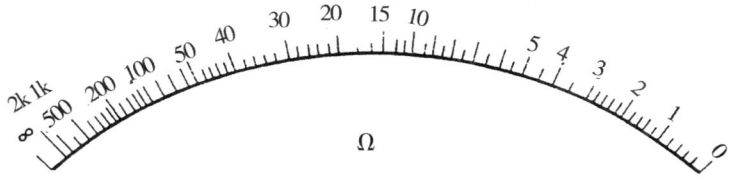

图 1-8 欧姆表的标度尺

②测量电阻值的方法

装上电池（R14 型 2#1.5V 及 6F22 型 9V 各 1 只）。转动开关至所需测量的电阻挡，将测试棒两端短接，调整欧姆调零旋钮，使指针对准欧姆"0"位上（若不能指示欧姆零位，则说明电池电压不足，应更换电池），然后将测试棒跨接于被测电路的两端进行测量。准确测量电阻时，应选择合适的电阻挡位，使指针尽量能够指向表刻度盘中间三分之一区域。测量电路中的电阻时，应先切断电路电源，如电路中有电容应先行放电。

读数：读"Ω"标度尺，即标度盘上第一条标度尺。将读取的数再乘以倍率数就是被测电阻的电阻值。

## 2. 使用万用表时应注意的事项

（1）为了减小测量误差，在使用万用表之前要先进行机械调零。在测量电阻之前，要进行欧姆调零。

（2）使用时将红表笔与"+"极性孔相连，黑表笔与"-"极性孔相连。测量直流量时，要注意正、负极性，以免指针反转。测量电流时，仪表应串联在被测电路中；测量电压时，仪表要并联在被测电路两端。在用万用表测量晶体管时，应牢记万用表的红表笔与内部电池的负极相接，黑表笔与内部电池的正极相接。

（3）使用万用表时，应仔细检查转换开关位置选择是否正确。如测量电压时应将转换开关放在相应的电压挡，测量电流时应放在相应的电流挡等。若误用电流挡或电阻挡测量电压，会造成万用表的损坏。

（4）为了尽量减小测量误差，选择电流或电压量程时，最好使指针处在标度尺三分之二以上的位置；选择电阻量程时，倍率选择最好使指针处在标度尺的中间位置。测量时，当不能确定被测电流、电压的数值范围，应先将转换开关转至对应的最大量程，然后根据指针的偏转程度逐步减小至合适量程。

（5）在万用表的表盘上有许多条标度尺，分别用于不同的测量对象。所以测量时要在对应的标度尺上正确读数，同时应注意标度尺读数和量程的配合，避免出错。

（6）严禁在被测电阻带电的情况下用欧姆挡去测量电阻。否则，外加电压极易造成万用表的损坏。电阻测量必须在断电状态下进行。

（7）为确保安全，测量交直流2500V量限时，应将测试表笔一端固定在电路地电位上，另一测试表笔去接触被测高压电源。测试过程中应严格执行高压操作规程，双手必须带高压绝缘手套，地板上应铺置高压绝缘胶板。

（8）万用表在测试时，不能旋转转换开关。需要旋转转换开关时，应让表笔离开被测电路，以保证转换开关接触良好。

（9）万用表用完之后，最好将转换开关置于空挡或交流电压最高挡，以防下次测量时由于疏忽而损坏万用表。

### 四、数字式万用表使用

1. 使用方法

（1）直流电压的测量

将红表笔插入"V·Ω"插孔，黑表笔插入"COM"插孔，量程开关置于"DCV"的适当量程。将电源开关拨至"ON"位置，两表笔并联在被测电路两端，显示屏上就显示出被测直流电压的数值。

(2) 交流电压的测量

将量程开关拨至"ACV"范围内的适当量程,表笔接法同上,测量方法与测量直流电压相同。

(3) 直流电流的测量

将量程开关拨至"DCA"范围内的合适挡,黑表笔插入"COM"插孔,红表笔插入"mA"插孔(电流值<200 mA)或"10 A"插孔(电流值>200 mA)。将电源开关拨至"ON"位置,把仪表串联在被测电路中,即可显示出被测直流电流的数值。

(4) 交流电流的测量

将量程开关拨至"ACA"的合适挡,表笔接法和测量方法与测量直流电流相同。

(5) 电阻的测量

将量程开关拨至"Ω"范围内合适挡,红表笔插在"V·Ω"插孔,黑表笔插入"COM"插孔。如量程开关置于20 M或2 M挡,显示值以"MΩ"为单位,置于2k挡以"kΩ"为单位,置于200挡以"Ω"为单位。

(6) 二极管的测量

将量程开关拨至"⊶⊣"挡,红表笔插入"V·Ω"插孔,接二极管正极;黑表笔插入"COM"插孔,接二极管负极。此时显示的是二极管的正向电压,若为锗管应显示0.150~0.300 V;若为硅管应显示0.550~0.700 V。如果显示000,表示二极管被击穿;显示1,表示二极管内部开路。

(7) 晶体管 hFE 的测量

将被测晶体管的管脚插入"hFE"相应孔内,根据被测管类型选择"PNP"或"NPN"挡位,电源开关拨至"ON",显示值即为 hFE 值。

(8) 线路通、断的检查

量程开关拨至"·)))"蜂鸣器挡,红表笔插入"V·Ω"插孔,黑表笔插入"COM"插孔,若被测线路电阻低于规定值(20±10 Ω),蜂鸣器发出声音,表示线路接通。反之,表示线路不通。

2. 使用数字式万用表的注意事项

(1) 使用数字式万用表之前,应仔细阅读使用说明书,熟悉面板结构及各旋钮、插孔的作用,以免使用中发生错误。

(2) 测量前,应校对量程开关位置及两表笔所插的插孔,无误后再进行测量。

(3) 测量前若无法估计被测量大小,应先用最高量程测量,再视测量结果选择合适量程。

(4) 严禁测量高压或大电流时拨动量程开关,以防止产生电弧,烧毁开关触点。

（5）当使用数字式万用表电阻挡测量晶体管、电解电容等元器件时，应注意，红表笔接"V·Ω"插孔，带正电；黑表笔接"COM"插孔，带负电。这点与模拟式万用表正好相反。

（6）由于数字式万用表的频率特性较差，故只能测量 45～500 Hz 范围内的正弦波电量的有效值。

（7）严禁在被测电路带电的情况下测量电阻，以免损坏仪表。

（8）若将电源开关拨至"ON"位置，液晶无显示，应检查电池是否失效，或熔丝管是否烧断。若显示欠压信号"←"，需更换新电池。

（9）为了延长电池使用寿命，每次使用完毕应将电源开关拨至"OFF"位置。长期不用的仪表，要取出电池，防止因电池内电解液漏出而腐蚀表内元器件。

## 技能训练

根据操作过程补全以下填空并记录测量结果。

### 一、万用表测量电阻值

根据测量过程，学习万用表测量电阻值的方法并补全以下填空。

（1）注意电池_____极安放电池。

（2）插好表笔，_____与"＋"极性孔相连，_____与"－"极性孔相连。

（3）机械调零。万用表在测量前，应处于水平放置，检查表头指针是否处于_____标尺的零刻度线上，若不在_____，应用小螺丝刀调整表头下方_____，使指针回到_____。

（4）选择量程。先粗略_____所测电阻_____，再选择合适_____，如果被测电阻不能估计，一般将开关拨在_____或_____的位置进行初测，看指针是否停在_____附近，如果是，说明挡位_____。如果指针太靠近_____，如图1-9（a）所示，则要_____挡位；如果指针太靠近_____，如图1-9（b）所示，则要_____挡位。使测量时的指针停在如图中箭头所示的中间附近。

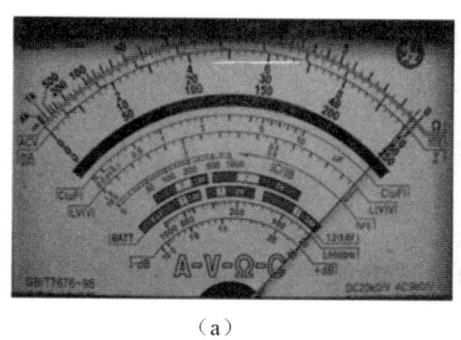 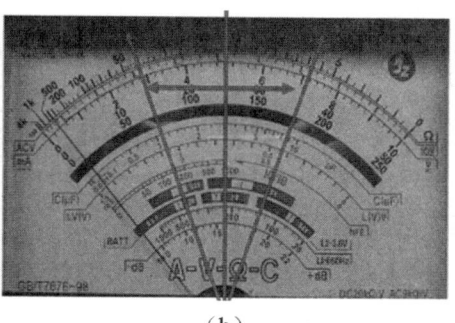

图 1-9 量程选择示意图

（5）欧姆调零。量程选准之后必须进行欧姆调零，否则测量值有_____。将红黑两表笔_____，看指针是否指在_____位置，如果没有，调节_____，使其指在_____位置。注意：重新换挡之后也必须进行_____。

（6）连接电阻测量。万用表两表笔接在待测电阻两端进行测量。

（7）读数。读"Ω"标度尺，即标度盘上第一条标度尺。将读取的数再乘以_____就是被测电阻的电阻值。以下以 MF47 型万用表为例，说明万用表的读数。第一条刻度线是电阻值指示，最左端是_____，右端为_____，当中刻度_____。电阻挡有_____各挡，分别说明刻度的指示再要乘上的倍数，才得到实际的电阻值（单位为欧姆）。例如：用 R×100 挡测一电阻，指针指示为"10"，那么它的电阻值为 10×100 = 1000 Ω 挡，即 1 kΩ。

（8）挡位复位。将挡位开关打在_____或_____位置。

（9）将测量结果填入表 1-1。

表 1-1 万用表测量电阻值

测量人：_____　测量仪器：_____　　年　月　日

| 电阻编号 | 电阻阻值 | 单位 | 测量阻值 | 备注 |
|---|---|---|---|---|
|  |  |  |  |  |
|  |  |  |  |  |

## 二、万用表测量电压

用万用表的直流电压挡和交流电压挡可分别测量直流和交流的电压值。学习用万用表测量电压，根据测量过程补全以下填空。

1. 交流电压测量方法

（1）注意电池_____极安放电池。

（2）插好表笔。

（3）机械调零。

（4）选择量程。将选择开关旋至_____挡相应的_____进行测量。如果不清楚被测电压的高低，则应选择表的最大量程，若指针偏转小，就逐级调低量程，直到调到合适的量程时，才能进行读数。

（5）测量交流电压。表笔不分_____，用手握住两表笔_____，将两表笔金属头分别接触被测电压的_____，观察指针_____。

（6）读数。交流电压量程有 10 V、50 V、250 V、500 V 和 1000 V 五挡。读数时根据量程选择第二条刻度 3 组数字中的一组。

（7）挡位复位。

（8）将测量结果填入表 1－2。

表 1－2　万用表测量交流电压值

测量人：_____　　测量仪器：_____　　　　　　　　年　　月　　日

| 序号 | 交流电压值 | 单位 | 测量电压值 | 备注 |
|---|---|---|---|---|
|  |  |  |  |  |
|  |  |  |  |  |

2. 直流电压测量

（1）注意电池_____极安放电池。

（2）插好表笔。

（3）机械调零。

（4）选择量程。

（5）测量交流电压。量程的选择方法与交流电压的量程选择相同。用红表笔金属头接触被测电压的_____，黑表笔金属头接触被测电压_____。测量_____时，表笔不能接反，否则易损坏万用表。若不清楚被测电压的_____，可用表笔轻快地碰触一下被测电压的两极，观察指针_____，确定_____后再进行测量。

（6）读数。直流电压的读数与交流电压读同一条标度尺，读数方法相同。

（7）挡位复位。

（8）将测量结果填入表 1－3。

表 1-3　万用表测量直流电压值

测量人：_____　测量仪器：_____　　　　　　　　年　　月　　日

| 序号 | 直流电压值 | 单位 | 测量电压值 | 备注 |
|---|---|---|---|---|
|  |  |  |  |  |
|  |  |  |  |  |

### 三、万用表测量电流

（1）注意电池_____极安放电池。

（2）插好表笔。

（3）机械调零。

（4）选择量程。电流的测量也分为_____电流测量和_____电流测量。测量直流时，将挡位旋钮调到_____的合适位置，测量交流电流时挡位应该调到_____。试测，根据指针的偏转角度，调到合适的量程。

（5）测量电流。将万用表_____在被测电路中，因为只有_____才能使流过电流表的_____与_____电流相同。测量时，应_____被测支路，将万用表红、黑表笔_____在被断开的两点之间。特别应注意电流表不能_____接在被测电路中，这样极易使万表_____。注意被测电流_____。

（6）读数。电流的读数与电压读同一条标度尺，读数方法相同。

（7）挡位复位。

（8）将测量结果填入表 1-4。

表 1-4　万用表测量电流值

测量人：_____　测量仪器：_____　　　　　　　　年　　月　　日

| 序号 | 电流极性 | 单位 | 测量电流值 | 备注 |
|---|---|---|---|---|
|  |  |  |  |  |
|  |  |  |  |  |

## 任务二　认识常用元器件

 **学习目标**

**知识目标**

1. 能正确识别、测量电阻，会识读色环电阻阻值。

2. 能正确识别、测量电容。

3. 能正确识别、测量电感。

**能力目标**

能根据需要，查找、搜索资料。

**情感目标**

1. 培养学生对该门专业课的兴趣。

2. 增强交流、表达、讨论、合作的共赢意识。

 **学习过程**

查阅资料，完成以下问题，了解任务对象。

### 一、电阻

1. 什么是电阻？

2. 电阻按照不同的依据，可分为不同的类别，列出你查到的分类依据及电阻类别。

## 二、电容

1. 什么是电容?

2. 按照不同的依据,可将电容分为不同的类别,列出你查到的分类依据及类别。

3. 电容的特性是什么?

## 三、电感

1. 什么是电感?

2. 按照不同的依据,可将电感分为不同的类别,列出你查到的分类依据及类别。

3. 电感的特性是什么?

## 一、电阻

电阻器是电子电路中使用率最高的耗能元件,具有稳定和调节电流、电压的作用,可以作为分流器、分压器等使用。

1. 电阻的分类

（1）按结构形式可分为一般电阻器、片形电阻器、可变电阻器（电位器）。电阻器、电位器的外形及图形符号如图1-10、1-11所示。

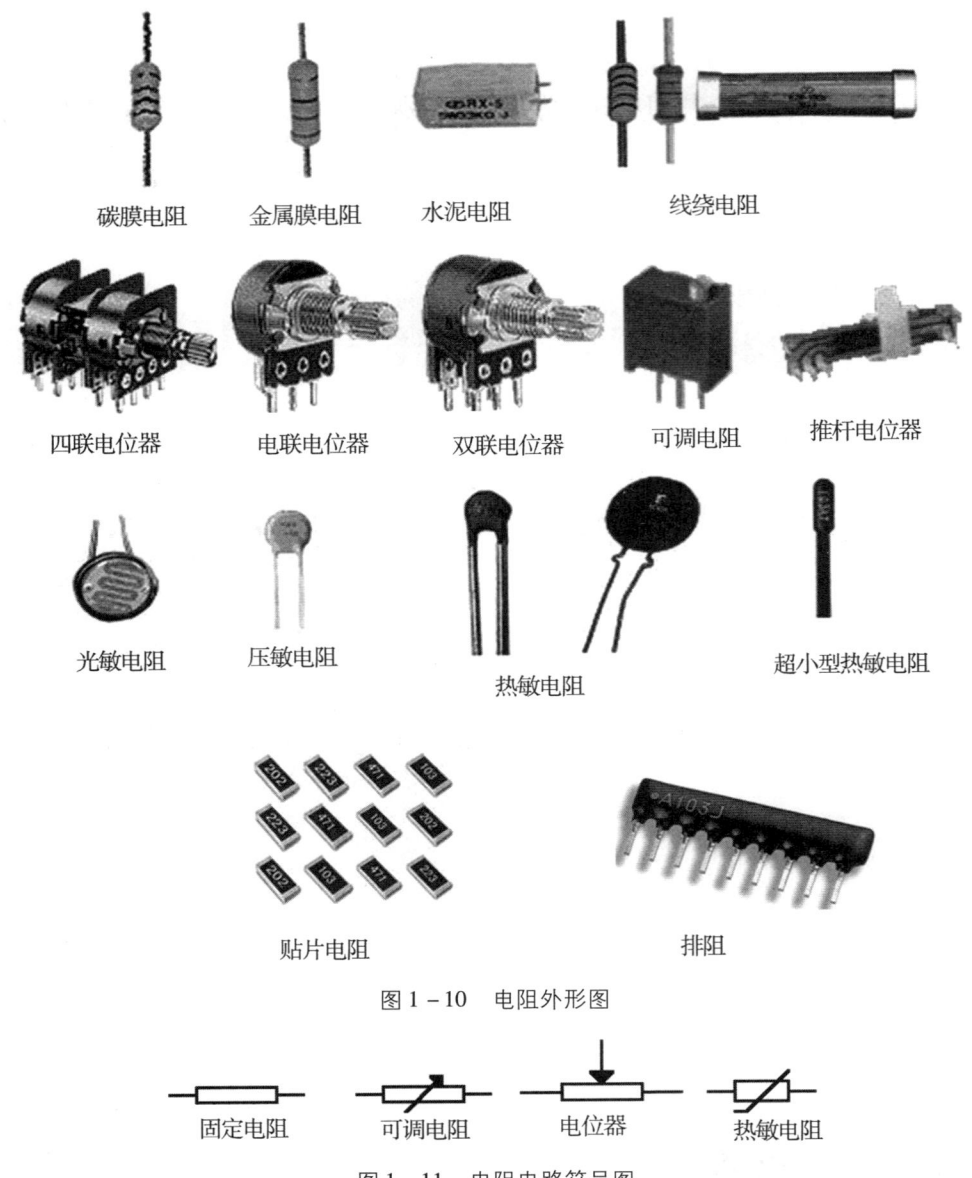

图1-10 电阻外形图

图1-11 电阻电路符号图

（2）按材料可分为合金型、薄膜型和合成型。

①合金类又可分为精密线绕电阻（RX）、功率型线绕电阻（额定功率在2 W以上，阻值为0.15 Ω到几千欧）和精密合金箔电阻（具有自动补偿电阻温度系数的功能和高精度、高稳定性、高频高速响应等特点）3种。

②薄膜类电阻又可分为金属膜电阻（型号 RJ，特点是工作环境广 -55℃ ~ 125℃，温度系数小，噪声低，体积小）、金属氧化膜电阻（型号 RY，特点是有极好的脉冲、高频和过负载性，机械性能好，化学稳定性好）以及碳膜电阻（型号 RT，其特点是阻值范围宽，价格低廉，体积比金属膜电阻大）三种。

③合成型又可分为实芯电阻（型号 S）、高压合成膜电阻（型号 RHY）、真空兆欧合成膜电阻（高阻型、型号 RH）、金属玻璃釉电阻以及集成电阻等。

另外，还有敏感电阻，也称为半导体电阻。通常有热敏、压敏、光敏、湿敏、磁敏、气敏、力敏等不同类型电阻。它们广泛应用于检测技术和自动控制各种领域，发展非常迅速。

2. 电阻器的主要技术指标

（1）额定功率  电阻器在电路中长时间连续工作不损坏，或不显著改变其性能所允许消耗的最大功率，称为电阻器的额定功率。几种类型电阻器的额定功率见表1-5。

表 1-5  电阻器的功率等级

| 名称 | 额定功率（W） | | | | | |
|---|---|---|---|---|---|---|
| 实芯电阻器 | 0.25 | 0.5 | 1 | 2 | 5 | |
| 线绕电阻器 | 0.5 | 1 | 2 | 6 | 10 | 15 |
| | 25 | 35 | 50 | 75 | 100 | 150 |
| 薄膜电阻器 | 0.025 | 0.05 | 0.125 | 0.25 | 0.5 | 1 |
| | 2 | 5 | 10 | 25 | 50 | 100 |

小于 1 W 的电阻器在电路中常不用数值标出额定功率，大于 1 W 的电阻器都用阿拉伯数字表示，如 25 W。

（2）标称阻值和偏差  常用的标称阻值有 E6、E12、E24、E48、E96、E192 系列，分别适用于 ±20%、±10%、±5%、±2%、±1% 和 ±0.5% 的电阻器，见表1-6。

表1-6 普通电阻器的标称阻值系列

| 标称值系列 | 精度 | 电阻器、电位器、电容器标称值 | | | | | | | |
|---|---|---|---|---|---|---|---|---|---|
| E24 | ±5% | 1.0 | 1.1 | 1.2 | 1.3 | 1.5 | 1.6 | 1.8 | 2.0 |
| | | 2.2 | 2.4 | 2.7 | 3.0 | 3.3 | 3.6 | 3.9 | 4.3 |
| | | 4.7 | 5.1 | 5.6 | 6.2 | 6.8 | 7.5 | 8.2 | 9.1 |
| E12 | ±10% | 1.0 | 1.2 | 1.5 | 1.8 | 2.2 | 2.7 | — | — |
| | | 3.3 | 3.9 | 4.7 | 5.6 | 6.8 | 8.2 | — | — |
| E6 | ±20% | 1.0 | 1.5 | 2.2 | 3.3 | 4.7 | 6.8 | — | — |

表1-6中的标称值可以乘以$10^n$。例如，4.7 Ω这个标称值，就有0.47 Ω、4.7 Ω、47 Ω、470 Ω、4.7 kΩ等。

3. 电阻器的标称值和偏差

电阻器的标称值和偏差一般都标在电阻体上，其标志法有3种：直标法、文字符号法和色标法。

（1）直标法　直标法是用阿拉伯数字和单位符号在电阻器表面直接标出标称阻值，其允许偏差直接用百分数表示，如图1-12所示。

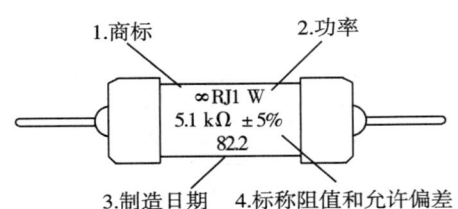

图1-12 直标法表示的电阻器

（2）文字符号法　它是用阿拉伯数字和文字符号两者有规律的组合来表示标称阻值和允许偏差。表示允许偏差的文字符号见表1-7。表示电阻单位的文字符号前面的数字表示整数阻值，后面的数字依次表示第一位小数阻值和第二位小数阻值，其符号见表1-8。例如，1R5表示1.5 Ω，2K7表示2.7 kΩ。

表1-7 表示允许误差的文字符号

| 偏差（%） | ±0.1 | ±0.25 | ±0.5 | ±1 | ±2 | ±5 | ±10 | ±20 | ±30 |
|---|---|---|---|---|---|---|---|---|---|
| 文字符号 | B | C | D | F | G | J | K | M | N |

表1-8 表示电阻单位的文字符号

| 文字符号 | R | K | M | G | T |
|---|---|---|---|---|---|
| 所表示的单位 | 欧姆、$\Omega$ | 千欧、$k\Omega$、$10^3\Omega$ | 兆欧、$M\Omega$、$10^6\Omega$ | 吉欧、$G\Omega$、$10^9\Omega$ | 太欧、$T\Omega$、$10^{12}\Omega$ |

（3）色标法 小功率电阻较多使用色标法，特别是0.5W以下的碳膜和金属膜电阻。色标的基本色码及意义见表1-9。

表1-9 色标的基本色码及意义

| 颜色 | 有效数字 | 有效数字的倍数 | 允许偏差（％） |
|---|---|---|---|
| 银色 | — | $10^{-2}$ | ±10 |
| 金色 | — | $10^{-1}$ | ±5 |
| 黑色 | 0 | $10^0$ | — |
| 棕色 | 1 | $10^1$ | ±1 |
| 红色 | 2 | $10^2$ | ±2 |
| 橙色 | 3 | $10^3$ | — |
| 黄色 | 4 | $10^4$ | — |
| 绿色 | 5 | $10^5$ | ±0.5 |
| 蓝色 | 6 | $10^6$ | ±0.25 |
| 紫色 | 7 | $10^7$ | ±0.1 |
| 灰色 | 8 | $10^8$ | — |
| 白色 | 9 | $10^9$ | — |

色标电阻（色环电阻）器可分为三环、四环、五环三种标法，如图1-13所示。

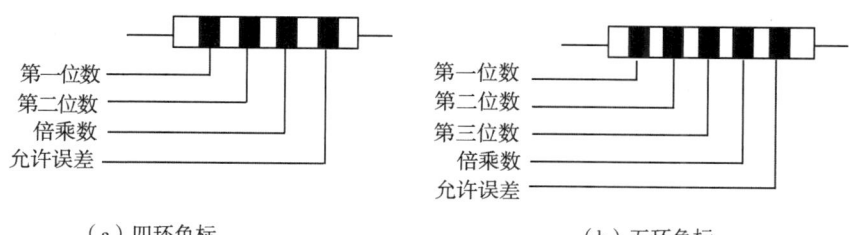

（a）四环色标　　　　（b）五环色标

图1-13 电阻色环含义

三环色标电阻：表示标称电阻值（精度均为±20％）。

四环色标电阻：表示标称电阻值及精度。

五环色标电阻：表示标称电阻值（3位有效数字）及精度。

为避免混淆，第五色环的宽度是其他色环的1.5~2倍。

> **知识拓展**
>
> ### 色环电阻第一环如何确定
>
> ①有效数字环无金、银色。若从电阻一端数起第一、二环有金色或银色，则另一端环为第一环。
>
> ②四环电阻的精度环一般为金色或银色。
>
> ③有些电阻精度环比其他环宽一些，或者精度环与倍率环的间隔比其他环之间的间隔大。
>
> ④精度环无橙色、黄色。若电阻一端环为橙色或黄色，则此环为第一环。
>
> ⑤试读：一般成品电阻的阻值不大于 22 MΩ，若试读结果大于 22 MΩ，说明读反。
>
> ⑥五环电阻中，若出现金色或银色一般为倒数第二环。

### 4. 电位器

电位器是一种可调电阻器，对外有三个引出端，其中两个为固定端，一个为滑动端（也称中心抽头）。滑动端在两个固定端之间的电阻体上做机械运动，使其与固定端之间的电阻发生变化。

电位器阻值变化方式分线性变化、指数变化和对数变化三种。此外，根据不同需要还可制成按其他函数（如正弦、余弦）规律变化的电位器。

电位器的轴长是指安装基准面到轴端的长度，如图 1-14 所示。轴长 $L$ 尺寸有：6、10、12.5、16、25、30、40、50、63、80；轴的直径有：2、3、4、6、8、10，单位均为 mm。

轴端结构种类很多，常用的有 ZS-1 型、ZS-3 型、ZS-5 型、ZS-7 型等，如图 1-15 所示。

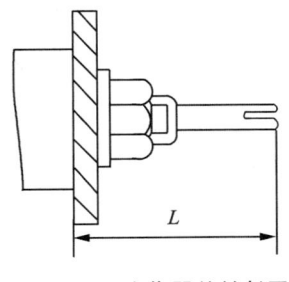

图 1-14 电位器的轴长图

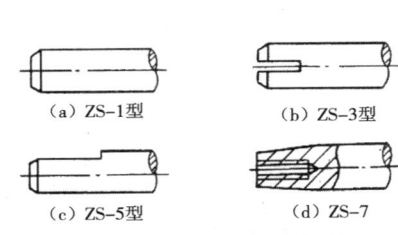

图 1-15 电位器轴端结构

电位器的一般标志方法示例：

| | | | | |
|---|---|---|---|---|
| WT－2 | 3.3 kΩ±10%碳膜电位器 | 2W | 3.3 kΩ | 精度±10% |
| WX－1W | 510Ω J 线绕电位器 | 1W | 510Ω | 精度±5% |

5. 电阻器、电位器的测量与质量判别

（1）电阻器、电位器的测量　通常可用万用表电阻挡进行测量。测量中手指不要触碰被测固定电阻器的两根引出线，避免人体电阻对测量精度的影响。

（2）电阻器的质量判别　电阻器的电阻体或引线折断以及烧焦等，可以从外观上看出。内部损坏或阻值变化较大，可用万用表欧姆挡测量核对。若电阻内部或引线有缺陷，以致接触不良时，用手轻轻的摇动引线，可以发现松动现象；用万用表测量时，指针指示不稳定。

（3）电位器的质量判别　如图 1-16 所示是最常见的碳膜电位器。

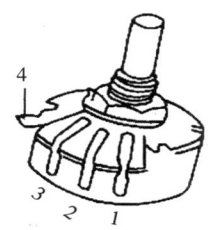

图 1-16　碳膜电位器

焊片"1"和"3"两端的电阻值是电位器的标称阻值，焊片"2"是转动的活动臂引出端。用万用表测"2""3"之间电阻值，顺时针旋转电位器轴，阻值应从 0 变化到电位器标称值；"1"和"2"之间的阻值变化相反。测量过程中如万用表指针平稳移动而无跌落、跳跃或抖动等现象，则说明电位器正常。

6. 电阻的选用

（1）正确选用电阻器的阻值和误差

阻值选用：原则是所用电阻器的标称阻值与所需电阻器阻值差值越小越好。

误差选用：时间常数 RC 电路所需电阻器的误差尽量小。一般可选 5% 以内。对退耦电路，反馈电路滤波电路负载电路对误差要求不太高。可选 10%～20% 的电阻器。

（2）注意电阻器的极限参数

额定电压：当实际电压超过额定电压时，即便满足功率要求，电阻器也会被击穿损坏。

额定功率：所选电阻器的额定功率应大于实际承受功率的两倍以上才能保证电阻器在电路中长期工作的可靠性。

（3）要首选通用型电阻器。

通用型电阻器种类较多、规格齐全、生产批量大,且阻值范围、外观形状、体积大小都有挑选的余的,便于采购、维修。

(4) 根据电路特点选用。

(5) 根据电路板大小选用电阻。

## 二、电容

电容器是电子电路中使用率仅次于电阻器的一种能够储存电场能的元件,具有"隔直流通交流"的本领,通常起滤波、旁路、耦合等作用。电容器的外形及图形符号如图 1-17 所示。

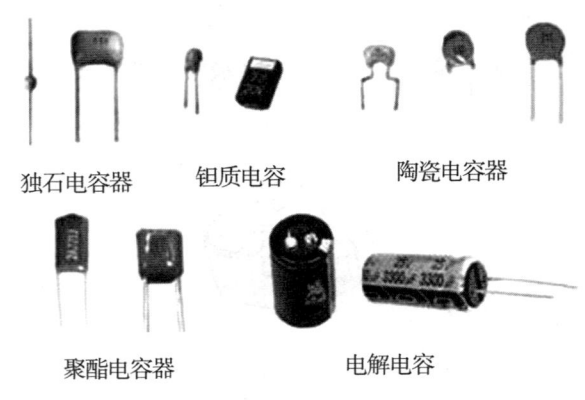

图 1-17 电容实物图

1. 分类

按介质材料可分为:气体介质电容、液体介质电容、无机固体介质电容、有机固体介质电容。

按结构可分为:固定电容、半可变电容、微调电容。

按极性可分为:有极性电容和 无极性电容。在电子制作中,经常应用是瓷片电容和电解电容。

2. 电容器的主要参数

(1) 电容器的标称容量和偏差　不同材料制造的电容器,其标称容量系列也不一样,一般电容器的标称容量系列与电阻器采用的系列相同,即 E24、E12、E6 系列。

电容器的标称容量和偏差一般标在电容体上,其标志方法常采用以下几种:

①直标法:容量单位:F(法拉)、mF(毫法)、$\mu F$(微法)、nF(纳法)、pF(皮法)。这里,$1\ mF = 10^{-3} F$、$1\ \mu F = 10^{-6}\ F$、$1\ nF = 10^{-9}\ F$、$1\ pF = 10^{-12}\ F$。

示例:4n7——表示 4.7 nF 或 4700 pF;

0.22——表示 0.22 μF；

54——表示 54 pF。

②数码表示法：一般用三位数字来表示容量的大小，单位为 pF。前两位为有效数字，后一位表示倍率位率，如若第三位为数字 9，则乘 $10^{-1}$。例如 103 代表 $10×10^3$ pF = 10000 pF = 0.01 μF；223 代表 $22×10^3$ = 22000 pF = 0.22 μF；479 表示 $47×10^{-1}$ pF。

③色码表示法：与电阻器的色环表示法类似，颜色涂于电容器的一端或从顶端向引线排列。色码一般只有 3 种颜色，前两环为有效数字，第三环为倍率，单位为 pF。

（2）电容器的额定直流工作电压　在线路中能够长期可靠地工作而不被击穿时所能承受的最大直流电压（又称耐压）。它的大小与介质的种类和厚度有关。

如果电容器用在交流电路中，则应注意所加的交流电压的最大值（峰值）不能超过额定直流工作电压值。

常用的电容器额定电压值有：6.3 V、10 V、25 V、63 V、100 V、160 V、250 V、400 V、630 V、1000 V、1600 V、2500 V、4000 V、6300 V、10000 V、15000 V、25000 V、40000 V 等。

（3）绝缘电阻　电容器的绝缘电阻是指电容器两极之间的电阻，或称漏电阻。漏电流与漏电阻的乘积为电容器两端所加的电压。绝缘电阻的大小决定了一个电容器介质性能的好坏。理想的电容器的绝缘电阻为无穷大，实际不为无穷大。绝缘电阻越大，表明电容器质量越好。

3. 电容器的测试

通常用万用表的欧姆挡来判别电容器的性能、好坏、容量、极性等。测量过程中要合理选用万用表的量程，5000 pF 以下的电容应选用电容表测量。

（1）固定电容器的性能和好坏判别　将万用表的表笔接触电容器的两极，表头指针应先正方向偏摆，然后逐渐向反方向复原，最后退至 $R=∞$ 处。如不能复原，则稳定后的读数表示电容器漏电阻值。其值一般为几百欧至几千兆欧，阻值越大绝缘性越好。如在测试过程中，表头指针无偏摆现象，说明电容器内部已断路；如指针正偏后无返回现象，且电阻值很小或为零，说明内部为短路，不能使用。对容量较小的电容器，指针偏转很小。

（2）电容器容量的判别　用表笔接触电容器两端时，表头指针先正偏，然后逐渐复原。接着对调红、黑表笔，表头指针又偏摆，偏摆幅度较前次大，并又逐渐复原。电容器的容量越大，指针偏摆幅度越大，复原速度越慢。这样可以粗略判别其大小，具体电容必须经过电容表来测量。

（3）电解电容器极性判别　根据电解电容器正接时漏电小，反接时漏电大的现象可判。

4. 电容的代换原则

正负极不能接反。

耐压值要大于或等于原值。

容量可比原值相差 +/-20%。

贴片电容只要颜色大小一样就可以代换。

晶振两引脚上的稳频电容要原值（原位置）代换。

### 三、电感

电感器是一种能够储存磁场能的元件，具有"通直流阻交流"的本领，通常用于滤波、振荡、延迟等电路中。

各类电感的实物图如图 1 – 18 所示。电感在电路中用符号 L 表示，电感器的符号如图 1 – 19 所示。

图 1 – 18　电感实物图

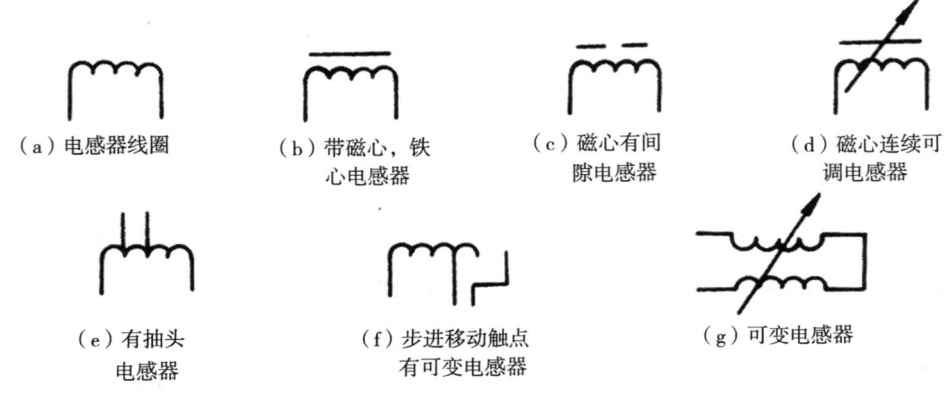

（a）电感器线圈　（b）带磁心，铁心电感器　（c）磁心有间隙电感器　（d）磁心连续可调电感器　（e）有抽头电感器　（f）步进移动触点有可变电感器　（g）可变电感器

图 1 – 19　电感电路符号图

1. 电感的分类

按导磁体性质可分为：空芯线圈、铁氧体线圈、铁芯线圈、铜芯线圈。

按工作性质可分为：天线线圈、振荡线圈、扼流线圈、陷波线圈、偏转线圈。

按绕线结构可分为：单层线圈、多层线圈、蜂房式线圈。

按形式可分为：固定电感、可变电感和微调电感。

2. 电感的主要参数

（1）标称电感量　电感器上标注的电感量的大小。表示线圈本身固有特性，主要取决于线圈的圈数，结构及绕制方法等，与电流大小无关，反映电感线圈存储磁场能的能力，也反映电感器通过变化电流时产生感应电动势的能力。电感器的国际标准单位是：H（亨利），mH（毫亨），μH（微亨），nH（纳亨）。单位换算是：

$1\ H=10^3\ mH=10^6\ \mu H=10^9\ nH$；$1\ nH=10^{-3}\ \mu H=10^{-6}\ mH=10^{-9}\ H$

（2）允许误差　电感的实际电感量相对于标称值的最大允许偏差范围称为允许误差。

（3）感抗 $X_L$　电感线圈对交流电流阻碍作用的大小称感抗 $X_L$，单位是欧姆。它与电感量 $L$ 和交流电频率 $f$ 的关系为 $X_L=2\pi fL$。

（4）品质因素 $Q$　表示线圈质量的一个物理量，$Q$ 为感抗 $X_L$ 与其等效的电阻的比值，即：$Q=X_L/R$。线圈的 $Q$ 值愈高，回路的损耗愈小。线圈的 $Q$ 值与导线的直流电阻，骨架的介质损耗，屏蔽罩或铁芯引起的损耗，高频趋肤效应的影响等因素有关。线圈的 $Q$ 值通常为几十到一百。

（5）额定电流　额定电流是指能保证电路正常工作的工作电流。

3. 感量和误差的标注方法

（1）直标法　在电感线圈的外壳上直接用数字和文字标出电感线圈的电感量，允许误差及最大工作电流等主要参数。

（2）色标法　同电阻标法。如：棕、黑、金、金表示 1 μH（误差5%）的电感。

4. 质量判别

电感的质量检测包括外观和阻值测量。首先检测电感的外表有无完好，磁性有无缺损，裂缝，金属部分有无腐蚀氧化，标志有无完整清晰，接线有无断裂和拆伤等。用万用表对电感作初步检测，测线圈的直流电阻，并与原已知的正常电阻值进行比较。如果检测值比正常值显著增大，或指针不动，可能是电感器本体断路。若比正常值小许多，可判断电感器本体严重短路，线圈的局部短路需用专用仪器进行检测。

### 电容测试

通常用万用表的欧姆挡来判别电容器的性能、好坏、容量、极性等。测量过程中要合理选用万用表的量程，5000 pF 以下的电容应选用电容表测量。

（1）固定电容器的性能和好坏判别：将万用表的表笔接触电容器的两极，表头指针应先_____偏摆，然后逐渐向_____复原，即退至_____处。如不能复原，则稳定后的读数表示电容器_____。其值一般为几百到几千兆欧，阻值越大绝缘性_____。如在测试过程中，表头指针无偏摆现象，说明电容器内部_____；如指针正偏后无返回现象，且电阻值_____，说明内部为_____，不能使用。对容量较小的电容器，指针偏转_____。

（2）容量的判别：用表笔接触电容器两端时，表头指针_____，然后逐渐复原。接着对调_____表笔，表头指针又偏摆，偏摆幅度较前次大，并又逐渐复原。电容器的容量越大，指针偏摆幅度_____，复原速度_____。这样可以粗略判别其大小，具体电容必须经过电容表来测量。

（3）电解电容极性判别：根据电解电容器正接时_____，反接时_____的现象可判。

用万用表测量电容，将测量值计入表 1 - 10 中，并依此判断电容质量。

表 1 - 10 万用表测量电容

测量人：_____ 测量仪器：_____ 　　　　　年　　月　　日

| 电容编号 | 电容值 | 测量电容值 | 漏电电阻值 | 备注 |
| --- | --- | --- | --- | --- |
|  |  |  |  |  |
|  |  |  |  |  |

### 3.1 电容计算

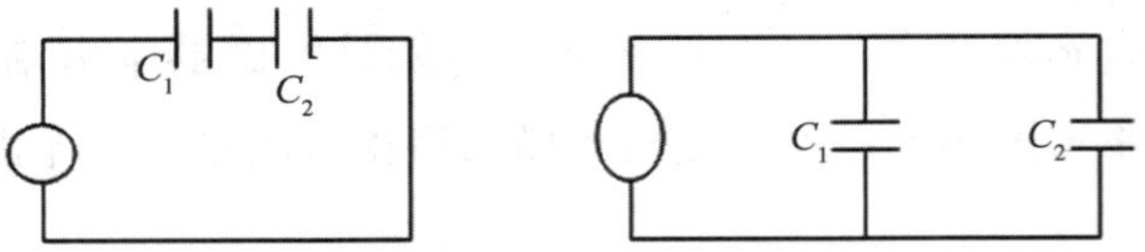

图 1 - 20 电容电路图

电容在电路中有串联与并联两种连接方式,分别如图 1-20(a)、(b) 所示。

串联:$1/C = 1/C_1 + 1/C_2$    串联:$C = C_1 + C_2$

多个电容的串联和并联计算公式:

$C$ 串联:$1/C = 1/C_1 + 1/C_2 + 1/C_3 + \cdots\cdots + 1/C_N$

$C$ 并联:$C = C_1 + C_2 + C_3 + \cdots\cdots + C_N$

## 任务三　认识半导体元器件

 **学习目标**

**知识目标**

1. 了解半导体，PN 结原理。
2. 掌握二极管的符号、结构及特性。
3. 掌握三极管的符号、结构及工作状态

**能力目标**

1. 具备资料查找、搜索、总结归纳能力。
2. 会用万用表判别二极管、三极管的质量及引脚

**情感目标**

1. 培养学生学习兴趣。
2. 提升解疑、讨论、合作、竞争的意识。

 **学习过程**

查阅资料，完成以下问题，了解任务对象。

1. 根据物质的导电性能可以将其分为哪几类？

2. 什么是导体、半导体和绝缘体？

## 知识储备

导体：自然界中很容易导电的物质称为导体，金属一般都是导体。

绝缘体：有的物质几乎不导电，称为绝缘体，如橡皮、陶瓷、塑料和石英。

半导体：另有一类物质的导电特性处于导体和绝缘体之间，称为半导体，如锗、硅、砷化镓和一些硫化物、氧化物等。

半导体的导电机理不同于其他物质，所以它具有不同于其他物质的特点。例如：当受外界热和光的作用时，它的导电能力明显变化。往纯净的半导体中掺入某些杂质，会使它的导电能力明显改变。

在半导体中掺入某些微量的杂质形成杂质半导体，就会使半导体的导电性能发生显著变化。杂质半导体包括 N 型半导体和 P 型半导体。

晶体二极管是由一个 P 型半导体和 N 型半导体形成的 P－N 结。在同一片半导体基片上，分别制造 P 型半导体和 N 型半导体，在它们的交界面处就形成了 PN 结。

### 一、二极管

具有单向导电特性。二极管有普通和特殊之分，可以起到整流、稳压、检波、保护及发光等作用。各类不同类型二极管如图 1－21、图 1－22 所示。

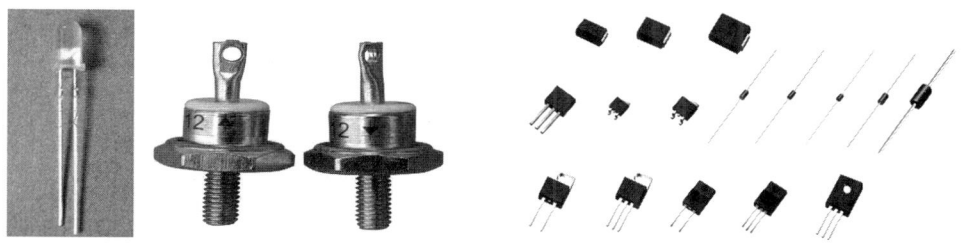

图 1－21　二极管实物图

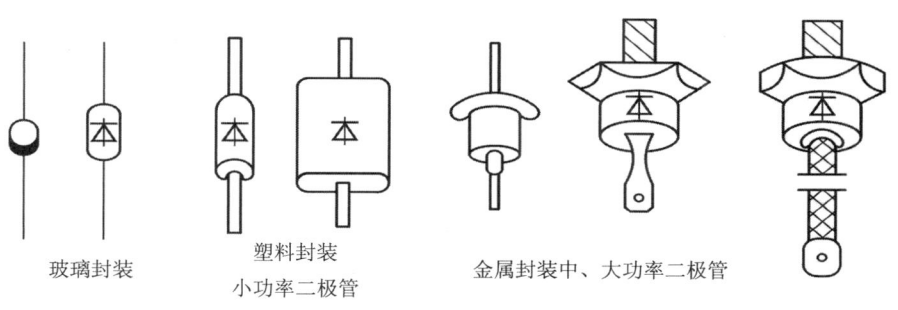

图 1－22　二极管的外型图

1. 二极管的结构、电路符号

二极管的内部结构如图 1–23（a）所示。采用掺杂工艺，使锗或硅晶体的一边形成 P 型半导体区域，另一边形成 N 型半导体区域，在 P 型半导体与 N 型半导体的交界面会形成一个具有特殊电性能的薄层，即 PN 结。从 P 区引出的电极为正极（或阳极），从 N 区引出的电极为负极（或阴极）。二极管一般用金属、塑料或玻璃材料作为封装外壳，外壳上印有标记便于区分正负电极如图 1–24 所示。二极管的电路符号如图 1–25，箭头所指的方向为正向电流流通的方向，习惯用字母 V（或 D）代表二极管。

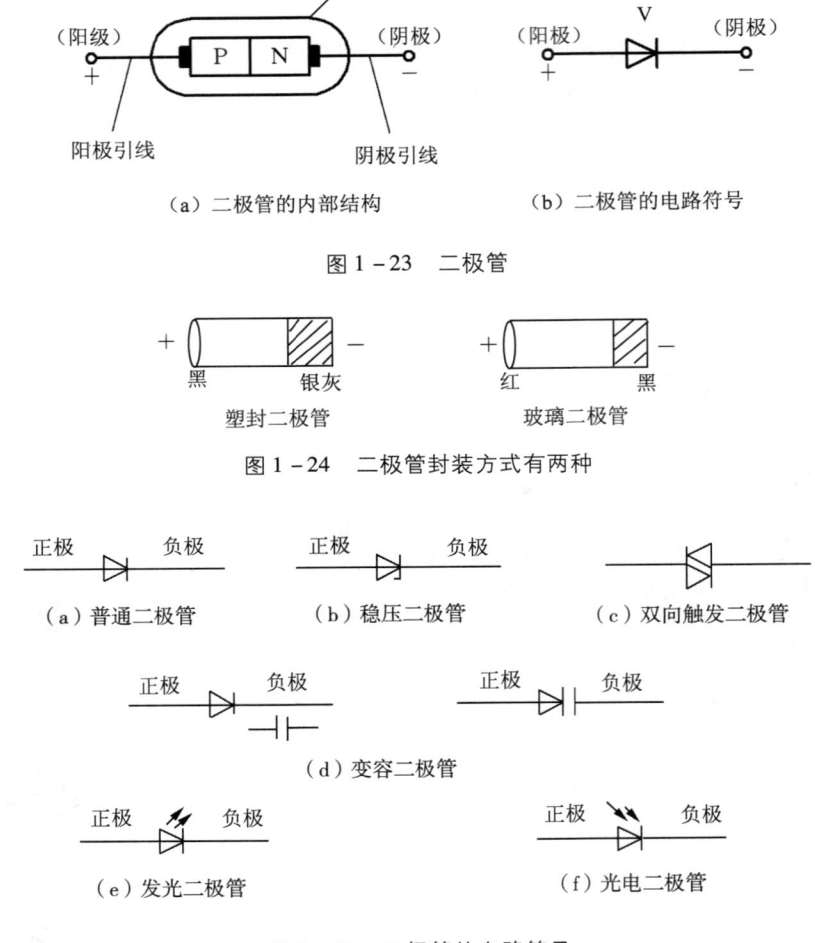

（a）二极管的内部结构　　　　（b）二极管的电路符号

图 1–23　二极管

图 1–24　二极管封装方式有两种

图 1–25　二极管的电路符号

常见的二极管分类如下：按材料分为硅二极管和锗二极管；按 PN 结面积大小分为点接触型、面接触型和平面型；按功能分为整流、稳压、发光、光电、检波、激光和变容二极管等。各种不同类型的二极管，国内外都采用规定型号来区分。如 2CW53 表示硅稳压二极管，2AC1 表示锗变容二极管等等。

根据中华人民共和国国家标准，半导体器件型号由 5 部分组成，其每一部分的含义见表 1-11。例：2SA53 表示高频 PNP 型三极管，1S92 表示半导体二极管。

表 1-11 国产半导体器件的型号命名方法

| 第一部分 | | 第二部分 | | 第三部分 | | | | 第四部分 | 第五部分 |
|---|---|---|---|---|---|---|---|---|---|
| 用数字表示器件电极数目 | | 用汉语拼音字母表示器件的材料和极性 | | 用汉语拼音字母表示器件的类型 | | | | 用数字表示器件的序号 | 汉语拼音字母表示规格号 |
| 符号 | 意义 | 符号 | 意义 | 符号 | 意义 | 符号 | 意义 | | |
| 2 | 二极管 | A | N 型锗材料 | P | 普通管 | D | 低频大功率管 | | |
| | | B | P 型锗材料 | V | 微波管 | A | 高频大功率管 | | |
| | | C | N 型硅材料 | W | 稳压管 | T | 半导体闸流管 | | |
| | | D | P 型硅材料 | C | 参量管 | X | 低频小功率管 | | |
| | | | | Z | 整流管 | G | 高频小功率管 | | |
| 3 | 三极管 | A | PNP 型锗材料 | L | 整流堆 | J | 阶跃恢复管 | | |
| | | B | NPN 型锗材料 | S | 隧道管 | CS | 场效应管 | | |
| | | C | PNP 型硅材料 | N | 阻尼管 | BT | 特殊器件 | | |
| | | D | NPN 型硅材料 | U | 光电器件 | FH | 复合管 | | |
| | | E | 化合物材料 | K | 开关管 | PIN | PIN 管 | | |
| | | | | B | 雪崩管 | JG | 激光器件 | | |
| | | | | Y | 体效应管 | | | | |
| 备注 | 低频小功率管指截止频率 <3M HZ、耗散功率 <1 W，高频小功率管指截止频率 ≥3M HZ、耗散功率 <1 W，低频大功率管指截止频率 <3M HZ、耗散功率 ≥1 W，高频大功率管指截止频率 ≥3M HZ、耗散功率 ≥1 W。 | | | | | | | | |

由于目前欧洲各国没有明确统一的标准半导体器件型号命名法，故他们大都使用国际电子联合会的标准。例如：3AD50C 表示低频大功率 PNP 型锗管；3DG6E 表示高频小功率 NPN 型硅管。

美国电子工业协会（EIA）规定的半导体器件型号命名方法见表 1-12。例如：

1N4148 表示开关二极管，2N3464 表示高频大功率 NPN 型硅管。

表 1-12 美国半导体器件型号的命名法

| 第一部分 | | 第二部分 | | 第三部分 | | 第四部分 | | 第五部分 | |
|---|---|---|---|---|---|---|---|---|---|
| 用符号表示用途的类别 | | 用数字表示 PN 结的数目 | | 美国电子半导体协会（EIA）注册标志 | | 美国电子半导体协会（EIA）登记顺序号 | | 用音字母表示器件分档 | |
| 符号 | 意义 | 符号 | 意义 | 符号 | 意义 | 符号 | 意义 | 符号 | 意义 |
| JAN 或 J | 军用品 | 1 | 二极管 | N | 该器件已在美国电子半导体协会登记顺序号 | 多位数字 | 该器件已在美国电子半导体协会登记顺序号 | ABCD | 同一型号不同档别 |
| | | 2 | 三极管 | | | | | | |
| 无 | 非军用品 | 3 | 3 个 PN 结器件 | | | | | | |
| | | 4 | $n$ 个 PN 结器件 | | | | | | |

2. 二极管的重要特性——单向导电性

（1）加正向电压导通　如果将电源正极与二极管正极相连，电源负极与二极管负极相连，称为正向偏置，简称正偏。此时二极管内部呈现较小的电阻，有较大电流通过，二极管状态为正向导通状态。

（2）加反向电压截止　如果将电源正极与二极管负极相连，电源负极与二极管正极相连，称为反向偏置，简称反偏。此时二极管内部呈现较大的电阻，几乎无电流通过，二极管状态为反向截止状态。由上可知，二极管加正偏压时导通，加反偏压时截止，即单向导电性是二极管最重要的特性。

3. 二极管的伏安特性

加在二极管两端的电压 $V_v$ 和流过二极管的电流 $I_v$ 之间的关系称为二极管的伏安特性，利用晶体管特性图示仪能方便地测出 $V_v$ 与 $I_v$ 关系曲线，即伏安特性曲线，如图 1-26。

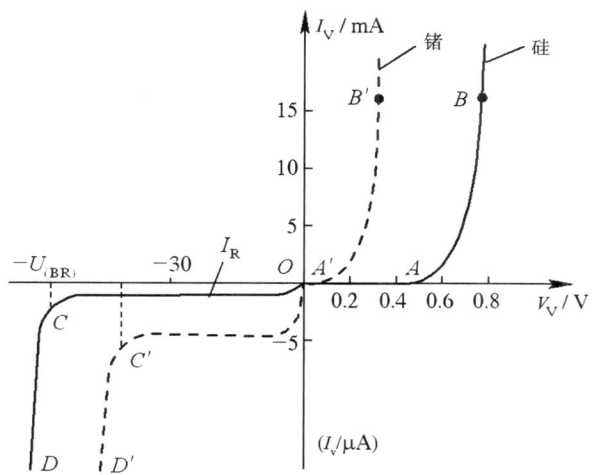

图1-26 二极管的伏安特性曲线

（1）正向特性　正向伏安特性曲线指 $V_v$—$I_v$ 坐标系的第一象限部分，其主要特点是：

外加电压较小时，二极管呈现的电阻较大，正向电流几乎为0，曲线 OA（或 OA'）段称为死区，对应的死区电压值，硅管为 0.5 V 左右，锗管为 0.2 V 左右。

（2）反向特性　反向伏安特性曲线指 $V_v$—$I_v$ 坐标系的第三象限部分，它的主要特点是：

①当二极管承受反向电压 $V_R$ 时，加强了 PN 结内电场，使二极管呈现很大电阻，此时仅有极小的反向电流 $I_R$。曲线 OC（或 OC'）段称为反向截止区，此处的 $I_R$ 称为反向饱和电流或反向漏电流。实际应用中 $I_R$ 越小越好。一般硅二极管的 $I_R$ 在几十微安以下，锗二极管的 IR 达几百微安，大功率二极管则更大些。

②反向击穿区　当反向电压增大到超过某个值（图中 C 或 C'点），反向电流急剧增大，这种现象叫反向击穿。CD（或 C'D'）段称为反向击穿区，C（或 C'）点对应的电压叫反向击穿电压 $V_{BR}$。击穿后电流过大将使管子损坏，所以除稳压管外，加在二极管上的反向电压不允许超过击穿电压。

③正向电压 $V_v$ 超过死区电压时，PN 结内电场几乎被抵消，二极管呈现的电阻很小，正向电流 $I_v$ 增长很快，二极管正向导通。AB（或 A'B'）段特性曲线陡直，$V_v$—$I_v$ 关系近似于线性，此段称为导通区。导通后二极管两端的正向压降（或管压降）近似认为是导通电压。一般硅管为 0.7 V 左右，锗管为 0.3 V 左右。这个电压较稳定，几乎不随流过的电流变化。

4. 二极管的主要技术参数及选择

不同类型的二极管有不同参数供选用者参考,在实际应用中最主要的参数如下:

(1)最大整流电流 $I_{FM}$ 又称为额定工作电流,是二极管长期运行时允许通过的最大正向平均电流。如果实际工作时的正向平均电流值超过 $I_{FM}$,二极管内的PN结会过分发热而损坏。不同型号的二极管 $I_{FM}$ 参数悬殊很大。一些大电流的二极管要求使用散热片,且它的IFM是指带有规定散热片条件下的参数值,选用时要注意实际工作电流要比 $I_{FM}$ 小得较多才安全。

(2)最高反向工作电压 $V_{RM}$ 又称为额定工作电压,是二极管允许承受的反向工作电压峰值。为了确保二极管安全稳定工作,通常标定的 $V_{RM}$ 是反向击穿电压的1/3至1/2。

(3)反向饱和电流 $I_R$ 又称为反向漏电流,指管子未进入击穿区时的反向电流,其值越小管子的单向导电性能越好。温度增加时,二极管的反向电流会急剧增大。一般硅二极管超过150℃、锗二极管超过90℃时,会因反向电流急剧增大而造成热击穿,因此使用时要注意温度对管子的影响。

(4)最高工作频率 $f_M$ 是保证管子正常工作时的最高频率。二极管的PN结具有结电容,随着工作频率的升高结电容充放电的影响将加剧,进而影响二极管的单向导电性。一般小电流二极管的 $f_M$ 高达几百兆赫兹,而大电流的整流管仅有几千赫兹。

5. 二极管的应用

检波、整流、稳压、限幅、开关、钳位等。

(1)整流二极管 整流二极管的作用是将交流电源整流成脉冲直流电,它利用二极管的单向导电特性工作的。

如图1-27所示为整流电路,由于二极管的单向导电特性,在交流电压正半周时二极管V导通,当输出在交流电压负半周时,二极管V截止,无输出。经二极管V整流出来的脉动电压再经滤波器滤波后即为直流电压。

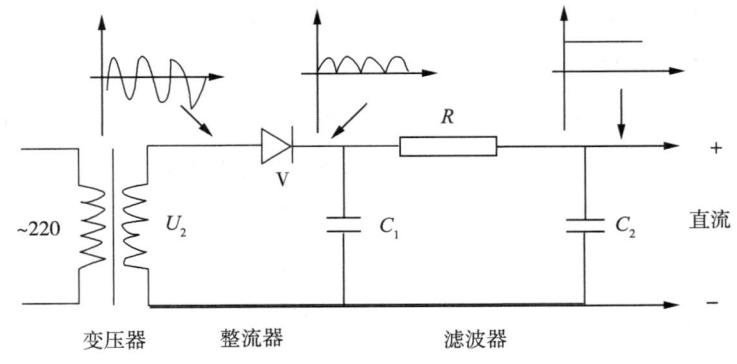

图1-27 整流电路

(2) 检波二极管　检波二极管是把叠加在高频载波中的低频信号检出来的器件，它具有较高的检波效率和良好的频率特性。

(3) 开关二极管　利用二极管单向导通的特性，在开关电路中可以对电流起接通和关断的作。

(4) 稳压二极管　稳压二极管是利用 PN 结反向击穿时电压基本上不随电流变化而变化的特点来达到稳压目的，对于稳压二极管其稳压值就是击穿电压值（根据负载电压选择稳压值）。

如图 1-28 所示，$R$ 具有限流保护作用，保护稳压二极管 V。这一电路中接入二极管的目的是为了稳定电路中直流电压大小。这一稳压电路工作的原理是：直流电压 $+U$ 经电阻 $R$ 加到 V 上，由于 $+V$ 大于 V 稳压值，所以 V 处于击穿状态，将电压接地，这样 V 两端的电压大小不变，即 $A$ 点的电压稳定不变，这样供给电路的直流电压是稳定的。

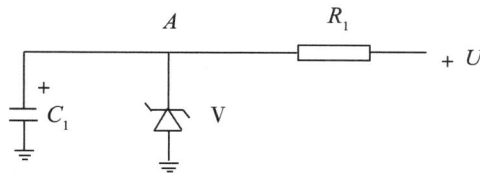

图 1-28　稳压电路

(5) 快恢复二极管（相当于两个稳压二极管）　电路中起保护稳压的作用。这种二极管的开关特性好，反相恢复时间短，通常用于开关电源中作为整流二极管。

(6) 发光二极管　发光二极管英文简称为"LED"，它是采用磷化镓、磷砷化镓等半导体材料制成的，可以将电能直接转换为光能的器件，并且同时具有普通二极管的单向导通性。

(7) 光敏二极管　把光能转换成电能，用于光控设施。

6. 二极管的测量

常用的晶体二极管有：2AP、2CP、2CZ 系列。2CP 主要用于检波和小电流整流；2CP 主要用于较小功率的整流，2CZ 主要用于大功率整流。一般在二极管的管壳上注有极性标记；若无标记，可利用二极管的正向电阻小、反向电阻大的特点来判别其极性。同时也可利用这一特点判断二极管的好坏。判断时，常用万用表的电阻挡，对于耐压低、电流小的二极管只能用万用表的 R×100 或 R×1k 挡。

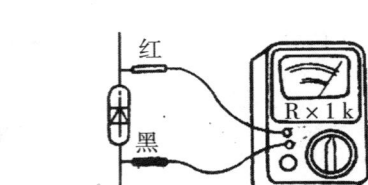 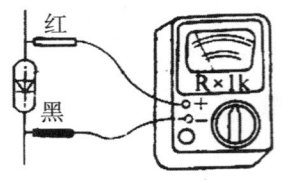

（a）正电向阻小　　　　　（b）反向电阻大

图1-29　二极管的简易测试

（1）性能判别　根据图1-29所示测试，晶体二极管正、反电阻相差越大越好。两者相差越大，就表明二极管的单相导电特性越好；如果二极管的正、反电阻值很相近，表明二极管已坏。若正、反向电阻都很小或为"0"，则说明管子已被击穿，两电极已短路；若正、反向电阻都很大，则说明管子内部已断路，不能使用。

（2）极性判别　在测试正、反向电阻时，当测得的电阻值较小时，与黑表笔相连的那个电极是二极管的正极；当测得的电阻值较大时，与黑表笔相连接的电极是二极管的负极。

由于二极管的正、反向电阻和测量电流大小相关，所以，一个二极管的正、反向电阻用不同的电阻挡测量出来的电阻值会有差别。

（3）数字万用表测量二极管　将万用表打到蜂鸣二极管挡，红表笔接二极管的正极，黑笔接二极管的负极，此时测量的是二极管的正向导通阻值，也就是二极管的正向压降值。不同的二极管根据它内部材料不同所测得的正向压降值也不同。

（4）好坏判断　正向压降值读数在300~800为正常，若显示为"0"说明二极管短路或击穿，若显示为"1"说明二极管开路。将表笔调换再测，读数应为"1"，即无穷大，若不是"1"说明二极管损坏。正向压降值在200左右时，为稳压二极管；快恢复二极管的两读数都在200左右正常。

## 二、三极管

半导体三极管也称双极型晶体管、晶体三极管，简称三极管，是一种电流控制电流的半导体器件。半导体三极管是内部含有两个PN结，并且具有放大能力的特殊器件。功率不同的三极管体积和封装形式也不一样，近年来生产的小、中功率管多采用硅酮塑料封装；大功率管多采用金属封装，且其外壳和散热器连成一体便于散热。常见的三极管外形如图1-30所示。

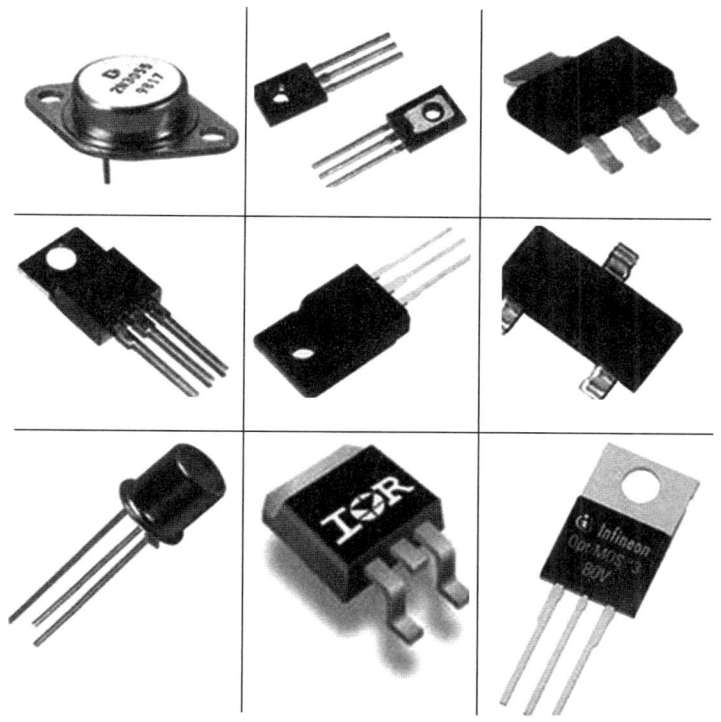

图 1-30 三极管实物图

晶体三极管具有电流放大和开关作用。

1. 三极管的外形

半导体三极管亦称双极型晶体三极管，简称晶体管。功率不同的三极管体积和封装形式也不一样，近年来生产的小、中功率管多采用硅酮塑料封装；大功率管多采用金属封装，且其外壳和散热器连成一体便于散热。常见的三极管外形如图1-31（a）所示。

2. 三极管的结构、符号

晶体三极管的核心是两个靠得很近的PN结，如图1-31（b）（c）所示。内部有三个半导体区：发射区、基区、集电区，对应的三个电极分别为发射极e、基极b、集电极c；由三个区域半导体类型的不同，三极管分为PNP型和NPN型；发射区和基区之间的PN结称为发射结，基区和集电区之间的PN称为集电结。注意：由三极管制造工艺的特殊性知，三极管并不是两个PN结的简单组合，使用时不能用两个二极管代替，也不能将发射极和集电极对调使用。

（a）

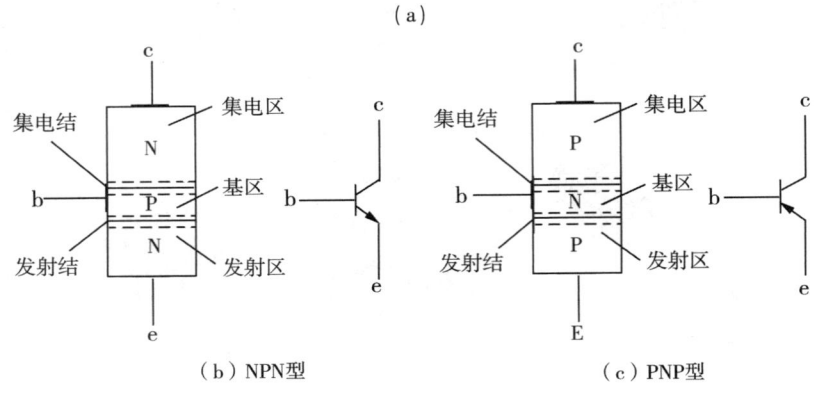

（b）NPN型　　　（c）PNP型

图1-31　三极管的外形及图形符号

**3. 三极管的分类和命名**

三极管的种类很多，一般有以下几种分类：按照结构工艺分为NPN型和PNP型（目前国产的硅三极管多为NPN型，锗三极管多为PNP型）；按所用半导体的材料分为硅三极管和锗三极管（由于硅管温度稳定性好，所以在自控设备中常用硅管）；按允许耗散的功率大小分为大功率管（耗散功率大于几十瓦）和小功率管（耗散功率小于1瓦）；按工作频率不同分为高频管（$f \geq 3$ MHz）和低频管（$f < 3$ MHz）；按用途分为普通三极管和开关三极管等。

**4. 三极管的工作电压和主要参数**

（1）三极管的工作电压　要使三极管具有正常的电流放大作用，必须在其发射结上加正向偏置电压，在集电结上加反向偏置电压。由于三极管有NPN型和PNP型的区别，所以外加电压的极性也不，如图1-32所示。

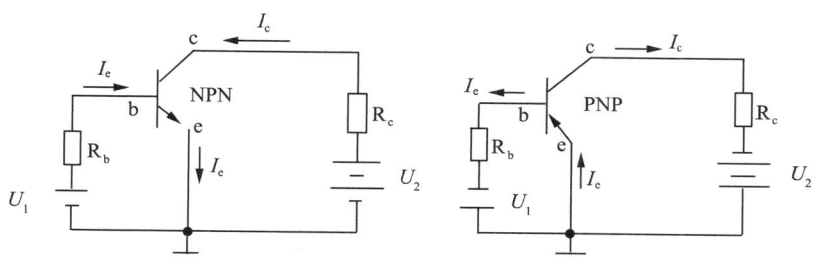

图 1-32 三极管的工作电压

由图 1-32 可见，对于 NPN 型三极管，c、b、e 三个电极的电位必须符合：$U_C > U_B > U_E$；对于 PNP 型三极管，电源的极性与 NPN 型相反，应符合 $U_C < U_B < U_E$。

（2）三极管的主要参数  三极管的种类很多，从晶体管手册中可查出三极管的型号、主要参数、主要用途和外形等，这些技术资料是正确选用三极管的主要依据。总的来说，有以下几类常用参数：

①共发射极电流放大系数  共发射极直流电流放大系数 $\bar{\beta}$，共发射极交流电流放大系数 $\beta$，同一个三极管在相同条件下 $\beta$ 略大于 $\bar{\beta}$，但应用时二者可相互代替。

②极间反向饱和电流  集电极—基极间反向饱和电流 $I_{CBO}$，集电极—发射极间反向饱和电流 $I_{CEO}$（又称穿透电流）。$I_{CEO} = (1+\beta)I_{CBO}$。

③极限参数  集电极最大允许电流 $I_{CN}$（当 $I_C$ 超过 $I_{CM}$，$\beta$ 将下降到不能工作的地步）；集电极最大允许耗散功率 $P_{CM}$（$P_C = I_C \cdot V_{CE}$ 超过此值三极管会过热而烧坏）；集电极—发射极间反向击穿电压 $V_{(BR)CEO}$，当基极开路时，集—射极间电压超过此值后会由电击穿导致热击穿而损坏管子。

5. 三极管的电流控制作用

（1）三极管内电流分配关系  根据基尔霍夫定律，将三极管用一假想的封闭曲面包围起来，则流进封闭曲面的电流应等于流出封闭曲面的电流。在 NPN 型三极管中 $I_B$ 和 $I_C$ 是流进，在 PNP 三极管中 $I_B$ 和 $I_C$ 是流出。所以不管是 NPN 型或 PNP 型，都是：$I_E = I_B + I_C$ 有时考虑到 $I_B$ 比 $I_C$ 小得多，为了计算方便，也可以认为：$I_E \approx I_C$。

（2）三极管的电流放大作用  三极管的电流放大作用可以通过图 1-33 所示的实验电路来分析。

适当改变三极管发射结的正向偏置电压，使基极电流发生一微小变化 $\triangle I_B = I_{B1} - I_{B2}$，同时测得相应的集电极电流的变化 $\triangle I_C = I_{C2} - I_{C1}$，则三极管的交流电流放大倍数 $\beta$ 为：

$$\beta = \triangle I_C / \triangle I_B$$

电流放大作用是三极管的主要特征，$\beta$ 值的大小表示了三极管电流放大能力的强弱，通常在 30~100 之间较为合适。$\beta$ 值太小，放大作用差；$\beta$ 值太大，三极管的性能不稳定。

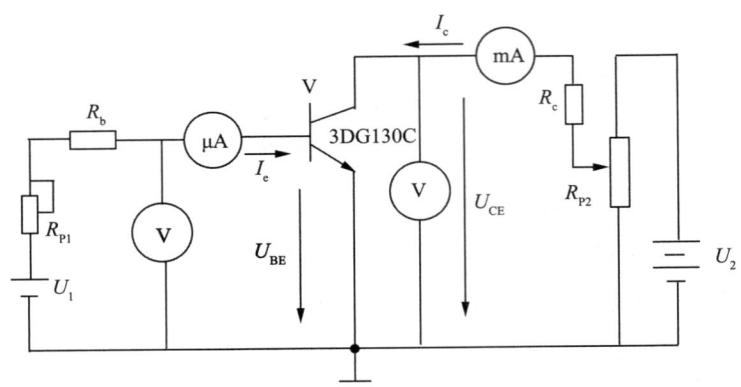

图 1-33　三极管电流放大实验电路

（3）三极管的特性曲线　三极管的特性曲线是描述三极管各极的电压和电流变化关系的曲线，一些重要参数均可以从特性曲线上反映出来。使用三极管时了解其特性曲线是很重要的。三极管的特性曲线主要有输入特性曲线和输出特性曲线两种，它可以用 JT-1 图示仪直接观察，也可以通过图 1-33 实验电路来测试。

①输入特性　输入特性是指当三极管的集电极和发射极之间的电压 $U_{CE}$ 保持一定时，加在基极和发射极之间的电压 $U_{BE}$ 和基极电流 $I_B$ 之间的关系曲线。

当 $U_{CE}=0$ 时，相当于集电极与发射极之间短路，调节 $R_{P1}$ 测得相应的 $U_{BE}$ 和 $I_B$，即可得到一条输入特性曲线 $A$。图 1-34 是输入特性曲线。

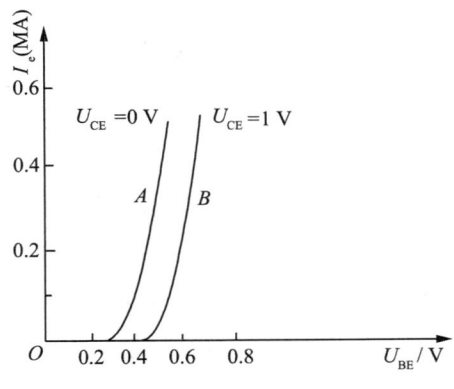

图 1-34　输入特性曲线

$U_{CE}=1$ V 时，重复上述步骤，可得到另一条输入特性曲线 $B$。

当加在 $U_{CE}$ 上的电压大于 1 V 时，测得的输入特性曲线和 $U_{CE}=1$ V 的那一条非常接近，所以三极管的输入特性曲线只需画出 $U_{CE}=1$ V 时的那一条，在以后分析放大电路时也只用该条输入特性曲线。

从三极管的输入特性曲线可以看出，加在发射结上的正偏电压只有大于死区电压时三极管才出现基极电流。硅管的死区电压约 0.5 V，锗管的死区电压约 0.2 V。三极管处在正常放大状态时，硅管的 $U_{BE}$ 约 0.7 V，锗管的 $U_{BE}$ 约 0.3 V。

② 输出特性　输出特性是指当三极管基极电流 $I_B$ 一定时，三极管的集电极电流 $I_C$ 与集电极电压 $U_{CE}$ 之间的关系曲线。仍用图 1-33 所示的测试电路，当基极电流固定在某一值 $I_B=0.30$ mA 时，调节 $R_{P2}$，测得相应的 $I_C$ 和 $U_{CE}$，即可得到一条输出特性曲线，如图 1-35 所示。

如果调节 $R_{P1}$ 以改变基极的电流，且在不同的 $I_B$ 时，测出相应的 $I_C$ 和 $U_{CE}$，就可得到三极管的一组输出特性曲线簇，如图 1-36 所示。

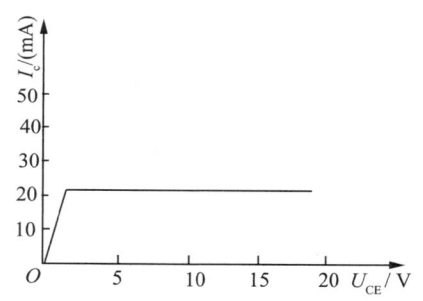

图 1-35　$I_B=0.30$ mA 时的输出特性曲线

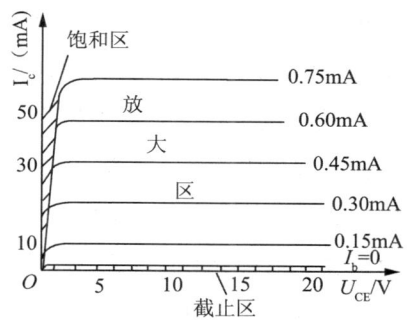

图 1-36　三极管的特性曲线簇

从输出特性曲线簇可以看到，每条曲线都有上升、弯曲及平直部分，且各条曲线的上升部分很陡，几乎重合在一起，而平直部分则按 $I_B$ 值由下往上排列。一般 $I_B$ 的取值间距均匀，相应的输出特性曲线的平行部分也均匀，且与横轴接近平行。这说明在基极电流一定时，集电极电流在这一区域不随集电极电压变化而变化，故二极管具有恒流特性。

根据三极管的输出特性曲线，可以把它分为 3 个区域：截止区、放大区和饱和区。这 3 个区对应着三极管的 3 种工作状态。

截止区：一般是把 $I_B=0$ 这一条曲线以下的区域称为截止区。对 NPN 硅管来说，当 $U_B<U_E$，发射结反偏时，$I_B=0$，但由输入特性曲线可知，即使 $U_B>U_E$，但 $U_{BE}<0.5$ V（即小于死区电压）时，$I_B$ 仍然为零。从输出特性曲线图中可以见到，在 $I_B=0$ 时就对应有一很小的集电极电流，称它为穿透电流 $I_{CEO}$，它不受基极控制，与放大无

关。因此三极管在截止状态下的特征是 $I_B=0$，$I_C \approx 0$，集电极和发射极之间相当于短路。

放大区：当发射结正偏，集电结反偏时，输出特性曲线近似于水平的部分是放大区。放大区的特征是：$I_C$ 受 $I_B$ 控制，$I_B$ 改变时，$I_C$ 也随着改变，$I_C$ 的大小与 $U_{CE}$ 基本无关，此时有 $\triangle I_C = \beta \triangle I_B$。放大区也称为线性区，此区内的曲线越平坦，间距越均匀（$I_B$ 取值均匀）时，三极管的线性放大性能越好。

饱和区：输出特性曲线的左侧阴影区为饱和区，它包括曲线的上升和弯曲部分。三极管的饱和条件是发射结和集电结都处于正偏状态，饱和的特点是 $U_{CE}$ 很低（$U_{CE} < U_{BE}$），$I_C$ 不受 $I_B$ 控制，三极管失去放大作用，集电极和发射极之间相当于一个接通的开关。

6. 三极管的应用

放大、调制、谐振、开关

（1）电流放大　三极管是一个电流控制器件，它用基极电流 $I_B$ 来控制集电极电流 $I_C$ 和发射极电流 $I_E$，没有 $I_B$ 就没有 $I_C$ 和 $I_E$，只要有一个很小的 $I_B$，就有一个很大的 $I_C$。在放大电路中，就是利用三极管的这一特性来放大信号的。

（2）开关作用　当三极管做开关时，工作在截止、饱和两个状态。

在三极管开关电路中，三极管的集电极和发射极之间相当于一个开关，当三极管截止时它的集电极和发射之间的内阻很大，相当于开关的断开状态；当三极管饱和时它的集电极和发射极之间内阻很小，相当于开关的接通状态。

导通状态的工作条件：$U_B > U_E$，且 $U_{BE} \geq 0.7$ V，CE 结内阻很小，此时电流可以从集电极经 CE 结流向发射极。

截止状态的工作条件：$U_{BE} < 0.7$ V 时，也就是基极没有电流时，CE 结内阻很大，此时 CE 结没有电流流过。

硅三极管和锗三极管的导通、截止电压也是不同的：

硅三极管：导通电压 $U_{BE} > 0.7$ V，截止电压 $U_{BE} < 0.7$ V。

锗三极管：导通电压 $U_{BE} > 0.3$ V，截止电压 $U_{BE} < 0.3$ V。

7. 三极管的代换原则

替代之前应确认元器件是否已损坏。因为半导体器件不如电容电阻那样耐焊易拆卸，在拆卸中，人为损坏较多。记录下各电极的位置，再将器件取下，并再次确认原器件是否损坏，在确认已损坏时，应记录下器件的型号、制造厂家。最好的替代是同一制造厂家、同一型号的产品。

如果不具备这一条件，应通过器件手册查找元器件的主要参数。再根据这些主要参数选择替代品，替代品应符合下述几个条件：材料相同，即锗-锗、硅-硅替代。极性相同，即 PNP-PNP、NPN-NPN 替代。种类相同，三极管—三极管、场效应管-场效应管替代。主要特性相同，如最大直流耗散功率为 $P_{CM}$：替代品的 $P_{CM}$ 应大于或等于原器件，而且应进行测量和计算原器件在线路中实际功耗 $P_C$，以保证替代品的 $P_{CM} > P_C$。最大允许直流电流为（$I_{CM}$）：替代器件的 $I_{CM}$ 应大于或等于原器件，而且也应实测计算实际电流 $I_C$，以保证 $I_{CM} > I_C$。最高耐压：替代器件的几个主要参数，如晶体管的 $U_{CBO}$、$U_{CEO}$、$U_{BEO}$ 等应大于原来三极管。频率特性：替代器件的主要参数如 $f_T$ 或 $f_{ab}$ 应大于或等于原器件。一般来说，满足上述4个条件即可替代。

但在某些场合，如低噪声放大，还应考虑开关参数，有的要考虑直流电流放大系数。对于大功率器件，应考虑安装尺寸及散热片安装的问题。如果一时找不到合适的替代品，可以用满足特性要求的高频管替代低频管，用开关管替代高频管，用低放大倍数组成达林顿电路替代高放大倍数的三极管等。

（以下只适合主板）

（1）NPN 型和 PNP 型三极管之间不能代换，硅管和锗管之间不能代换。

（2）原则上要原型号代换，实际维修中很做到同型号代换，主板一般采用的三极管大多是硅管，所以代换时，只须做到硅管代换硅管，NPN 型代换 NPN 型，PNP 型代换 PNP 型即可。

（3）三极管的3个引脚不能弄错，拆下坏三极管时要记住线路板上各引脚孔的位置。主板上常见的 NPN 型三极管型号，如图1-37所示。

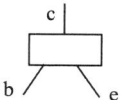

1AM、R1P、1A、P04、N04、ZS89、ZS03、ZS07、G12、1PF1、CR50、K1N

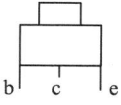

F833、F832、F947、F937、F941、D044、D024、D882、D1760、D1802

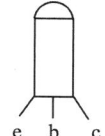     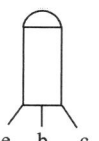

3902 < = > 2222      D882 < = > 3279，9658 < = > 965R

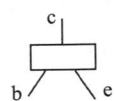 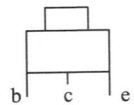

2A、2F、P06、DS93、K3N　　　1202

 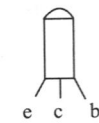

2907、3906　　8550、B772＜ ＝ ＞1300

图1-37　主板常见PNP型三极管型号

一、二极管的检测

常用的晶体二极管有：2AP，2CP，2CZ系列。2CP主要用于_____和小电流整流；2CP主要用于较小功率的整流，2CZ主要用于大功率整流。一般在二极管的管壳上注有_____；若无标记，可利用二极管的_____电阻小、_____电阻大的特点来判别其_____。同时也可利用这一特点判断二极管的_____。判断时，常用万用表的_____，对于耐压低、电流小的二极管只能用万用表的_____或_____挡。

（1）性能判别：晶体二极管正、反电阻相差_____越好。两者相差越大，就表明二极管的单相导电特性_____；如果二极管的正、反电阻值很_____，表明二极管已坏。若正、反向电阻都_____或_____，则说明管子已被_____，两电极已_____；若正、反向电阻都_____，则说明管子内部已_____，不能使用。

（2）极性判别：在测试正、反向电阻时，当测得的电阻值_____时，与黑表笔相连的那个电极是二极管的_____；当测得的电阻值_____时，与黑表笔相连接的电极是二极管的_____。

由于二极管的正、反向电阻和测量电流_____相关，所以一个管子的正、反向电阻用不同的_____测量出来的电阻值会有差别。

（3）数字万用表测量二极管：将万用表打到_____挡，红表笔接二极管的_____，黑笔接二极管的_____，此时测量的是二极管的_____

_____阻值,也就是二极管的_____。不同的二极管根据它内部_____不同所测得的正向压降值也不同。

采用以上方法测量、判断二极管,并将测量结果填入表 1-13。

表 1-13 万用表测量二极管

测量人:_____ 测量仪器:_____        年    月    日

| 二极管编号 | 电阻值1 | 电阻值2 | 质量判断 | 极性判断 |
| --- | --- | --- | --- | --- |
|  |  |  |  |  |
|  |  |  |  |  |
|  |  |  |  |  |

## 二、三极管的简易测试

1. 管型和基极的判别方法

晶体三极管可以看成是两个二极管,以便于判别。用万用表电阻量程 R×100 或 R×1k 挡,将红表笔接某一管脚,将黑表笔分别接另外两个管脚,测得两个电阻值,若两个电阻值均较小时(小功率三极管约为几百欧),则红表笔所接的管脚为 PNP 管的基极,如图 1-38(a)所示。若两个电阻中有一个较大,可将红表笔改接另一只管脚再试,直到两个管脚测出的电阻均较小时为止。若测得的电阻较大,红表笔所接的管脚为 NPN 型管的基极。

如用黑表笔接某一管脚,红表笔接另外两个管脚,当测得两个阻值均较小时,黑表笔所接的管脚为 NPN 型管的基极,如图 1-38(b)所示。若两个阻值均较大,则黑表笔所接的管脚为 PNP 型管的基极。

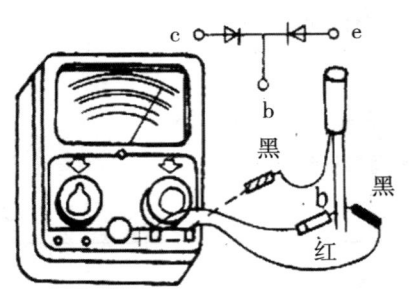
（a）PNP型两次读数较小

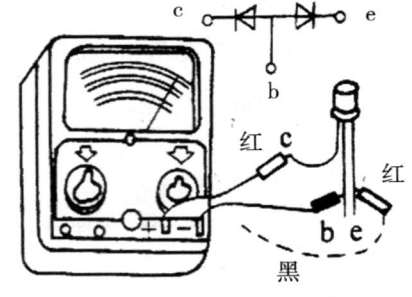
（b）NPN型两次读数较小

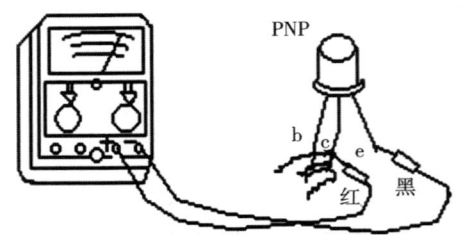
（c）判别集电极，指针偏摆较大（即阻值较小）

图1-38 三极管管型和管脚的简易测试

2. 判别集电极的方法

可以利用晶体三极管正向电流系数比反向电流系数大的原理确定集电极。使用万用表电阻量程 R×100 或 R×1k 挡，按如图1-38（c）所示，一手的拇指和食指捏住基极和假设的集电极（基极和假设的集电极不能接触在一起，它们之间必须经过人体电阻），对 PNP 管，红笔接到集电极上，黑笔接到发射极上，测读万用表的电阻值或指针偏摆的幅度，然后对调假设的集电极和发射极，同样测读万用表的电阻值或指针偏摆的幅度，比较两次读数的大小，电阻值小的一次红表笔接的管脚为集电极。对 NPN 管，黑笔接到集电极上，红笔接到发射极上，测读万用表的电阻值或指针偏摆的幅度，然后对调假设的集电极和发射极，同样测读万用表的电阻值或指针偏摆的幅度，比较两次读数的大小，电阻值小的一次黑表笔接的管脚为集电极。

基极和集电极判定出来以后，剩下的一个管脚必然是发射极。

三极管的极性除了用万用表判别外，还可以根据如图1-39所示管脚外形识别法判断。

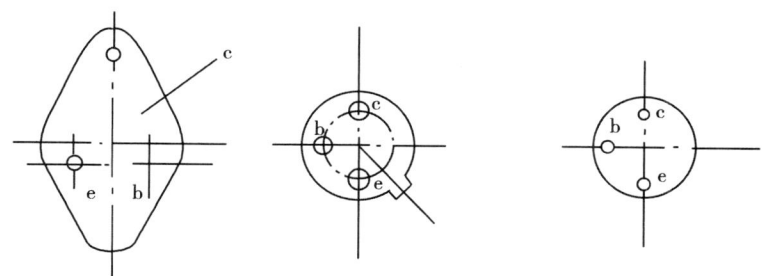

（a）外壳为集电极　（b）靠近标记处为发射极（c）e、b、c组成等腰三角形图

图 1-39　三极管外形识别管脚

3. 测量三极管的好坏

以 NPN 型为例,将基极 b 开路,测量 c、e 极间的电阻万用表红笔接发射极,黑笔接集电极,若阻值较高（几十千欧以上）,则说明穿透电流较小,三极管能正常工作。若 c、e 极间电阻小,则穿透电流大,受温度影响大,工作不稳定。在技术指标要求高的电路中不能用这种管子。若测得阻值近似为 0,表明三极管已被击穿,若阻值为无穷大,则说明管子内部已断路。

### 三、用数字万用表测量三极管

1. 三极管的极性及管型判断

如图 1-40 所示,把万用表打到蜂鸣二极管挡,首先用红笔假定三极管的一只引脚为 b 极,再用黑笔分别角碰其余两只引脚,如果测得两次读数相差不大,且都在 600 左右,则表明假定是对的,红笔接的就是 b 极,而且此管为 NPN 型管。c、e 极的判断,在两次测量中黑笔接触的引脚,读数较小的是 c 极,读数较大的是 e 极。红笔接 b 极,当测得的两级数值都不在范围内,则按 PNP 型管测管。PNP 型管的判断只须把红黑表笔调换即可,测量方法同上。

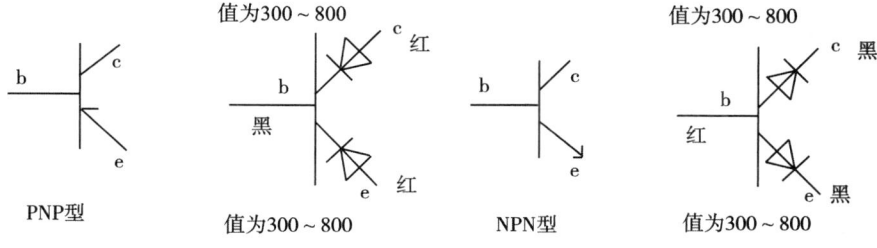

图 1-40　三极管的测量

贴片三极管测量：

如图1-41所示为贴片三极管正视图，两脚左下脚为b极（基极），测量方法同上。

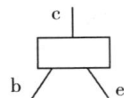

图1-41 贴片三极管

2. 好坏判断

按以上方法测量时两组读数在300~800为正常，如果有一组数值不正常三极管为坏，如果两组数值相差不大说明三极管性变劣。

测量ce两脚，如果读数为0，说明三极管ce之间短路或击穿，如果读数为1，说明三极管ce之间开路。

### 知识拓展

#### 场效应晶体管

场效应晶体管（Field Effect Transistor，缩写FET）简称场效应管。由多数载流子参与导电，也称为单极型晶体管。它属于电压控制型半导体器件。场效应管实物如图1-42所示。

图1-42 场效应管外形图

1. 特点

具有输入电阻高（$10^8$~$10^9 \Omega$）、噪声小、功耗低、动态范围大、易于集成、没有二次击穿现象、安全工作区域宽等优点，现已成为双极型晶体管和功率晶体管的强大竞争者。

2. 作用

场效应管可应用于放大。

场效应管可以用做电子开关。

场效应管很高的输入阻抗非常适合作阻抗变换。常用于多级放大器的输入级做阻抗变换。

场效应管可以用做可变电阻。

场效应管可以方便地用做恒流源。

3. 分类

场效应管分结型、绝缘栅型（MOS）两大类。

按沟道材料：结型和绝缘栅型各分 N 沟道和 P 沟道 2 种。

按导电方式：耗尽型与增强型，结型场效应管均为耗尽型；绝缘栅型场效应管既有耗尽型的，也有增强型的。

场效应晶体管可分为结场效应晶体管和 MOS 场效应晶体管，而 MOS 场效应晶体管又分为 N 沟耗尽型和 N 沟增强型；P 沟耗尽型和 P 沟增强型 4 大类，如图 1-43 所示。

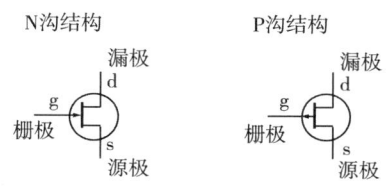

（a）结场效应晶体管

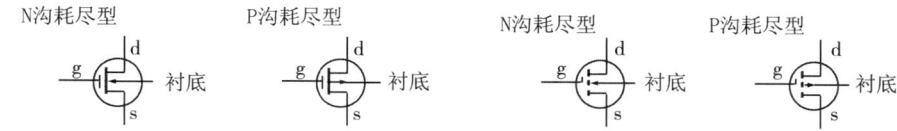

（b）MOS 场效应晶体管

图 1-43　场效应管符号图

4. 场效应晶体管的优点

具有输入电阻高、输入电流低于零，几乎不要向信号源吸取电流，在在基极注入电流的大小，直接影响集电极电流的大小，利用输出电流控制输出电源的半导体。

5. 场效应管与晶体管的比较

（1）场效应管是电压控制元件，而晶体管是电流控制元件。在只允许从信号源取较少电流的情况下，应选用场效应管；而在信号电压较低，又允许从信号源取较多电流的条件下，应选用晶体管。

**知识拓展**

（2）场效应管是利用多数载流子导电，所以称之为单极型器件，而晶体管是即有多数载流子，也利用少数载流子导电。被称之为双极型器件。

（3）有些场效应管的源极和漏极可以互换使用，栅压也可正可负，灵活性比晶体管好。

（4）场效应管能在很小电流和很低电压的条件下工作，而且它的制造工艺可以很方便地把很多场效应管集成在一块硅片上。

# 任务四  手工焊接

### 学习目标

**知识目标**

1. 了解焊料与助焊剂类别。
2. 认识常用焊接工具。
3. 掌握基本焊接工艺。

**能力目标**

1. 具备资料查找、搜索、总结归纳能力。
2. 能正确、良好的完成手工焊接。
3. 培养学生的处理、解决实际问题的能力。

**情感目标**

1. 激发学生的学习兴趣,学以致用。
2. 培养严谨的工作态度和工作责任感。

### 学习过程

查阅资料,完成以下问题,了解任务对象。

图1-44中元器件与电路板连接方式什么?见到介绍其特点。

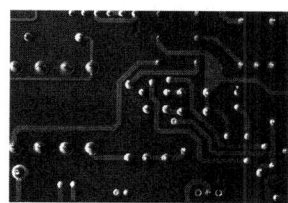

图1-44 电路板

列举生活中见到的此种连接方式的应用。

##  知识储备

### 一、焊接工具

1. 外热式电烙铁

外热式电烙铁的实物和结构如图 1–45 所示,它是由烙铁头、烙铁芯、外壳、木柄、电源引线、插头等部分组成的。烙铁头安装在烙铁芯里面,所以称为外热式电烙铁。

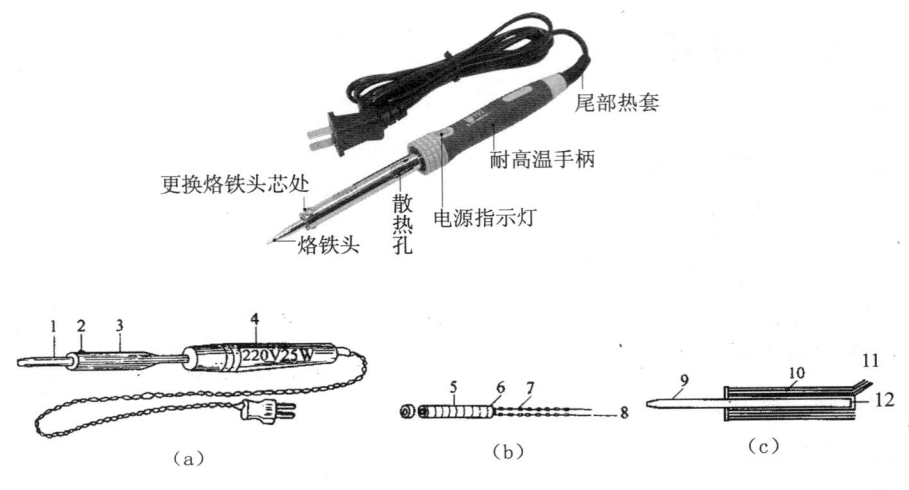

图 1–45 外热式电烙铁及烙铁芯的结构

1—烙铁头　2—烙铁头固定螺丝　3—外壳　4—木柄　5—铁丝　6—云母片　7—瓷管
8—引线　9—烙铁头　10—电热丝　11—云母片　12—烙铁芯骨架

烙铁芯是电烙铁的关键部位,它是将电热丝平行的绕制在一根空心瓷管上,中间用云母片绝缘,并引出两根导线与 220 V 交流电源连接。

常用的外热式电烙铁规格有 25 W、45 W、75 W 和 100 W 等。

烙铁芯的阻值不同,其功率也不相同。25 W 的阻值为 2 kΩ,45 W 的阻值约为 1 kΩ,75 W 的阻值约为 0.6 kΩ,100 W 的阻值约为 0.5 kΩ。因此,我们可以用万用表欧姆挡初步判别电烙铁的好坏及功率的大小。

烙铁头是用紫铜制成的,作用是储存热量和传导热量。烙铁的温度与烙铁头的体积、形状、长短等都有一定的关系。

当烙铁头的体积比较大时,则保持温度的时间就长些。另外,为适应不同焊接物的要求,烙铁头的形状有所不同,常见的有锥形、凿形、圆斜面形等等,具体的形状如图 1–46 所示。

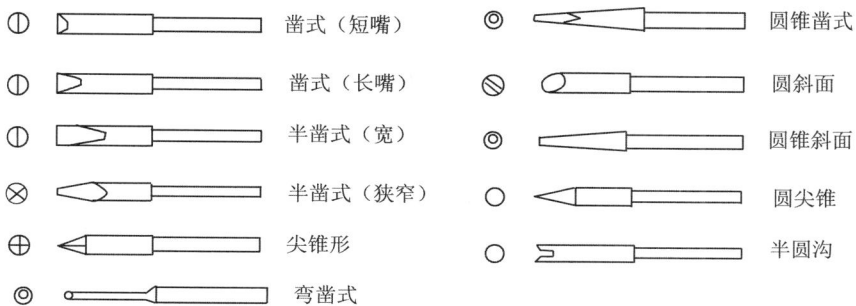

图 1-46 烙铁头的形状

### 2. 内热式电烙铁

内热式电烙铁具有升温快、质量轻、耗电省、体积小、热效率高的特点,应用非常普遍。内热式电烙铁的外形与结构如图 1-47 所示。

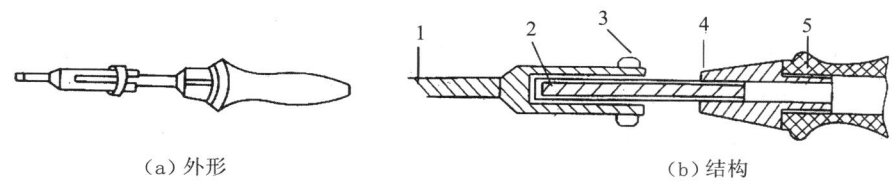

（a）外形　　　　　　　　　　　（b）结构

图 1-47 内热式电烙铁的外形与结构

1-铜头　2-芯子　3-弹簧夹　4-连接杆　5-手柄

内热式电烙铁是由手柄、连接杆、弹簧夹、烙铁芯、烙铁头组成。由于烙铁芯安装在烙铁里面,因而发热快,热利用率高,故称为内热式电烙铁。

内热式电烙头铁的后端是空心的,用于套接在连接杆上,并且用弹簧夹固定。当需要更换烙铁头的时候,必须先将弹簧夹退出,同时用钳子夹住烙铁头的前端,慢慢的拔出,切记不能用力过猛,以免损坏连接杆。

内热式电烙铁的烙铁芯是用比较细的镍铬电阻丝绕在瓷管上制成的,其电阻约为 2.5 kΩ（20 W）,烙铁的温度一般可达 350℃左右。

内热式电烙铁的常用规格有 20 W、25 W、50 W 等几种。由于它的热效率高,20 W 内热式电烙铁就相当于 40 W 左右的外热式电烙铁。

### 3. 吸锡电烙铁

吸锡电烙铁如图 1-48 所示,是将活塞式吸锡器与电烙铁融为一体的拆焊工具。它具有使用方便、灵活、使用范围宽等特点,但不足之处是每次只能对一个焊接点进行拆焊。

图 1-48 吸锡电烙铁

## 二、电烙铁的选用及使用方法

1. 选用电烙铁时，应考虑以下几个方面

（1）焊接集成电路、晶体管及其他受热易损元器件时，应选用 20 W 内热式或 25 W 外热式电烙铁。

（2）焊接导线及同轴电缆时，应选用 45～75 W 外热式电烙铁，或 50 W 内热式电烙铁。

（3）焊接较大元器件时，如大电解电容器的引线脚、金属底盘接地焊片等，应选用 100W 以上的电烙铁。

2. 电烙铁的使用方法与注意事项

（1）电烙铁的握法　电烙铁的握法有三种，如图 1-49 所示。

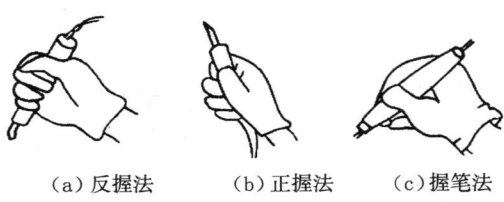

（a）反握法　　（b）正握法　　（c）握笔法

图 1-49　电烙铁的握法

反握法就是用五个手指把电烙铁的手柄握在掌内。此法使用于大功率电烙铁，焊接散热量较大的被焊件。正握法使用的电烙铁功率也比较大，且多为弯形烙铁头。握笔法如图 1-50 所示，适用于小功率的电烙铁，焊接散热量小的被焊件，如收音机、电视机电路的焊接和维修等。

图 1-50　握笔法

（2）新烙铁在使用前的处理　新烙铁使用前必须先给烙铁头镀上一层焊锡，如图1-51所示。具体方法是：首先把烙铁头锉成需要的形状，然后接上电源，当烙铁头温度升至能熔化锡时，将松香涂在烙铁头上，再涂上一层焊锡，直至烙铁头的刃面部挂上一层锡，便可使用。

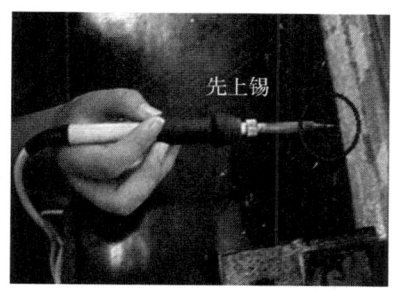

图1-51　上焊锡

（3）电烙铁不使用时不宜长时间通电，因为这样容易使电热丝加速氧化而烧断，同时也将使烙铁头因长时间加热而氧化，甚至被烧"死"，不再"吃锡"。

（4）电烙铁在焊接时，最好选用松香焊剂，以保护烙铁头不被腐蚀。烙铁应放在烙铁架上，轻拿轻放，不要将烙铁头上的焊锡乱甩。

（5）更换烙铁芯时要注意引线不要接错，因为电烙铁有三个接线柱，而其中一个是接地的，它直接与外壳相连。若接错引线，可能使电烙铁外壳带电，被焊件也会带电，这样就会发生触电事故。

（6）为延长电烙铁的使用寿命，首先应经常用湿布、浸水海绵擦拭烙铁头，以保持烙铁头良好的挂锡状态，并可防止残留助焊剂对烙铁头的腐蚀。其次，在进行焊接时，应采用松香或弱酸性的助焊剂。第三，在焊接完毕时，烙铁头上的残留焊锡应该继续保留，以防止再次加热时出现氧化层。

3. 其他常用工具

（1）尖嘴钳　尖嘴钳的头部较细，适用于夹小型金属零件或弯曲元器件引线，不宜用于敲打物体或夹持螺母。

（2）平嘴钳　小平嘴钳的钳口平直，可用于夹弯元器件管脚与导线。因它钳口无纹路，所以用它拉直、整形比尖嘴钳适用。但因钳口较薄，不宜夹持螺母或需施力较大部位。

（3）斜口钳　它用于剪焊后的线头，也可与尖嘴钳合用，剥导线的绝缘皮。

（4）镊子　它分尖嘴镊子和圆嘴镊子两种。尖嘴镊子用于夹持较细的导线，以便于装配焊接。圆嘴镊子用于弯曲元器件引线和夹持元器件焊接等，并有利于散热。

另外，剥线钳、平头钳、钢板尺、卷尺、扳手、小刀、螺钉刀、锥子、针头等也是经常用到的工具。

### 三、焊料与焊剂

1. 焊料

焊料是指易熔的金属及其合金，作用是将焊物连接在一起。它的熔点比被焊物的熔点低，而且易于与被焊物连为一体。

焊料按组成成分划分，有锡铅焊料、银焊料、铜焊料；按使用的环境温度分，有高温焊料和低温焊料。熔点在450℃以上的称为硬焊料；熔点在450℃以下的称为软焊料。

在电子产品装配中，一般都选用锡铅系列焊料，也称焊锡。其形状有圆片、带状、球状、焊锡丝等几种。常用的是焊锡丝，在其内部夹有固体焊剂松香。焊锡丝的直径有4 mm、3 mm、2 mm、1.5 mm等规格。

焊锡在180℃时便可熔化，使用25 W外热式或20 W内热式电烙铁便可以进行焊接。它具有一定的机械强度、导电性能、抗腐蚀性能良好，对元器件引线和其他导线的附着力强，不易脱落。因此，在焊接技术得到了极其广泛的应用。

2. 焊剂

在进行焊接时，为能使被焊物与焊料焊接牢靠，就必须去除焊件表面的氧化物和杂质。去除杂质通常有机械方法和化学方法，机械方法是用砂纸和刀子将氧化层去掉；化学方法则是借助于焊剂清除。焊剂同时也能防止焊件在加热过程中被氧化以及把热量从烙铁头快速地传递到被焊物上，使预热的速度加快。

松香酒精焊剂是用无水乙醇溶解纯松香配制成25%~30%的乙醇溶液，其优点是没有腐蚀性，具有高绝缘性能和长期的稳定性及耐湿性。焊接后清洗容易，并形成覆盖焊点膜层，使焊点不被氧化腐蚀。因此，电子线路中的焊接通常都采用松香、松香酒精焊剂。

### 四、焊接工艺

1. 对焊接的要求

焊接的质量直接影响整机产品的可靠性与质量。因此，在锡焊接时，必须做到以下几点：

（1）焊点的机械强度要满足需要　为了保证足够的机械强度，一般采用把焊件元器件的引线端子打弯后再焊接的方法，但不能用过多的焊料堆积，以防止造成虚焊或焊点之间短路。

（2）焊接可靠，保证导电性能好　为保证有良好的导电性能，必须防止虚焊，虚焊现象往往有以下两种，如图1-52所示。

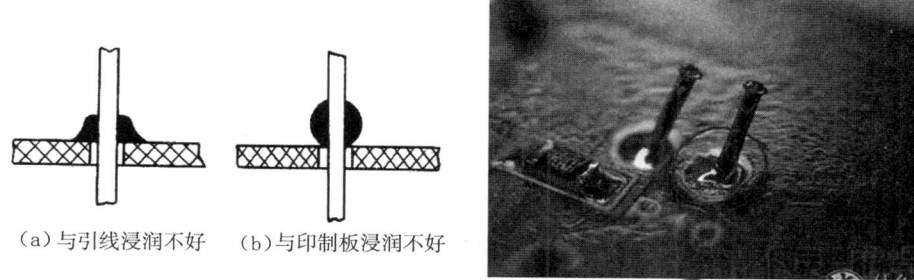

（a）与引线浸润不好　（b）与印制板浸润不好

图1-52　虚焊现象

（3）焊点表面要光滑、清洁　为使焊点美观、光滑、整齐，不但要有熟练的焊接技能，而且要选择合适的焊料和焊剂，否则将出现表面粗糙、拉尖、棱角现象。其次，烙铁的温度也要保持适当。

2. 焊接前的准备

（1）元器件引线加工成型　元器件在印制板上的排列和安装方式有两种：一种是立式；另一种是卧式。引线的跨距应根据尺寸优选2.5的倍数。加工时，注意不要将引线齐根弯折，并用保护引线的根部，以免损坏元器件。如图1-53所示为几种成型图例。常用的几种引线成型尺寸见表1-14。

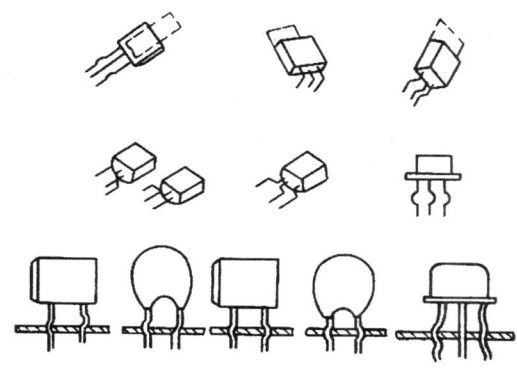

图1-53　元器件成型图例

表1-14 元器件引线成型尺寸　　　　　　　　　　　　　　　　　　　　（mm）

| 名称 | 图例 | 说明 |
|---|---|---|
| 直角紧卧式 | 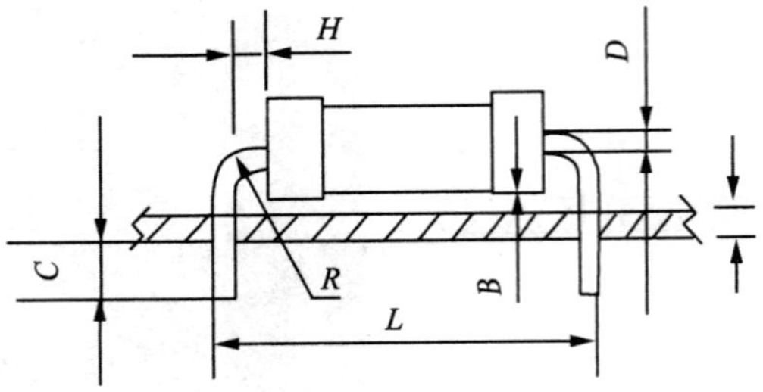  | $H \geq 2$<br>$R \geq 2D$<br>$B \leq 0.5$<br>$C \geq 2$ |
| 折弯浮卧式 | 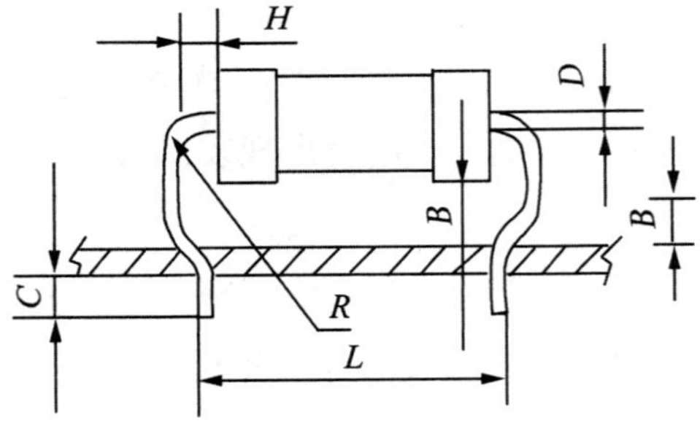  | $H \geq 2$<br>$R \geq 2D$<br>$4 \geq B \geq 2$<br>$L = 2.5$<br>$C \geq 2$ |
| 垂直安装式 | 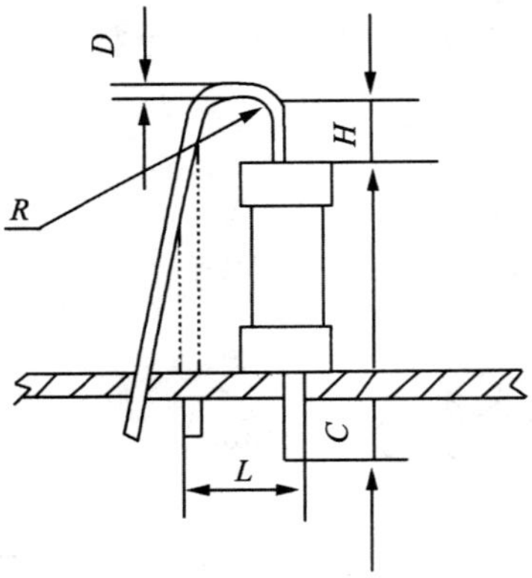  | $H \geq 2$<br>$R \geq 2D$<br>$L = 2.5$<br>$C \geq 2$ |
| 垂直浮式 | 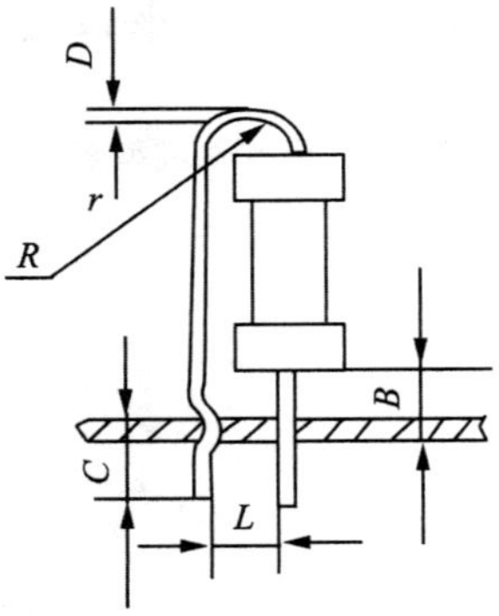  | $H \geq 2$<br>$R \geq 2D$<br>$4 \geq B \geq 2$<br>$L = 2.5$<br>$C \geq 2$ |

（2）搪锡（镀锡）　时间一长，元器件引线表面会产生一层氧化膜，影响焊接。所以，除少数有银、金镀层的引线外，大部分元器件焊接前必须先搪锡。

3. 焊接

焊接具体操作的五步法如图1-54所示。对于小热容量焊件而言，整个焊接过程不超过2~4s。

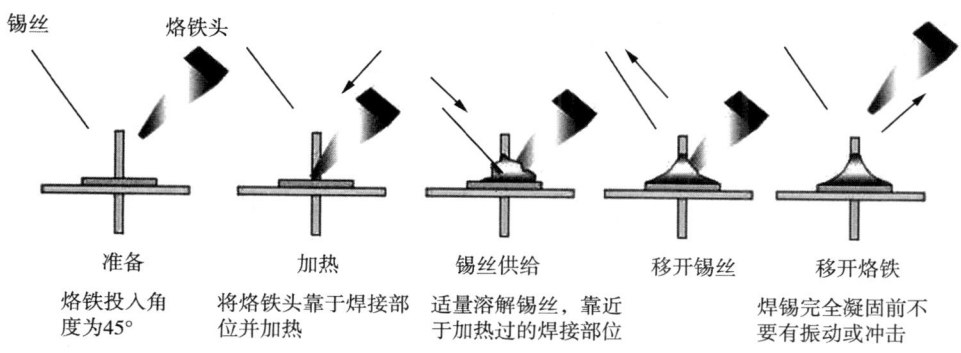

图1-54　焊接五步操作法

4. 焊接操作手法

（1）采用正确的加热方法　根据焊件形状选用不同的烙铁头，尽量要让烙铁头与焊件形成面接触而不是点接触或线接触，这样能大大提高效率。不要用烙铁头对焊件加力，这样会加速烙铁头的损耗和造成元件损坏。正确的加热方法如图1-55所示。

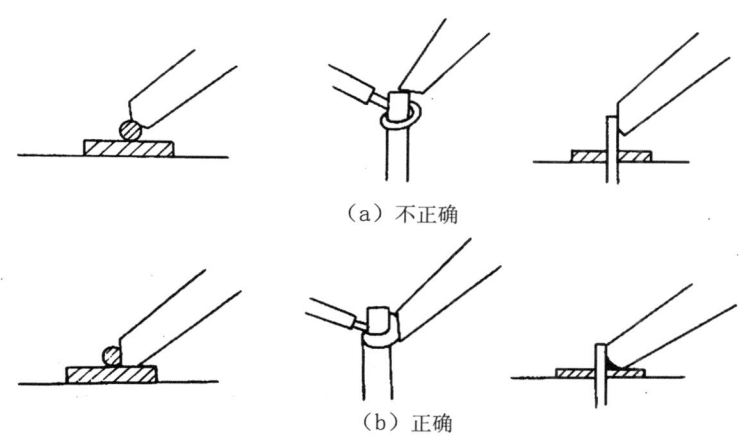

图1-55　加热方法

（2）加热要靠焊锡桥　所谓焊锡桥，就是靠烙铁上保留少量焊锡作为加热时烙铁头与焊件之间传热的桥梁，但作为焊锡桥的锡保留量不可过多。

（3）采用正确的撤离烙铁方式　烙铁撤离要及时，而且撤离时的角度和方向对焊点的成型有一定影响，如图 1-56 所示。

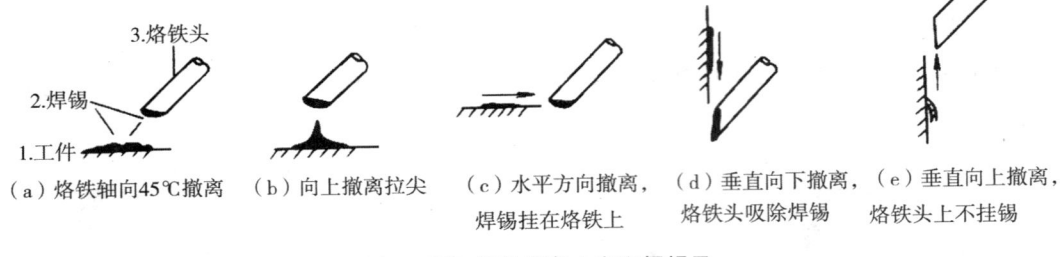

图 1-56　烙铁撤离方向和焊锡量

（4）焊锡量要合适　焊锡量过多容易造成焊点上焊锡堆积并容易造成短路，且浪费材料。焊锡量过少，容易焊接不牢，使焊件脱落。合适的焊锡量如图 1-57（c）所示。

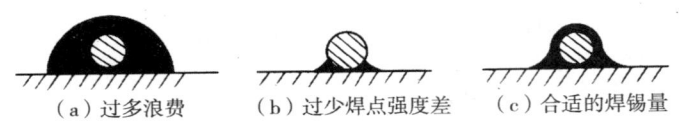

图 1-57　焊锡量的掌握

另外，在焊锡凝固之前不要使焊件移动或振动，不要使用过量的焊剂和用已热的烙铁头作为焊料的运载工具。

5．导线焊接技术

导线与接线端子、导线与导线之间的焊接有三种基本形式：绕焊、钩焊和搭焊。

（1）导线同接线端子的焊接

①绕焊：把经过镀锡的导线端头在接线端子上缠一圈，用钳子拉紧缠牢后进行焊接，如图 1-58（b）所示。这种焊接可靠性最好。

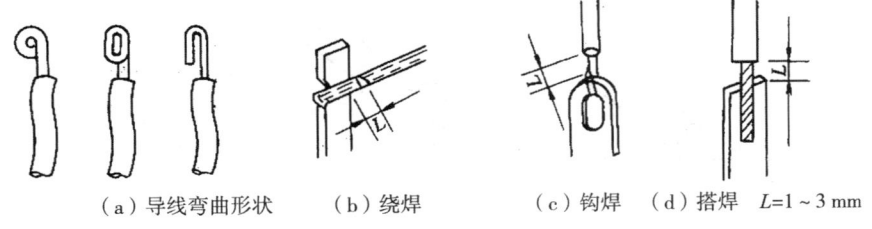

图 1-58　导线与端子的焊接

②钩焊：将导线端子弯成钩形，钩在接线端子上并用钳子夹紧后焊接，如图 1-58（c）所示。这种焊接操作简便，但强度低于绕焊。

③搭焊：把镀锡的导线端搭到接线端子上施焊，如图 1-59 所示。此种焊接最简

便,但强度可靠性最差,仅用于临时连接等。

(2) 导线与导线的焊接

导线之间的焊接以绕焊为主,操作步骤如下:

①去掉一定长度的绝缘外层。

②端头上锡,并套上合适的绝缘套管。

③绞合导线,施焊。

④趁热套上套管,冷却后套管固定在接头处。

此外,对调试或维修中的临时线,也可采用搭焊的办法。导线与导线的焊接如图 1-59(c)所示。

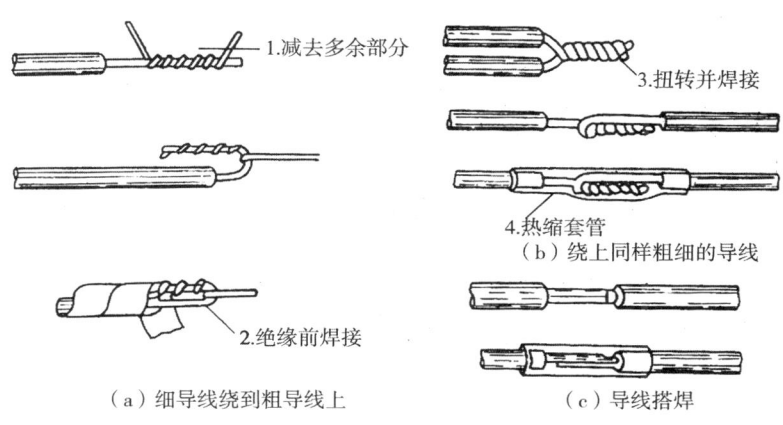

图 1-59 导线的焊接

6. 集成电路的焊接

如图 1-60 所示。

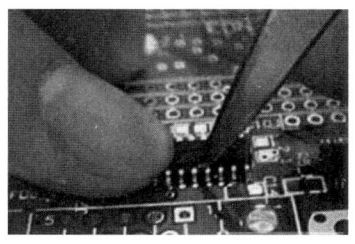

图 1-60 集成电路的焊接

MOS 电路尤其是绝缘栅型的电路,由于输入阻抗很高,稍不慎即可能使内部击穿而失效。同时,内部集成度高,焊接温度不能超过 200℃。因此,焊接时必须注意以下事项:

(1) 集成电路引线一般是经镀金或镀银处理的,不需要用刀刮,只需用酒精擦洗或用橡皮擦干净即可。

(2) 如果引线有短路环,焊接前不要拿掉。

(3) 电烙铁最好用 20 W 内热式,并要有可靠接地措施,或者利用余热进行焊接。

(4) 焊接时间不宜过长,每个焊点最好用 2s 的时间进行焊接,连续焊接时间不超过 10s。

(5) 使用低熔点焊剂,一般不要超过 150℃。

(6) 工作台上如果铺有橡皮、塑料等易于积累静电的材料,电路芯片及印制板不宜放在台面上。

(7) 集成电路安全焊接顺序为:地端→输出端→电源端→输入端。

(8) 引脚必须和电路板插孔一一对应,且要防止焊点之间短路。焊接完毕,用棉纱蘸适量纯酒精擦净焊接处残留的焊剂。

**焊接基本功训练**

1. 目的

掌握基本的焊接工艺和焊接技术。

2. 物资

所用材料和工具见表 1-15。

表 1-15 工具、材料清单

| 材　料 | 工　具 |
| --- | --- |
| 含有 50 个空心铆钉的板子两块 | 电烙铁:20 W 一把 |
| 含有 100 个孔的印制电路板一块 | 尖嘴钳:150 mm 一把 |
| 单股及多股铜导线若干 $\Phi$2.5 mm | 斜口钳:150 mm 一把 |
| 各种焊接片、绝缘套管若干 | 镊子一只 |

3. 步骤

(1) 在空心铆钉板的铆钉上焊接圆点(50 个铆钉),先清除空心铆钉表面氧化层,然后在空心铆钉板上焊上圆点。

(2) 在空心铆钉板上焊接铜丝(50 个铆钉),先清除空心铆钉表面氧化层,清除铜丝表面氧化层,然后镀锡,并在空心铆钉上(直插、弯插)焊接,如图 1-61 所示。

(3) 在印制电路板上焊接铜丝(100 个孔),在保持印制板表面干净的情况下,清除铜丝表面的氧化层,然后镀锡并在印制板上焊接。

(4) 如图 1-61 所示,用若干单股短导线,剥去导线端子绝缘层,练习导线与导线之间的焊接。

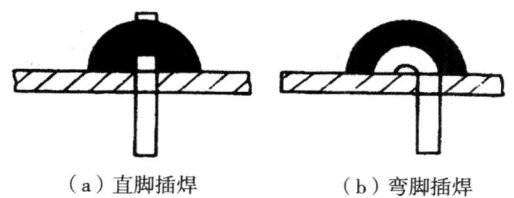

(a) 直脚插焊　　　　(b) 弯脚插焊

图 1-61　直插、弯插焊接示意图

(5) 如图 1-61 所示,用单股及多股导线和焊接片练习导线与端子之间的绕焊、钩焊与搭焊。

4. 注意事项

(1) 焊点要圆润、光滑,焊锡适中,没有虚焊。

(2) 剥导线绝缘层时,不要损伤铜芯。导线连接方法要正确、牢靠。

## 成绩评定

表 1-16　评分标准

| 项目内容 | 配分 | 评分标准 | 扣分 | 得分 |
| --- | --- | --- | --- | --- |
| 铆钉板上的焊接圆点 | 10 分 | 虚焊、焊点毛糙、每点扣 1 分 | | |
| 铆钉板上焊接铜丝 | 10 分 | 虚焊、焊点毛糙、每点扣 1 分 | | |
| 印制板上焊接铜丝 | 20 分 | 虚焊、焊点毛糙、每点扣 1 分 | | |
| 导线与导线的焊接 | 25 分 | 虚焊、焊点毛糙、每点扣 1 分<br>导线连接不正确,每处扣 3 分 | | |
| 导线和焊接片的焊接 | 25 分 | 虚焊、焊点毛糙、每点扣 3 分 | | |
| 安全文明生产 | 10 分 | 每一项不合格扣 5~10 分 | | |
| 工时:2h | | | | |
| 备注 | | 每项扣分不超过其配分 | 评分 | |

## 任务五　装配直流稳压电源

 **学习目标**

**知识目标**

1. 理解整流、滤波原理。
2. 能分析单相桥式整流电路。

**能力目标**

1. 能完成直流稳压电源的装配、焊接。
2. 会调试直流稳压电源。

**情感目标**

1. 培养学生解决问题的意识。
2. 促进学生形成严密的逻辑思维。

 **学习过程**

查阅资料，完成以下问题，了解任务对象。

1. 日常生活中用到的电源可以分为哪几种类型？

2. 交流电与直流电之间是否可互相转换？

3. 什么是整流？

## 一、整流电路

将交流电压变成单向脉动的直流电压的电路称为整流电路。常用的整流元件是二极管。

（一）单相半波整流电路

1. 电路组成及工作原理

单相半波整流电路如图 1-62（a）所示。工作原理：当 $u_2$ 处于正半周时，其极性为上正下负，即 $A$ 点为正，$B$ 点为负，此时二极管外加正向电压，处于导通状态，电流方向是从 $A$ 点经过二极管 $V$、负载电阻、回到 $B$ 点。当 $u_2$ 处于负半周时，其极性为下正上负，即 $B$ 点为正，$A$ 点为负，此时二极管外加反向电压，处于截止状态，电路断开。其工作波形如图 1-62（b）所示。

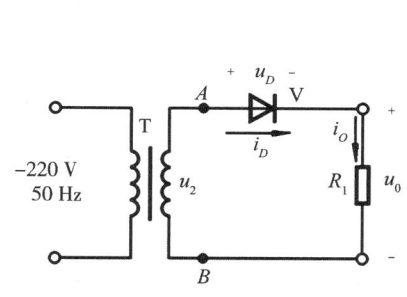

（a）单相半波整流电路

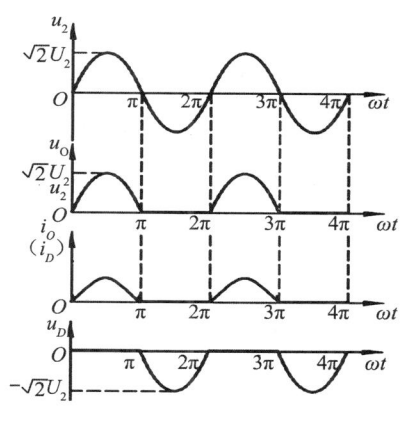

（b）工作波形

图 1-62 单相半波整流电路及其工作波形

2. 主要参数计算

单相半波整流电路参数计算公式：

输出电压平均值：$U_L = 0.45 U_2$

输出电流平均值：$I_L = \dfrac{U_L}{R_L} = \dfrac{0.45 U_2}{R_L}$

通过二极管的平均电流：$I_F = I_L$

二极管承受的最大反向电压：$U_{Rm} = \sqrt{2} U_2$

3. 整流二极管的选择

实际选择二极管时，$I_{FM} \geq I_F$，$U_{RM} \geq U_{Rm}$。

4. 电路特点

电路结构简单，使用器件少，但输出电压脉动大，且电源利用率低，一般应用在一些简单的充电电路中。

（二）单相桥式整流电路

单相桥式整流电路如图1-63（a）所示。电路中四只二极管接成电桥形式，所以称为桥式整流电路，这种电路有时被画成图1-63（b）或图1-63（c）的形式。

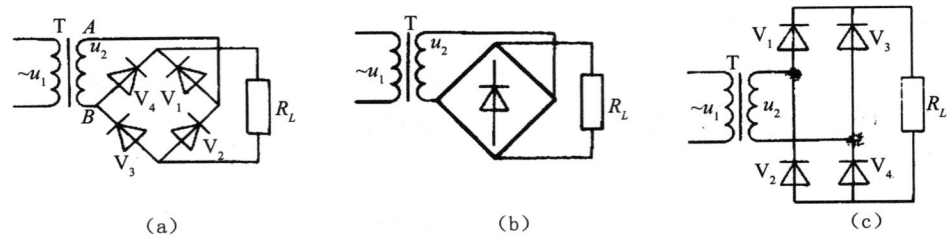

图1-63 单相桥式整流电路

1. 工作原理

二次电压 $u_2$ 波形如图1-64所示。设在交流电压正半周（$0-t_1$），$A$ 点电位高于 $B$ 点电位。二极管 $V_1$、$V_3$ 正偏导通，$V_2$、$V_4$ 反偏截止，电流 $I_{L1}$ 通路是 $A \to V_1 \to R_L \to V_3 \to B \to A$，如图1-64（a）所示。这时，负载 $R_L$ 上得到一个半波电压，如图1-64（b）中 $0-t_1$ 段。

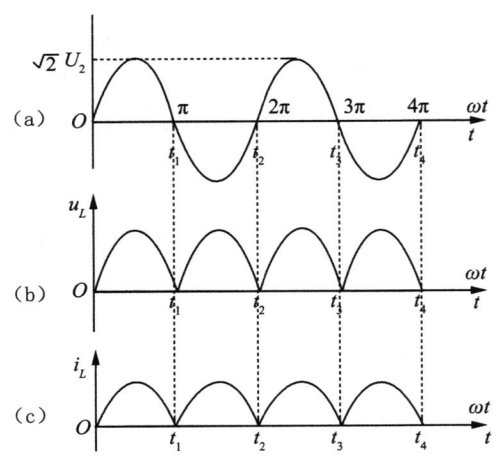

图1-64 单相桥式整流波形图

在交流电压负半周 $t_1-t_2$，$B$ 点电位高于 $A$ 点电位，二极管 $V_4$、$V_2$ 正偏导通，二极管 $V_1$、$V_3$ 反偏截止，电流 $I_{L2}$ 通路是 $B \to V_4 \to R_L \to V_2 \to A \to B$，如图1-65（b）所示。

同样，在负载 $R_L$ 上得到一个半波电压，如图 1-65（b）中 $t_1-t_2$ 段。

由此可见，在交流输入电压的正负半周，都有同一方向的电流流过 $R_L$，4 只二极管中，两只两只轮流导通，$I_L = I_{L1} + I_{L2}$，在负载上得到全波脉动的直流电压和电流，如图 1-65 所示。所以，这种整流电路属于全波整流类型，也称为单相桥式全波整流电路。

在单相桥式整流电路中，正弦波相位 0°、360°、720°…是 $V_2$、$V_4$ 导通转换为 $V_1$、$V_3$ 导通的自然换流点。180°，540°，900°…是 $V_1$、$V_3$ 导通转换为 $V_2$、$V_4$ 导通的自然换流点。

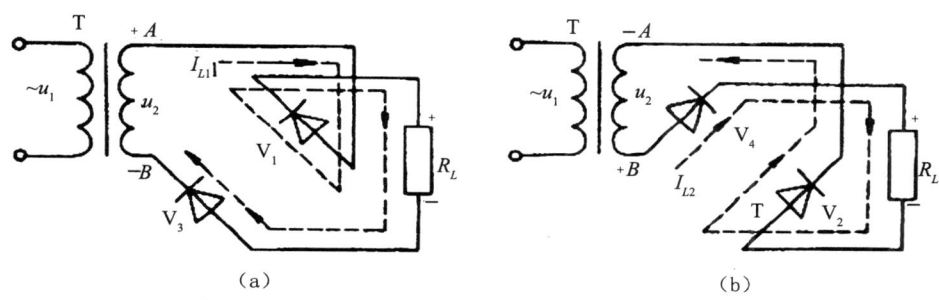

图 1-65 单相桥式整流电流通路

**2. 负载 $R_L$ 上直流电压和电流的计算**

在单相桥式整流电路中，交流电在一个周期内的两个半波都有同方向的电流流过负载，因此在同样的 $u_2$ 时，该电路输出的电流和电压均比半波整流大一倍。输出电压为

$$U_L \approx 0.9 U_2$$

整流变压器二次电压：

$$U_2 \approx \frac{U_L}{0.9} = 1.11 U_L$$

流过负载的平均电流：

$$I_L = \frac{U_L}{R_L} \approx 0.9 \frac{U_2}{R_L}$$

**3. 整流二极管上的电流和最大反向电压**

在桥式整流电路中，由于每只二极管只有半周是导通的，所以，流过每只二极管的平均电流只有负载电流的一半，即 $I_F = \frac{1}{2} I_L \approx 0.45 \frac{U_2}{R_L}$

注意：在单相桥式整流电路中，每只二极管受受的最大反向电压也是 $u_2$ 的峰值，

即 $U_{RM} = \sqrt{2}U_2 = \dfrac{\sqrt{2}}{0.9}U_L \approx 1.57 U_L$

从图 1-66 中可看出，在正半周时，$V_1$、$V_3$ 导通，$V_2$、$V_4$ 截止，这时变压器二次侧 A 端接至 $V_2$、$V_4$ 的负极，B 端接到 $V_2$、$V_4$ 的正极，可见 $V_2$、$V_4$ 承受的最大反向电压应为 $u_2$ 的峰值。同样，在负半周，$V_1$、$V_3$ 承受的最大反向电压也是 $u_2$ 的峰值。

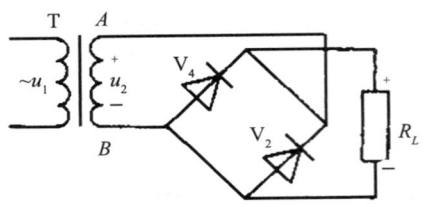

图 1-66　单相桥式整流 $V_2V_4$ 承受反向电压示意图

## 二、电容滤波电路

前面讨论的整流电路，虽然都可以把交流电转换为直流电，但是所输出的都是脉动直流电压，其中含有较大的交流成分，因此这种不平滑的直流电仅能在电镀、电焊、蓄电池充电等要求不高的设备中使用，而对于有些仪器仪表及电气控制装置等，往往要求直流电压和电流比较平滑，因此必须把脉动的直流电变为平滑的直流电。保留脉动电压的直流成分，尽可能滤除它的交流成分，这就是滤波。这样的电路叫作滤波电路（也叫滤波器）。滤波电路直接接在整流电路后面。它通常由电容器、电感器和电阻器按照一定的方式组合而成。常用的滤波电路结构如图 1-67 所示。

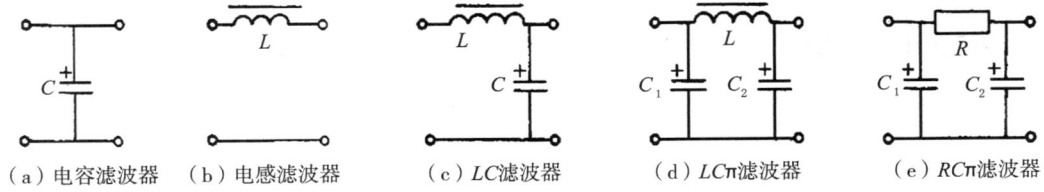

(a) 电容滤波器　　(b) 电感滤波器　　(c) LC 滤波器　　(d) LCπ 滤波器　　(e) RCπ 滤波器

图 1-67　滤波电路的几种形式

图 1-68 所示是单相桥式整流电容滤波电路图。图中电容器 C 并联在负载两端。电容器在电路中有储存和释放能量的作用，电源供给的电压升高时，它把部分能量储存起来，而当电源电压降低时，就把能量释放出来，从而减少脉动成分，使负载电压比较平滑，即电容器具有滤波作用。在分析电容滤波电路时，要特别注意电容器两端电压对整流器件导电的影响。整流器件只有受正向电压作用时才导通，否则截止。

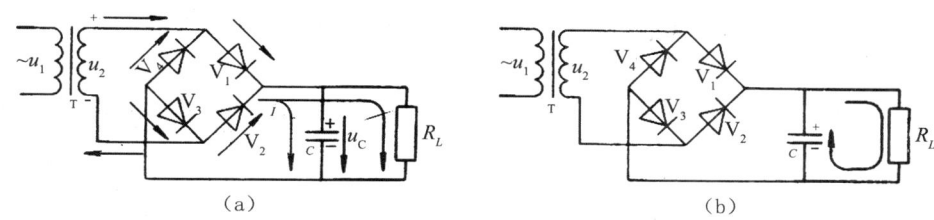

图 1-68 单相桥式整流电容滤波电路

1. 电容滤波工作原理

单相桥式整流电路在不接电容器 $C$ 时,其输出电压波形如图 1-69(a)所示。在接上电容器 $C$ 后,在输入电压 $u_2$ 正半周的 $0 \sim t_1$ 时间内,二极管 $V_1$、$V_3$ 在正向电压作用下导通,$V_2$、$V_4$ 反向截止。如图 1-69(a)所示,整流电流分为两路,一路经二极管 $V_1$、$V_3$ 向负载 $R_L$ 提供电流,另一路向电容器 $C$ 充电,$u_c$ 的图形如图 1-69(b)中的 $Oa$ 段。到 $t_1$ 时刻,电容器上电压 $u_c$ 接近交流电压的的最大值 $\sqrt{2}U_2$,极性上正下负。经过 $l$ 时刻后,的按正弦规律迅速下降直到 $t_2$ 时刻,此时 $u_2 < u_c$ 时,二极管 $V_1$、$V_3$ 受反向电压作用而截止。电容器 $C$ 经 $R_L$ 放电,放电回路如图 1-69(b)所示。如果放电速度缓慢,则 $u_c$ 不能迅速下降,如图 1-69(b)中 $ab$ 段所示。与此同时,交流电压继续按正弦规律变化,在 $u_2$ 负半周,没有电容器 $C$ 时,二极管 $V_2$、$V_4$ 应该在 $t_3$ 时刻导通,但由于此时 $u_c > u_2$,迫使二极管 $V_2$、$V_4$ 处于反向截止状态,直到 $u_4$ 时刻的上升到大于 $u_c$ 时,二极管 $V_2$、$V_4$ 才导通,整流电流向电容器 $C$ 再度充电到最大 $\sqrt{2}U_2$,$u_c$ 的图形如图 1-69(b)中 $bc$ 段。然后的又按正弦规律下降,的 $u_2 < u_c$ 时,二极管 $V_2$、$V_4$ 反向截止,电容器又经 $R_L$ 放电。电容器 $C$ 如此周而复始进行充放电,负载上便得到近似如图 1-69(b)所示的锯齿波的输出电压。

从上面分析可知,电容滤波的特点是电源电压在一个周期内,电容器 $C$ 充放电各两次。比较图 1-69(a)、(b)可见,经电容器滤波后,输出电压就比较平滑了,交流成分大大减少,而且输出电压平均值得到提高,这就是滤波的作用。

2. 电容滤波对整流电路的影响

接上电容滤波后,电容器就是负载的一部分,此时对整流电路而言,其负载不再是纯电阻负载了,整流电路的工作情况发生了一些变化。

(1)接入滤波电容后二极管的导通时间变短,如图 1-69(c)所示。电容开始充电时,流过二极管的电流可能是很大的,尤其是开机瞬间,电容器中无电荷,充电电流很大,必须选用电流裕量大的二极管,必要时在电容滤波前串联几欧到几十欧的电阻,来限制充电电流保护二极管。

(2)负载平均电压升高,交流成分(纹波)减小。这是由于二极管截止时电容器的放电作用产生的,放电速度越慢,负载电压中交流成分越小,负载平均电压越高。一般滤波电容是采用电解电容器,使用时电容器的极性不能接反。电容器的耐压应大于它实际工作时所承受的最大电压,即大于$\sqrt{2}U_2$。滤波电容器的容量选择见表1-17。

(3) 负载上直流电压随负载电流增加而减小。如果负载$R_L$阻值小,电容器$C$放电就快,在图1-69(b)中的$t_2 \sim t_4$段波形下降快,则输出电压的平均值$U_L$随之降低。

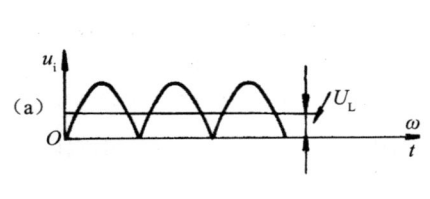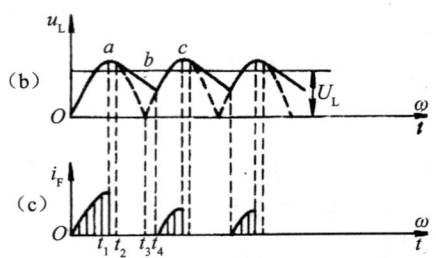

图1-69 单相桥式整流电容量波波形图

表1-17 滤波电容器容量表

| 输出电流$I_L$(A) | 2 | 1 | 0.5~1 | 0.1~0.5 | 0.05~0.14 | 0.05以下 |
|---|---|---|---|---|---|---|
| 电容器容量$C$($\mu$F) | 4000 | 2000 | 1000 | 500 | 200~500 | 200 |

注:此为桥式整流电容滤波$U_L = 12 \sim 36$ V时的参考值。

### 三、稳压电路

晶体交流电压经过整流、滤波后已经变换成比较平滑的直流电,但还不够稳定。当电网电压波动或负载发生变化时,整流滤波后输出的直流电压也随着变化,因此只能供一般电气设备使用。对于电子电路,特别是精密电子测量仪器、自动控制、计算装置等,要求有很稳定的直流电源供电,所以在整流滤波之后,还要接入直流稳压电路,来保证输出电压稳定。

稳压电路是当电网电压波动或负载发生变化时,能使输出电压稳定的电路。

1. 硅稳压管的工作特性和主要参数

硅稳压管是晶体管稳压电路的基本元件,稳压电路的稳压效果往往与稳压管直接相关。因此,在讨论稳压电路之前首先应了解稳压管的工作原理、性能和主要参数。

(1) 硅稳压管的工作特性

硅稳压管是一种特殊的面结合型半导体二极管,由于它有稳定电压的特点,在稳压电路中经常要用到,所以把这种类型的二极管称为稳压管。

硅稳压管为什么能起稳压作用呢?在讨论二极管特性时曾指出,普通二极管进入击穿区后,如果反向电压再增加,反向电流会急剧上升,导致二极管PN结发热烧坏,因此普通二极管不能工作在击穿区。值得注意的是，PN 结击穿与 PN 结烧坏并不是一回事。普通二极管在击穿区烧坏，是由于它的最大允许耗散功率不够，PN 结温升过高的原因。

硅稳压管是采用特殊工艺制造的，它的正向特性与一般二极管相似，而反向击穿特性却有很大不同，反向击穿区的曲线更为陡峭，其电压电流特性曲线如图 1-70 所示。它正是利用二极管击穿效应，只要限制击穿电流，使其功率损耗不超过额定值，硅稳压管就可长期工作在反向击穿区。从图中可以看出，当反向电压较小时，稳压管的反向电流很小，如曲线 OA 段。当反向电压达到 $U_{Zmin}$ 时，反向电流开始增加，稳压管的工作状态进入击穿区。超过 $U_{ZM}$ 时，PN 结击穿严重，流过 PN 结电流过大，将过热而烧坏。当反向电流被限制在 $I_{Zmin}$ 到 $I_{ZM}$ 之间变化（$\Delta I_Z$）时，稳压管两端的反向电压从 $U_{Zmin}$ 到 $U_{ZM}$ 变化（$\Delta U_Z$），$\Delta I_Z$ 变化较大，而 $\Delta U_Z$ 变化很小，如曲线 AC 段。稳压管正是利用其伏安特性中反向击穿区 AC 段，反向电流大范围变化而反向电压几乎不变的特性来进行稳压的。

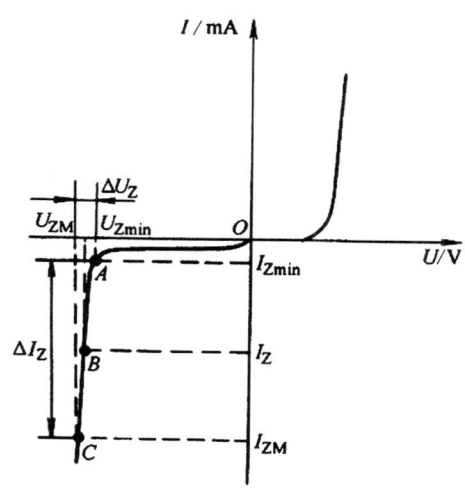

图 1-70　硅稳压管电压电流特性

（2）硅稳压管的参数和使用

①稳定电压 $U_Z$ 指稳压管的反向击穿电压（如图中 $U_{Zmin}$ 到 $U_{ZM}$ 范围）。有的稳压管此值约 3 V，高的可达 300 V。

②稳定电流 $I_Z$ 指保持稳定电压 $U_{ZM}$ 时的工作电流（如图 1-70 中 B 点处的电流）。

③最大稳定电流 $I_{ZM}$ 指稳压管最大工作电流（如图 1-70 中 C 点处的电流）。超过这个电流，稳压管将因功率损耗过大而发热烧坏。

④最大耗散功率 $P_{ZM}$ 指工作电流通过稳压管的 PN 结时产生的最大耗散功率允许值，

近似为 $U_{ZM}$ 与 $I_{ZM}$ 的乘积。小功率稳压管的 $P_{ZM}$ 为几十毫瓦，大功率的可达几十瓦，因此大功率稳压管工作时要加装散热器。

此外，还有动态电阻和温度系数等参数。动态电阻反映稳压管的稳压性能，动态电阻越小，稳压性能越好。温度系数反映稳压管的温度稳定性，在要求温度稳定性较高的电路中，可用具有温度补偿的稳压管。如 2DW230，它是由两个稳定电压相同的稳压管反向串联制成，如图 1-71 所示。使用时一只稳压管处于反向击穿状态，另一只稳压管处于正向导通，两只稳压管相互补偿。

硅稳压管工作在反向击穿区，使用时它的正极必须接电源的负极，它的负极接电源的正极。如果接反，相当于电源短路，电流过大会使稳压管过热烧坏。但是，对于像 2DW230 这类具有温度补偿的稳压管，它有三个管脚，通常 3 脚不用，它的 1、2 脚可不分正、负任意连接，也可单独使用 1、3 脚或 2、3 脚，但此时只能做一般稳压管使用。

在使用过程中，当一个稳压管的稳压值不够时，可以用多个稳压管串联使用。但是稳压管不能并联使用，这是由于每个稳压管的稳压值有差异，并联后会造成各管的电流分配不均匀，使电流分配大的稳压管过载而损坏。

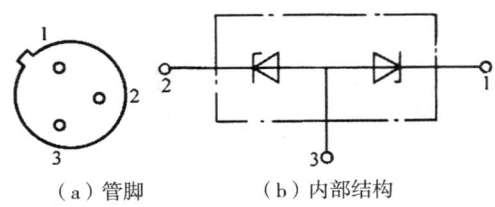

(a) 管脚　　(b) 内部结构

图 1-71　具有温度补偿的稳压管 2DW230

### 2. 集成稳压器

所谓集成稳压器是指将调整管、取样放大、基准电压、启动和保护电路等全部集成在一个半导体芯片上而形成的一种稳压集成块。

按引出端一般又可分为三端集成稳压器和多端集成稳压器。近年来三端集成稳压器发展很快，按功率大小封装方法不同，有采用和三极管同样的金属封装或塑料封装，不仅外形像三极管，使用和安装也和三极管一样简便，如图 1-72 所示。

图 1-72 几种三端集成稳压器外形及封装

（1）三端固定输出稳压器

所谓三端是指电压输入、电压输出和公共接地三端。此类稳压器输出电压有正、负之分。常用的 CW78×× 系列是输出固定正电压的稳压器，CW79×× 系列是输出固定负电压的稳压管。

它们的输出电压均有 9 种系列。如 CW7812 表示稳压输出 +12 V 电压。每个系列均有两种封装形式，见图 1-72 和表 1-18。CW78×× 系列和 CW79×× 系列管脚功能有较大差异，这一点需要注意。

表 1-18 三端集成稳压器型号和外形对照表

| 型号 | 适用图号 | 管脚排列 |
| --- | --- | --- |
| CW78L××，CW79L×× | a)，b) | CW78 系列：<br>1-输入端，2-输出端，3-公共端<br>CW79 系列：<br>1-公共端，2-输出端，3-输入端 |
| CW78M××，CW79M×× | c)，e) | |
| CW78××，CW79×× | d)，e) | |

（2）三端输出固定电压的稳压器的应用

输出固定电压的基本稳压电路图 1-73（a）是用 CW78×× 系列组成的输出固定正电压的稳压电路。输入电压接 1、3 端，由 2、3 端输出稳定的直流电压。电容 $C_1$ 用作滤波以减少输入电压 $U_i$ 中的交流分量，还有抑制输入过电压作用。$C_2$ 用来改善负载的暂态响应，一般不需要大容量的电解电容器。此电路十分简单，根据需要可选择不同型号的集成稳压器，如需 15 V 直流电压时，可用 CW7815 型号的稳压器。CW79×× 系列输出固定负电压，其组成部分和工作原理与 CW78×× 系列基本相同，应用于只需要负输入和负输出的场合，如图 1-73（b）所示。

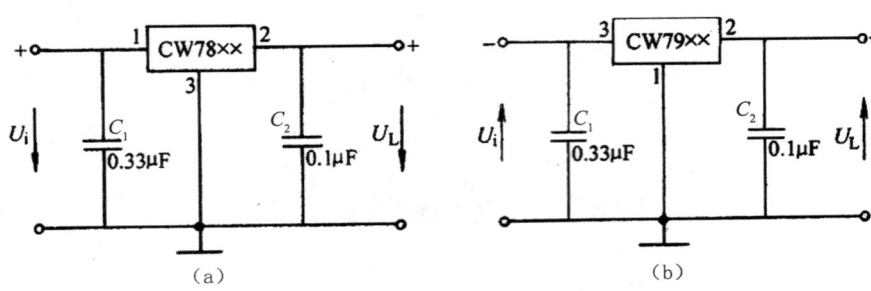

图1-73 输出固定电压的稳压电路

### 四、示波器

示波器是一种能够直接显示电压（或电流）变化波形的电子仪器。使用示波器不仅可以直观地观察被测电信号随时间变化的全过程，而且还可以通过它显示的波形测量电压（或电流）的幅度、周期、频率和相位等有关参数，以及进行频率和相位的比较、描绘特性曲线等，其用途十分广泛。

示波器的种类很多，除通用示波器外，还有能同时显示两个以上波形的多踪示波器；利用取样技术，将高频信号转换为低频信号进行显示的取样示波器；采用记忆示波管，具有储存和记忆信号功能的记忆示波器等。

1. 示波器面板主要旋钮的作用和使用方法

（1）$y$ 轴通道

"DC⊥AC" 输入端耦合方式选择开关，根据不同类型的输入信号选择不同的耦合方式。测交流信号，开关置于 AC 上；测直流信号或很低频率的交流信号，开关置于 DC 上；当开关置于 "⊥" 处，$y$ 轴输入端接地，以便确定输入端为零电位时光迹在荧光屏上的基准位置。YA、YB 各自控制。

"V/div 微调" 灵敏度选择旋钮（黑色）及增益微调旋钮（红色）。灵敏度选择旋钮是垂直灵敏度步进选择开关，可根据被测电压幅值选择合适的挡级位置，以利于观测，当 "微调" 置于 "校准" 位置（即顺时针旋足）时，V/div 所在挡级的标准即可视为垂直系统灵敏度。红色微调旋钮能连续调节 Y 增益，定量测量时应置 "校准" 位置。

"交替、YA、YA＋YB、YB、断续" 波形显示方式选择开关，可按需要选择 5 种不同的显示方式。

"内触发、拉－YB" 推拉式开关在按下的位置，只能观察两个波形，不能做时间比较；在拉的位置，则可以在观察波形的同时比较两个被测信号的时间和相位差。

"极性、拉－YA" 在按的位置是正常显示；在拉的位置是倒相显示。

"↑↓"垂直位置调节旋钮改变光迹在 $y$ 方向位置，顺时针旋转光迹上移，逆时针下移。YA、YB 各自控制。

（2）$x$ 轴通道

"t/div 微调"扫描速度选择旋钮（黑色）及扫描速度微调旋钮（红色）。扫描速度选择旋钮可步进地粗调扫描速度，根据被测信号频率，选择适当的挡级位置，当扫描微调旋钮置于"校准"位置（即顺时针旋足）时，t/div 所在挡级的标称值被校准可视为扫描时间因数。扫描速度微调旋钮用于连续调节扫描时间因数，做定量测定时，应置"校准"位置。

"扩展、拉×10"推拉式开关在按下的位置是正常显示；在拉的位置，将被测信号的波形在 X 轴方向上扩展 10 倍，可用来观察快速脉冲或重复频率较高的被测信号。

"外触发、X 外接"插座：外触发信号和 X 外接信号共用的输入端，与扫描速度选择开关 t/div 配合使用。当扫描速度选择开关置"X 外接"挡时，是 X 外接信号输入端；否则为扫描发生器的外触发信号输入端。

"内、外"触发源选择开关：起动扫描发生器的触发信号，可以取自机内 $y$ 轴通道的被测信号，也可以是来自机外的外触发信号。

"AC、AC（H）、DC"触发耦合方式开关：当信号为直流或交流信号时，置 DC 或 AC 挡，当信号频率较高时，置 AC（H）挡。

"高频、常态、自动"触发方式开关：一般置于常态位置；信号频率较高时置于高频位置；信号频率较低时置于自动位置。

"电平"触发电平调节旋钮：选择触发信号触发电路工作的电平，当调至触发信号电平之外时，不能形成扫描。

"＋、－"触发极性开关：置"＋"时触发点位于触发信号波形的上升部分，置"－"时触发点位于触发信号波形的下降部分。

"⇋"水平位置调节旋钮：调节荧光屏上光点或信号波形在水平方向上的位置，顺时针方向旋转光迹右移，反之则左移。

2. 仪器的使用

（1）通电后，调节辉度聚焦、移位等旋钮，调出扫描基线。若扫描基线偏离荧光屏，可按下"寻迹"开关，帮助寻找偏离方向，然后再调节移位旋钮，使基线回到屏幕中央。

（2）将两路待测信号分别从输入端 YA 和 YB 输入示波器，根据观测要求和信号频率的高低，选用合适的显示方式。

（3）根据被测信号的情况，选择"DC⊥AC"和"高频、常态、自动"两个开关的接通位置。

(4) 根据待测信号的幅度与频率来选择 Y 轴灵敏度和 X 轴扫描速度,并配合调节"电平"旋钮,以便获得大小适中的稳定波形。

(5) 在测量信号幅度及周期时,应把红色微调旋钮放在"校准"位置上。

(6) 在测量两个同频率的正弦信号之间的相位差时,可以调节两个通道的灵敏度 V/div 及微调旋钮,使得两个波形的幅度相等(幅度相等有利于观测),如图 1-74 所示。从图中可以看出,若将波形的零值作为原点 $O$,这时对应的 $u_2$ 波形在 $y$ 轴上的截距 $y_0$ 和 $u_2$ 波形的最大值 $y_M$ 之间有下列关系

$$y_0 = y_M \sin\varphi$$

故两个信号电压之间的相位差为

$$\varphi = \sin^{-1}\frac{y_0}{y_M}$$

另外,两个信号间的相位差角,也可以从 $x$ 轴上直接比较 $\varphi$ 角的间距得出。

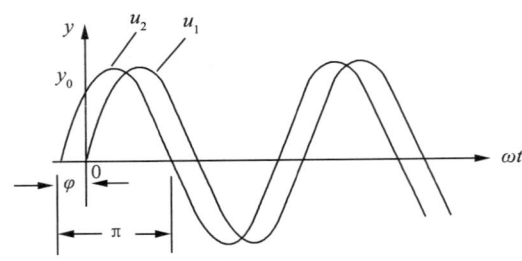

图 1-74 两个同频率正弦信号间相位差的测量

3. 使用示波器时应注意的问题

(1) 使用之前要先检查仪器的熔丝是否完好,面板上各旋钮有无损坏,转动是否灵活。

(2) 在接通电源前,应检查电源电压是否与示波器额定电源电压相一致。接通电源后,需预热 5 分钟,等机内元件工作稳定后,再进行调试使用。

(3) 光点不宜太亮,也不要长时间地停留在一点上,以免影响荧光屏寿命。在实验过程中,若暂时不使用示波器时,应将"辉度"调小,但不要关闭示波器的电源。频繁开关电源容易损坏机内示波管等机件。

(4) $y$ 轴输入的"接地"端与 $x$ 轴输入的"接地"端在机内是相连的,当同时使用 $y$ 轴和 $x$ 轴两路输入时,要避免被测电路的短路。

(5) 测量衰减开关要由大到小进行调节,不能让波形扩大到荧光屏外,以免机内元件因过载而损坏。

(6) 使用旋钮调节各量时,切勿用力过猛,以免损坏旋钮或机内零件。

（7）示波器要注意防震、防尘，荧光屏不要受到阳光的直接照射，以防止加速老化。

（8）示波器应置于通风干燥处，防止受潮。保管示波器时，要定期（一个月）通电工作一段时间（约 2 h）。

> **知识拓展**
>
> **整流桥堆**
>
> 整流桥堆是由 2 个或 4 个二极管组成的整流器件。桥堆有半桥和全桥以及三相桥三种半桥又有正半桥和负半桥两种，堆桥的文字符号为 UR。整流桥堆的实物如图 1-75 所示。
>
> 1. 基本组成
>
> 全桥由 4 只二极管组成，有 4 个引出脚。2 只二极管负极的连接点是全桥直流输出端的"正极"，2 只二极管正极的连接点是全桥直流输出端的"负极"。
>
> 半桥由 2 只二极管组成，有 3 个引出脚。正半桥两边的管脚是 2 个二极管的正极，即交流输入端；中间管脚是 2 个二极管的负极，即直流输出端的"正极"。负半桥两边的管脚上 2 个二极管的负极，即交流输入端；中间管脚是 2 个二极管的正极，即直流输出端的"负极"。1 个正半桥和 1 个负半桥就可以组成一个全桥。
>
> 2. 基本原理
>
> 整流桥堆产品是由 4 只整流硅芯片作桥式连接，外用绝缘朔料封装而成，大功率整流桥在绝缘层外添加锌金属壳包封，增强散热。整流桥品种多：有扁形、圆形、方形、板凳形（分直插与贴片）等，有 GPP 与 O/J 结构之分。最大整流电流从 0.5 A 到 100 A，最高反向峰值电压从 50 V 到 160 0V。
>
> 半桥是将 2 个二极管桥式整流的一半封在一起，用 2 个半桥可组成 1 个桥式整流电路，1 个半桥也可以组成变压器带中心抽头的全波整流电路。
>
> 选择整流桥要考虑整流电路和工作电压。整流桥堆一般用在全波整流电路中，它又分为全桥与半桥。

**知识拓展**

全桥是由4只整流二极管按桥式全波整流电路的形式连接并封装为一体构成的。

全桥的正向电流有 0.5 A、1 A、1.5 A、2 A、2.5 A、3 A、5 A、10 A、20 A、35 A、50 A 等多种规格，耐压值（最高反向电压）有 25 V、50 V、100 V、200 V、300 V、400 V、500 V、600 V、800 V、1000 V 等多种规格。

3. 命名规则

一般整流桥命名中有3个数字，第一个数字代表额定电流，单位 A；后两个数字代表额电压，单位×100 V，要如：KBL407 即 4 A，700 V。

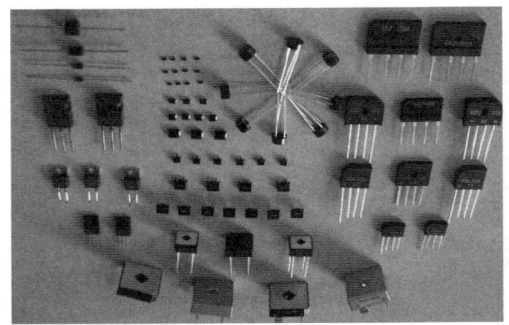

图 1-75 整流桥堆实物图

 **技能训练**

**一、单相桥式整流、滤波电路的安装与调试**

1. 目的

掌握单相桥式整流、滤波电路的安装与调试。

2. 物资

工具：电烙铁、烙铁架。

仪表：万用表

材料：焊锡丝、松香、电路元器件见明细表 1-19。

表 1-19 元器件明细表

| 序号 | 代号 | 名称 | 型号与规格 | 数量 |
|---|---|---|---|---|
| 1 | S | 开关 |  | 1 |
| 2 | T | 变压器 | BK50  220V/18V | 1 |
| 3 | $V_1$—$V_4$ | 二极管 | IN4001 | 4 |
| 4 | $C_1$、$C_2$ | 电解电容器 | 100 NF/50 V | 2 |
| 5 | R | 电阻 | 51Ω | 1 |
| 6 | $FU_1$ | 熔断器 | 0.5 A | 1 |
| 7 | $FU_2$ | 熔断器 | 0.05 A | 1 |
| 8 | $R_L$ | 电阻 | 1 kΩ | 1 |
| 9 |  | 接线柱 |  | 2 |
| 10 |  | 实验板 | 100 mm × 200 mm | 1 |
| 11 |  | 铜软线 | 0.1 mm² | 若干 |
|  |  | 裸铜线 |  | 若干 |

3. 步骤

(1) 按明细表 1-19 配齐元件。

(2) 用万用表测试二极管及电容器的性能和好坏。

(3) 如图 1-76 所示为单相桥式整流、滤波电路电路图和在实验板上的走线示意图。

(4) 清除元器件引脚处的氧化层,用线径为 0.1 mm × 16 股的绝缘软线作为电源连接线,剥去其端部 3～5 mm 的绝缘层并清除氧化层镀锡;用裸铜线作为电路连线,清除其氧化层;在上述清除氧化层之处均匀搪锡。连线要走直线,连线之间不能跨越。

(5) 按照图 1-77 所示电路图,从左至右将元件焊在实验板上。

(6) 焊接后检查有无虚焊、漏焊,若有应重新焊接。

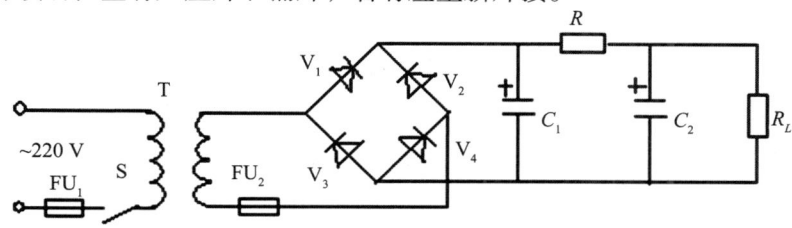

图 1-76 单相桥式整流、滤波电路电路图

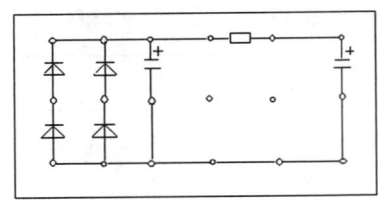

图1-77　单相桥式整流、滤波电路走线示意图

4. 调试

（1）接通电源，用万用表直流50 V挡测量电路空载输出电压。测量时，红表笔接输出端正极，黑表笔接输出端负极，空载输出电压应为22 V左右。

（2）若输出电压不稳定，则应检查电源电压是否波动。输出电压应随电源电压的上升而上升，随电源电压的下降而下降。

若输出电压为16 V左右，则说明滤波电容脱焊或已损坏。

若输出电压为8 V左右，则说明除滤波电容脱焊或已损坏外，整流桥某个臂脱焊或有一只二极管断路。

若输出电压为0 V，变压器有无异常发热现象，则是电源变压器一次侧或二次侧绕组已断开或未接妥，或是熔断丝已熔断，也可能是电源与整流桥未接妥。

若接通电源后，熔丝立即熔断，则是电源变压器一次侧或二次侧绕组已短路，或是整流桥中一只二极管反接，或是滤波电容短路。此时应立即切断电源，查明原因。$FU_1$熔断为一次侧短路，$FU_1$、$FU_2$熔断为二次侧短路，$FU_2$熔断的主要原因是$C_1$短路或二极管反接等。

5. 注意事项

（1）不可把二极管和滤波电容器的极性接反，否则要烧坏二极管和滤波电容器。

（2）焊接元件时，可用镊子捏住焊件的引线，这样既方便又有利于散热。焊接时要防止虚焊、漏焊。

（3）操作时要注意安全。

## 成绩评定

表 1-20 评分标准

| 项目 | | 配分 | 评分标准 | 扣分 | 得分 |
|---|---|---|---|---|---|
| 按图焊接 | 接线 | 35 | 接线不正确,每处扣 20 分 | | |
| | 布局 | 10 | 布局不合理扣 5~10 分 | | |
| | 排列 | 5 | 排列不整齐扣 3~5 分 | | |
| | 焊点 | 20 | (1) 焊点粗糙扣 5~10 分<br>(2) 虚焊、漏焊,每处扣 4~15 分 | | |
| 测试电压 | | 20 | (1) 测试电源电压,量程置错扣 10 分<br>(2) 测试直流电压的极性,量程置错扣 10 分 | | |
| 安全、文明生产 | | 10 分 | 每一项不合格扣 10 分 | | |
| 工时:2 h | | | | 评分 | |

### 二、串联型稳压电源的安装与调试

晶体管串联型稳压电源的原理图和框图如图 1-78 所示。

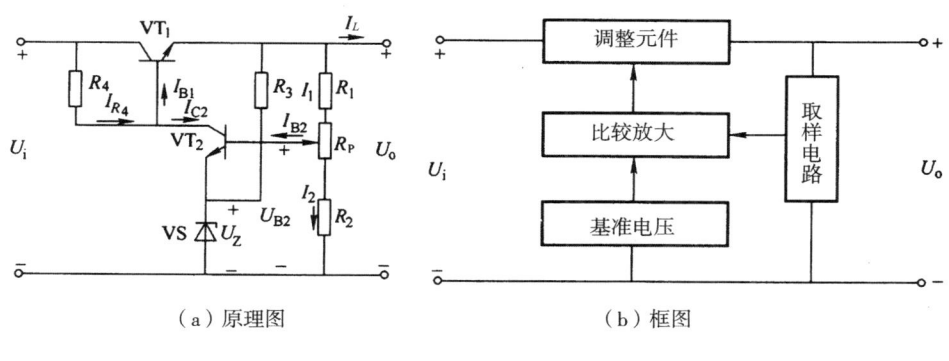

(a) 原理图　　　　　　　　(b) 框图

图 1-78

**1. 电路组成及各部分作用**

(1) 取样电路　由 $R_1$、$R_P$、$R_2$ 构成,其作用是从输出电压中取出部分电压送 $VT_2$ 的基极,调节 $R_P$ 可改变取样电压。

(2) 基准电压电路　由稳压二极管 $V_S$ 和限流电阻 $R_3$ 组成,其作用为 $VT_2$ 的发射极提供基准电压,作为调整比较的标准。

(3) 比较放大电路　由 $VT_2$ 和 $R_4$ 构成,其作用是将取样电压与基准电压进行比较,用比较后的误差电压去控制 $VT_1$ 的基极电流。

(4) 调整元件　$VT_1$ 为调整管，工作在放大区。因其与 $R_L$ 串联，故称串联型稳压电源。改变 $R_P$ 则 $VT_1$ 的 $c$、$e$ 间电阻可变，从而自动调节 $U_o$，保持电压稳定。

2. 稳压原理

当 $U_i$ 或 $R_L$ 变化时，稳压过程如下：

$U_i$ 升高或 $R_L$ 变大 ⟹ $U_o$ 升高 ⟹ $U_{B2}$ 变大 ⟹ $U_{BE2}$ 变大 ⟹ $I_{B2}$ 增大 ⟹

$U_o$ 下降 ⟸ $U_{CE1}$ 增大 ⟸ $I_{C1}$ 减小 ⟸ $U_{B1}$ 下降 ⟸ $I_{C2}$ 增大

3. 输出电压

$$U_{B2} = \frac{R_2 + R_{P(下)}}{R_1 + R_2 + R_P} U_o$$

则

$$U_o = \frac{R_1 + R_2 + R_P}{R_2 + R_P}(U_Z + U_{B2})$$

因 $U_{B2} = 0.7\text{ V}$，忽略则

$$U_o = \frac{R_1 + R_2 + R_P}{R_2 + R_{RP}}$$

则：

$$U_o = \frac{U_Z}{n}$$

结论：只要改变 $R_P$ 的抽头位置，便可改变电路分压比，从而调整输出电压 $U_o$ 的大小。

4. 提高电源稳压性能的措施

(1) 取样电阻：选用金属膜的，使分压比更稳定。

(2) 稳压二极管：选温度系数小的硅稳压二极管，使观更稳定。

(3) 比较放大管：选届大的晶体管，使调压灵敏，稳压性能好。

5. 安装电路

串联型直流稳压电源电路如图 1-79 所示。

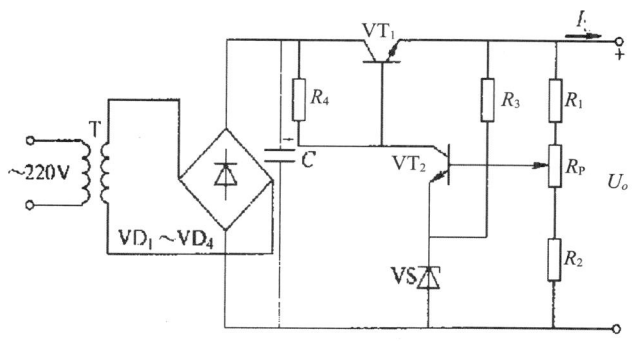

图 1-79 串联型直流稳压电源电路图

工作过程：电源变压器 T 二次侧的低压交流电，经整流二极管 $VD_1 \sim VD_4$ 构成的桥式整流电路整流，电容 $C$ 滤波，获得比较平稳的直流电，送到稳压电路进行稳压。当输出电压有减小的趋势时，调整管 $VT_1$ 的管压降会自动变小，维持输出电压不变；当输出电压有增大的趋势时，$VT_1$ 上的管压降又会自动地变大，仍维持输出电压不变。可见，调整管的集电极与发射极之间相当于一个可变电阻，由于它的调整作用，输出电压基本保持不变。

按照图 1-93 所示串联型直流稳压电源电路原理图，在实验板（或万能板）上连接电路。

（1）元器件选择　参照电路原理图核对元器件数目、型号等，如有不符及时调换。

（2）元器件检测　将元器件检测情况记录到表 1-21 中。

表 1-21

| 测量变压器线圈间电阻 | | | 判别 9013 引脚 |
|---|---|---|---|
| 一次绕组 | 二次绕组 | 级间 | |
| | | | 1：　　　2：　　　3： |

（3）元器件整形、焊接与连线　根据电路设计可进行相应的卧式（或立式）元器件安装整形，按要求焊接，最后连线。

6. 调试与检测电路

（1）电源变压器一次绕组、二次绕组的判别　用万用表测量电源线插头两端电阻，其中一次绕组直流电阻约为几百欧至几千欧，二次绕组直流电阻约为几欧至几十欧。

（2）整流二极管及稳压二极管极性检查。

（3）滤波电容及晶体管管脚及管型的检查。

(4) 检查元器件及连线安装正确无误后接通电源。

(5) 用万用表直流电压挡测量 $C$ 两端电压和输出电压，判断电压是否正常。调节 $R_P$ 测出输出电压的调整范围，并与计算的电压调整范围对比。如不正常应排除故障。

(6) 记录各晶体管 e、b、c 的电位，并判断其工作状态是否正常。

(7) 将检测结果记录到表 1-22 中。

表 1-22

| 测量点 | $R_P$ 置最上端时 | $R_P$ 置最下端时 |
|---|---|---|
| 变压器 $U_2$ 两端电压 | | |
| $C$ 两端电压 | | |
| 晶体管 $VT_1$ | | |
| 晶体管 $VT_1$ | | |
| 输出电压可调范围 | | |
| 调试中出现的故障及排除方法 | | |

7. 思考

（1）将整流电路中一只二极管断开，测量负载两端输出电压，并说明原因。

（2）将稳压二极管及滤波电容断开，用示波器观察整流输出电压波形，用万用表测量整流输出电压，并说明原因。

### 三、集成直流稳压电源电路的安装与调试

LM317 是三端可调正稳压器集成电路；LM317 的输出电压范围是 1.25 V ~ 37 V（本文以套件设计输出电压范围是 1.25 V ~ 12 V 为例进行介绍），负载电流最大为 1.5 A。它的使用非常简单，仅需两个外接电阻来设置输出电压，它的线性调整率和负载调整率也优于标准的固定稳压器。LM317 内置有过载保护、安全区保护等多种保护电路。

1. 元器件明细表

元器件明细表见表 1-23。

表 1-23 元器件明细表

| 序号 | 代号 | 名称 | 型号规格 | 数量 |
|---|---|---|---|---|
| 1 | $V_1 - V_6$ | 二极管 | IN4007 | 6 |
| 2 | $U_2$ | 集成电路 | LM317 | 1 |
| 3 | $J_1$，$J_2$ | 接线柱 |  | 2 |
| 4 | $R_W$ | 可调电阻 | 5 kΩ | 1 |
| 5 | $R_2$ | 电阻 | 220 | 1 |
| 6 | $C_1$ | 电解电容器 | 330 | 1 |
| 7 | $C_2$ | 电解电容器 | 330 | 1 |
| 8 | $C_3$ | 固定电容器 | 104 | 1 |

2. 按图 1-80 所示电路图安装调试稳压电源电路并测量输出电压

电路工作原理：220 V 的交流电从插头经送到变压器的初级线圈，并从次级线圈感应出经约 9 V 的交流电压送到 4 个二极管。二极管的基本作用是只允许电流从它的正极流向它的负极（即单向导电性），而不允许从负极流向正极。交流电的特点是方向和电压大小一直随时间变化，但是从变压器中输出的任一端为高电压，电流都能而且只能由 $V_3$ 或 $V_4$ 流入右侧的电路，由 $V_1$ 或 $V_2$ 流回，即为二极管整流的原理。图 1-80 中的 $C_1$ 电容器有可以存储电能的特性，可以解决输出电压大小变化的问题，在电压较高时向电容器中充电，电压较低时便由电容器向电路供电，即为滤波。

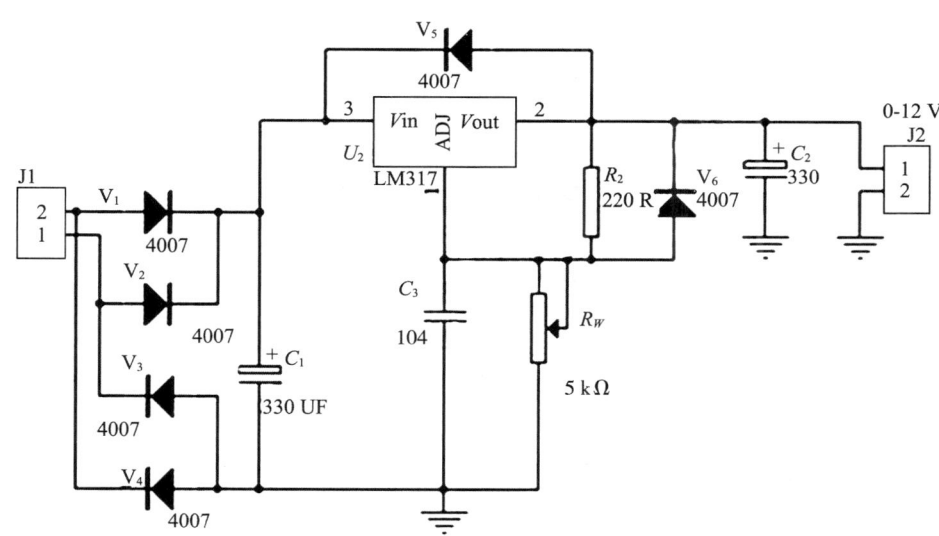

图 1-80 直流稳压电源电路图

经过 $C_1$ 滤波后的比较稳定的直流电送到三端稳压集成电路 LM317 的 $V_{in}$ 端（3 脚）。LM317 由 $V_{in}$ 端给它提供工作电压以后，便可以保持其 $V_{out}$ 端（2 脚）比其 ADJ 端

（1 脚）的电压高 1.25 V。因此，只需要用极小的电流来调整 ADJ 端的电压，便可在 $V_{out}$ 端得到比较大的电流输出，并且电压比 ADJ 端高出恒定的 1.25 V。还可以通过调整 PR1 的抽头位置来改变输出电压－反正 LM317T 会保证接入 ADJ 端和 $V_{out}$ 端的那部分电阻上的电压为 1.25 V。由此，当抽头向上滑动时，输出电压将会升高。

图 1－80 中 $C_2$ 的作用是对 LM3171 脚的电压进行微小的滤波，以提高输出电压的质量。图 1－80 中 $D_5$ 的作用是当有意外情况使得 LM317T 的 3 脚电压比 2 脚电压还低的时候防止从 $C_3$ 上有电流倒灌入 LM317T 引起损坏。

PCB 安装图如图 1－81 所示。

安装好的成品如图 1－82 所示。

带变压带表头如图 1－83 所示。

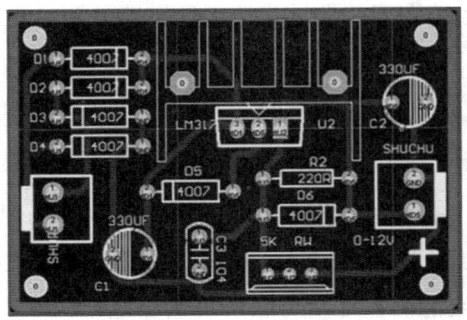

图 1－81　PCB 安装图

图 1－82　直流稳压电源完成图

项目一　直流稳压电源

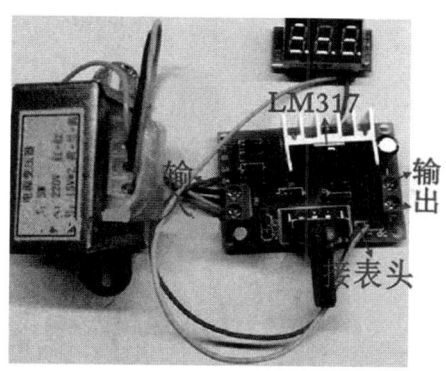

图 1-83　直流稳压电源电路图

## 成绩评定

表 1-24　评分标准

| 项目 | | 配分 | 评分标准 | 扣分 | 得分 |
|---|---|---|---|---|---|
| 按图焊接 | 接线 | 35 | 接线不正确，每处扣 20 分 | | |
| | 布局 | 10 | 布局不合理扣 5-10 分 | | |
| | 排列 | 5 | 排列不整齐扣 3-5 分 | | |
| | 焊点 | 20 | （1）焊点粗糙扣 5-10 分<br>（2）虚焊、漏焊，每处扣 4-15 分 | | |
| 测试电压 | | 20 | （1）测试电源电压，量程置错扣 10 分<br>（2）测试直流电压的极性，量程置错扣 10 分 | | |
| 安全、文明生产 | | 10 | 每一项不合格扣 10 分 | | |
| 工时：2h | | | | 评分 | |

# 项目二 有源音箱制作

### 工作情景描述

学校举办元旦晚会,同学们准备表演小合唱,大家在一起练习时,需要能把音乐音量放大播放,请帮助同学们制作一个小音箱,能够顺利进行练习。小音箱示例如图2-1所示。

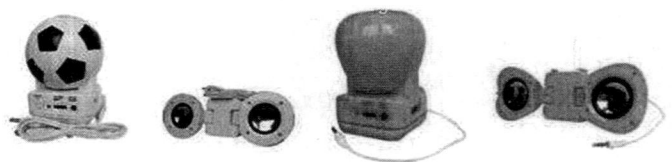

图2-1 小音箱图

### 学习目标

**知识目标**

1. 掌握放大电路静态工作点的简单计算。

2. 了解放大电路的工作原理,波形失真与静态工作点的关系。

**能力目标**

1. 能正确识别元器件,正确使用仪器、仪表。

2. 能正确装配有源音箱。

3. 能按照训练步骤进行电路参数的调试。

**情感目标**

1. 培养学生养成严谨的工作态度。
2. 养成严格遵守规范的工作规程的习惯。
3. 培养学生解决问题的能力。

### 建议课时

54 课时

### 工作流程与活动

任务一　基本放大电路

任务二　多级放大电路

任务三　功率放大电路

任务四　有源音箱的安装与检测

任务五　集成运算放大器

# 任务一　基本放大电路

学习目标

**知识目标**

1. 了解音箱的分类及区别。

2. 了解基本放大电路的结构。

3. 掌握共射极基本放大电路的组成，明确各元件作用。

4. 了解静态工作点的基本概念，理解放大电路设置静态工作点的意义，会简单计算。

5. 了解放大电路的工作原理，了解三极管各电极的电流及各级电压静态时各量之间的关系。

6. 了解小信号放大电路的电压放大倍数、输入电阻和输出电阻的含义。

7. 了解放大电路波形失真与静态工作点的关系。

**能力目标**

1. 具备资料查找、搜索、总结归纳能力。

2. 会画直流通路和交流通路，能利用直流通路求电路的静态工作点，能利用交流等效电路求电压放大倍数、输入电阻和输出电阻。

3. 能用 multisim 软件对基本放大器进行简单仿真。

4. 能正确识别和检测所用元件，正常使用仪器仪表（信号源、示波器、万用表）。

5. 能装配、焊接分压式射极偏置电路。

6. 能按照训练步骤进行电路参数的调试。

7. 能根据输出信号波形调试出电路最佳的静态工作点。

8. 学会电压放大倍数的测量方法。

**情感目标**

1. 促进学生形成严谨的逻辑思维能力。

2. 培养学生严谨的工作态度。

3. 培养学生严格遵守工作规程的习惯。

4. 培养学生解决问题的能力。

 学习过程

一、认识有源音箱

1. 查阅资料，完成以下问题，了解任务对象。

（1）音箱的分类？

（2）有源音箱和无源音箱的区别？

（3）图 2-2 是扩音机的结构框图，请观察后回答以下问题：
声信号变电信号_____电信号处理_____电信号变声信号。

图 2-2 扩音机结构框图

①人不讲话，扩音机会响吗？

②人讲话，没有扬声器会响吗？

③人讲话输入的信号是模拟信号还是数字信号？

④为什么需要放大？

（4）什么是放大器？画出放大器的基本框图。

## 二、共射极基本放大电路

1. 复习回顾前面所学内容，完成以下问题。

（1）三极管具有_____放大作用。

（2）三极管有_____、_____和_____三种工作状态。

（3）三极管工作于放大区时，发射（极）_____，集电（极）_____。

2. 查阅资料，完成以下问题。

（1）查阅并画出共射极电路原理图。

（2）查阅共射极放大电路工作原理，完成下面的问题。

$U_{EB}$——_____电源。通过_____，保证发射结_____偏。

$U_{CC}$——_____电源。通过_____，保证集电结_____偏。

$R_b$——_____电阻。保证由基极电源向基极提供一个合适的_____电流。

$R_c$——_____电阻。将三极管集电极_____的变化转换为集电极_____的变化。

$C_1$、$C_2$——_____电容。防止信号源以及负载对放大器直流状态的影响；同时保证交流信号顺利地传输，即"_____"。

(3) 根据组成放大电路时必须遵循的几个原则，分析图 2-3 所示各电路能否正常放大交流信号？为什么？

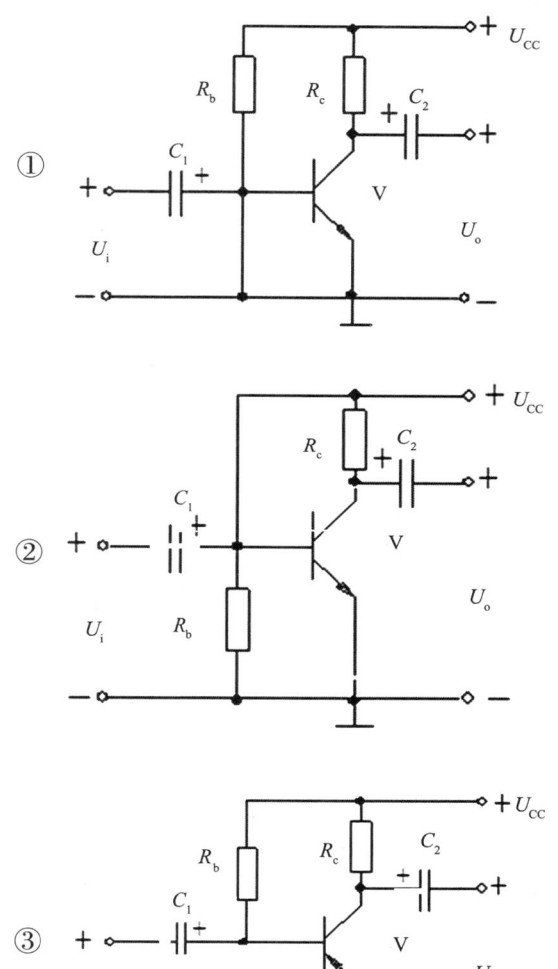

图 2-3 分析电路示例

(4) 放大器工作的过程可以分为两大部分。放大器在没有外加输入信号时（$u_i = 0$），电路中仅仅有直流电源提供的_____和_____，电路的这种状态称为_____。而当放大器有输入信号（$u_i \neq 0$）时，电路中的电压和电流都将跟随输入信号作相应的变化，此时我们把这种电路状态称为_____。

（5）什么是静态工作点？

3. 根据电路图，完成以下问题。

如图 2-4 所示的基本放大电路，已知三极管的 $\beta = 50$，其他参数如图所示。

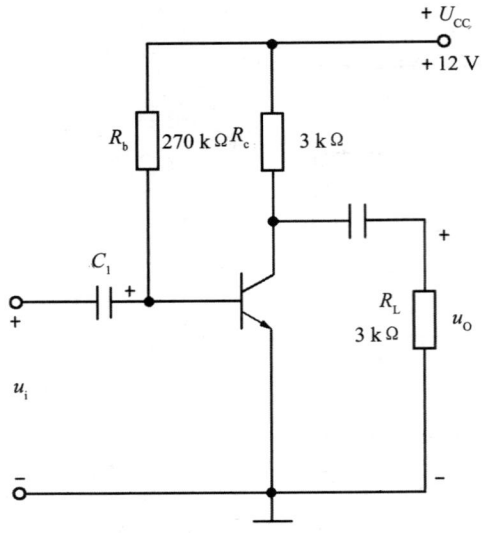

图 2-4 共射极基本放大电路

（1）画出直流通路。

（2）画出交流通路。

（3）试求图 2-4 放大器的静态工作点；$r_{be}$；$A_V$；$r_i$ 和 $r_o$。

### 三、分压式射极偏置电路

1. 回顾前面所学内容，完成以下问题。

如图 2-5 所示的共射极基本放大电路，已知 $R_b = 282$ kΩ，$R_c = 2$ kΩ，$R_L = 1.5$ kΩ，$U_{CC} = 12$ V，$I_{beQ} = 0.7$ V，当 $\beta$ 由 75 加到 150 时，说明静态工作点的变化。

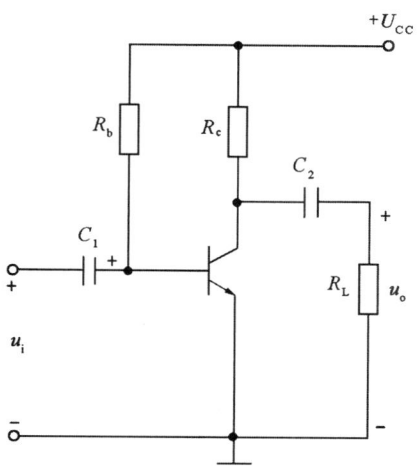

图 2-5 共射极基本放大电路

当 $\beta$ 由 75 增加到 150 时，静态工作点 $Q$ 已进入_____，放大电路失去了正常的放大作用。

2. 根据电路原理图，完成以下问题。

电路原理如图 2-6 所示。

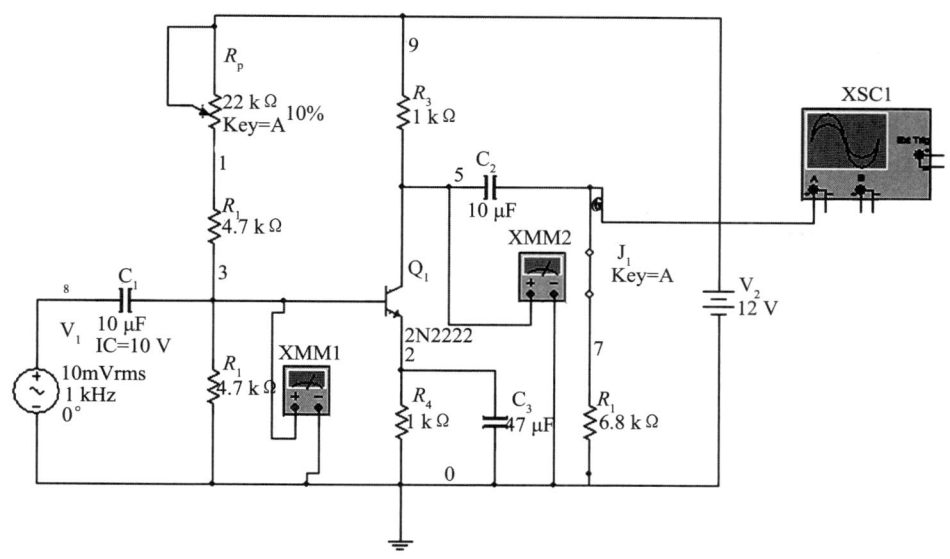

图 2-6 分压式偏置电路仿真用图

（1）直流分析

①画出直流通路。

②用 multisim 仿真（请将仿真后的截图贴在空白处或将仿真结果写在空白处）。

③根据仿真临界值，求解静态工作点 $Q$。

④改变偏置电阻阻值对晶体管工作状态有何影响？

⑤根据仿真电压值计算出直流工作点。

⑥直流工作点不合适会产生怎样的严重后果？

（2）交流分析
①画出交流通路。

②画出交流微变等效电路。

③求 $R_i$、$R_o$、$A_u$、$A_{us}$。

④偏置电阻对交流参数有什么影响？负载对放大倍数有什么影响？

⑤用 multisim 仿真交流参数（请将仿真结果贴在空白处或将仿真结果写在空白处）。

**四、共基极放大电路**

根据电路图（图 2-7），完成以下问题。

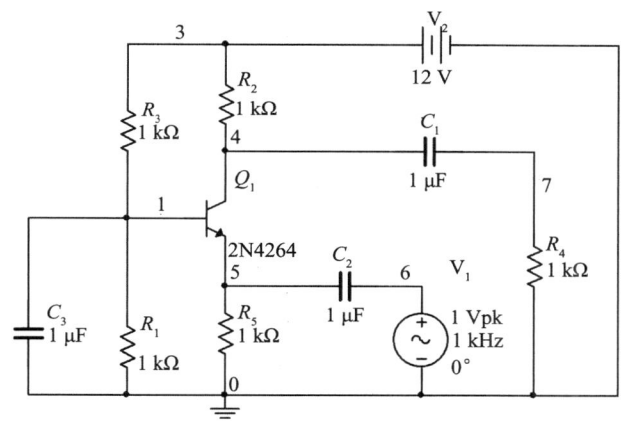

图 2-7　共基极放大电路

1. 直流分析

（1）画出直流通路。

（2）用 multisim 仿真（请将仿真后的截图贴在空白处，或将仿真结果写在空白处）。

（3）根据仿真临界值，求解静态工作点 $Q$。

（4）改变偏置电阻阻值对晶体管工作状态有何影响？

（5）根据仿真电压值计算出直流工作点。

（6）直流工作点不合适会产生怎样的严重后果？

2. 交流分析

（1）画出交流通路。

（2）画出交流微变等效电路。

（3）求 $R_i$、$R_O$、$A_u$、$A_{us}$。

（4）偏置电阻对交流参数有什么影响？负载对放大倍数有什么影响？

（5）用 multisim 仿真交流参数（请将仿真结果贴在空白处或将仿真结果写在空白处）。

### 五、共集电极放大电路

根据电路图（图2-8），完成以下问题。

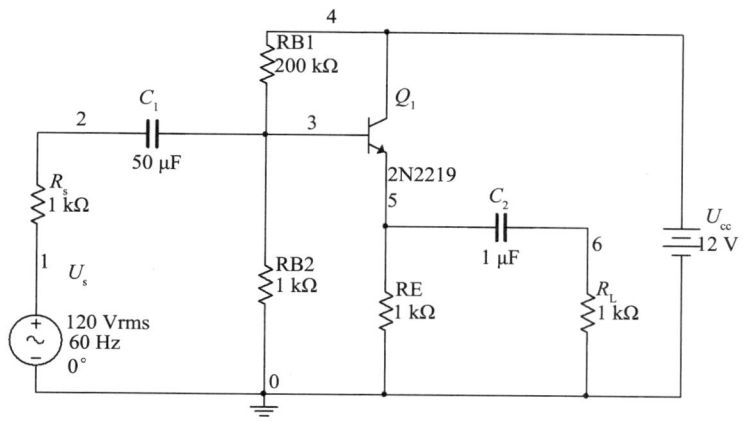

图2-8 共集电极放大电路

1. 直流分析

（1）画出直流通路。

（2）用 multisim 仿真（请将仿真后的截图贴在空白处，或将仿真结果写在空白处）。

（3）根据仿真临界值，求解静态工作点 $Q$。

（4）改变偏置电阻阻值对晶体管工作状态有何影响？

（5）根据仿真电压值计算出直流工作点。

(6) 直流工作点不合适会产生怎样的严重后果？

2. 交流分析

(1) 画出交流通路。

(2) 画出交流微变等效电路。

(3) 求 $R_i$、$R_O$、$A_u$、$A_{us}$

(4) 偏置电阻对交流参数有什么影响？负载对放大倍数有什么影响？

(5) 用 multisim 仿真交流参数（请将仿真结果贴在空白处或将仿真结果写在空白处）。

知识储备

一、有源音箱与无源音箱

现代家庭中，很多业主都配备了家庭小影院设备，其中，音箱是少不了的，市面上根据市场定位和消费群不同，主要分为两种：有源音箱和无源音箱（图2-9）。哪个更好呢？两者有什么区别呢？

图 2-9　有源音箱和无源音箱图片

1. 有源音箱

有源音箱是指音箱内部有内置功率放大电路，接通电源和信号输入就能工作。比如电脑上用的音箱大部分都是有源音箱，也就是说，直接接在电脑的声卡上，就能用了。而不需要通过专门的功率放大器了。缺点当然是里面的电路可能会引起一些共振，电磁干扰之类的。

2. 无源音箱介绍

无源音箱内部没有功率放大电路，需外接功率放大器才能工作。也可以把它看成"木箱子+喇叭"，这样的好处是声音能达到最佳状态，不会受到干扰。由于 VCD、DVD、电脑的声卡都是不带功率放大器，只输出声音模拟信号的，需要接上专用的功率放大器。

3. 有源音箱和无源音箱之间的区别：

（1）在功率放大方面

无源音箱没有内置功率放大电路，必须外接功率放大器才能工作。有源音箱外接有电源供电的内置功率放大电路，动力充足，接通电源和信号输入就能工作，用不着功率方放大器。

（2）在输出音效方面

集成声卡在输出上对于一般的用户来说没有什么好谈论的，集成声卡主要靠驱动的软件调试来输出音效，而独立声卡是对特殊音效有要求才会针对性的购买，要不就是更高端的具备硬件级别的调试功能。因此集成声卡也能够满足绝大多数的用户的要求。没有特殊要求的话不要特别去买独立声卡，浪费钱。

（3）市场定位和消费群方面

有源音箱现多用于电脑多媒体领域，和一些有特殊需求的场合（比如电子琴音箱），这类音箱一般输出功率较小，音量不可能开得很大，且在功率放大器的电路上也不太讲究，属简易音响系统；无源音箱属于正式的音响，功率大，音质好，但产品体积较大，笨重。

此外，无源音箱价格相对有源音箱要贵的多。从效果上来说也是无源音箱好些，但是无源音箱使用条件比较多。有源音箱只要正确的连接音频线，接上电源就可以用了，而且对于一般的用户来说，听音乐、看电影用有源音箱就够了。

## 二、放大器

在一些电子设备中，如音响功率放大器、电视接收机还有一些精密仪器都需要将微弱的电信号加以放大才能得到我们所需要的信号。我们把能完成这种放大功能的电路称为放大电路（又称放大器）。

放大器作为电子设备中应用最广泛的电子电路，可以分为很多种类。例如，根据信号的强弱来分的电压放大器和功率放大器；根据被放大信号的频率不同来分的直流放大器、低频放大器和高频放大器等。

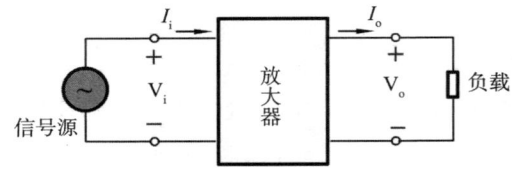

图 2-10　放大器的框图

图 2-10 所示是放大器的方框图，它表示各种小信号放大器都可以用带有输入端和输出端的方框来表示。我们把需要放大的信号加到放大器的输入端，然后经放大器放大后再从输出端输出。通常，只要保证输出信号的功率大于输入信号的功率和输出信号的波形与输入信号的波形相同这两个条件具备，就可以说该信号已经被很好地放大。

1. 放大电路的组成

由 NPN 型三极管组成的基本放大电路如图 2-11 所示。信号从晶体管的基极、发射极输入，经放大后由集电极和发射极输出。由于发射极既作为信号的输入端又作为输出端，所以称这种放大电路形式为共发射极放大器。下面我们分别介绍组成放大器的各元件的作用。

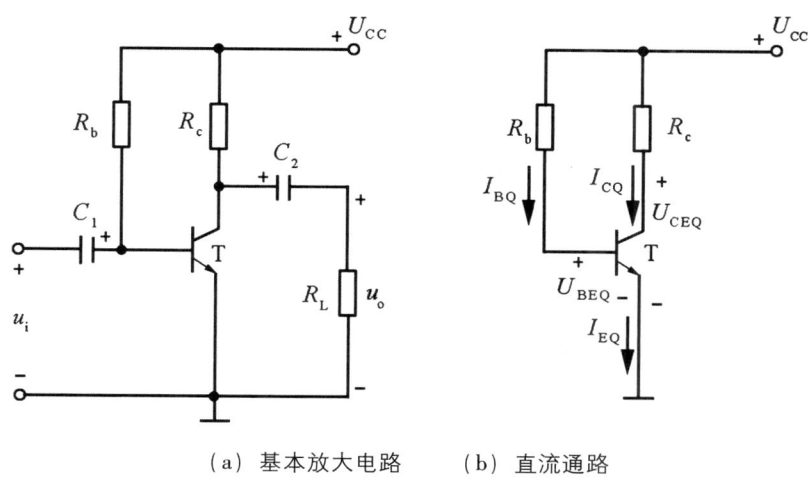

(a) 基本放大电路　　(b) 直流通路

图 2-11　基本放大器

(1) 晶体三极管 T

晶体三极管起电流放大作用，是放大器的核心器件。

为使三极管工作在放大状态，必须使其发射结正偏，集电结反偏。

(2) 直流电源 $U_{CC}$

$U_{CC}$ 为集电极直流电源。因为三极管为 NPN 型，所以 $U_{CC}$ 必须是正电源，负责给三极管提供合适的偏置电压。

(3) 基极偏置电阻 $R_b$

通过改变 $R_b$ 的阻值可以得到不同的基极偏置电流。一般取值为几十千欧到几百千欧。

(4) 集电极偏置电阻 $R_c$

放大器通过集电极偏置电阻 $R_c$ 把三极管的电流放大作用转换成电压放大作用，即三极管集—射极之间的变化电压就是放大器的输出信号电压。

(5) 耦合电容 $C_1$、$C_2$

$C_1$ 和 $C_2$ 分别是输入和输出信号的耦合电容。它们能够隔断信号源与输入端之间、三极管集电极与负载之间的直流信号通路，同时又能保证交流信号的顺利通过。

2. 放大电路的工作过程

放大器工作的过程可以分为两大部分。放大器在没有外加输入信号时（$u_i = 0$），电路中仅仅有直流电源提供的直流电压和直流电流，电路的这种状态称为静态。而当放大器有输入信号（$u_i \neq 0$）时，电路中的电压和电流都将跟随输入信号作相应的变化，我们把这种电路状态称为动态。下面我们先来分析放大器的静态情况。

(1) 静态

①直流通路

刚才已经提到，在没有外加输入信号时，放大电路中的电压和电流均为直流量，为了便于更好地分析和计算这些直流参数，可以画出它的直流通路。直流通路即为放大器的直流等效电路，是放大器输入回路和输出回路直流电流的流经途径。在画直流通路时，只需将电路中的电容视为开路，其他不变即可，如图 2-11（b）所示。

②静态工作点

直流通路中的这些电压和电流参数值就叫作静态工作点。通常，电路中描述静态工作点的量用 $U_{BEQ}$、$I_{BQ}$、$I_{CQ}$ 和 $U_{CEQ}$ 表示。在三极管输入输出曲线中，常用 $Q$ 点来表示，因此，在各参数下都添加符号 $Q$。那么，根据图 2-11（b）所示的直流通路，我们不难得出该放大器的静态工作点为

$$I_{BQ} = \frac{U_{CC} - U_{BEQ}}{R_B}$$

$$I_{CQ} = \beta I_{BQ}$$

$$U_{CEQ} = U_{CC} - I_{CQ}R_C$$

$U_{BEQ}$ 的值基本恒定不变（硅管约 0.7 V，锗管约 0.3 V）。

一个放大器的静态工作点设置的合适与否，是放大器能否正常工作的重要条件。

(2) 放大过程

图 2-2 所示的电路中，当放大器的输入端加上交流输入信号 $u_i$ 时，在放大器的输出端便可以得到图 2-13 中所示与 $u_i$ 波形正好反相并被放大的输出信号波形。这个波形是怎样产生的呢？下面我们先来分析当放大器输入交流信号之后，电路中的电压和电流是怎样跟随输入信号变化的。

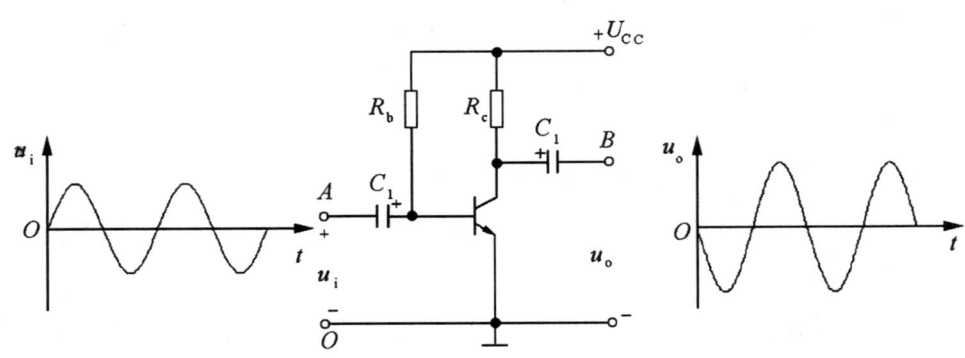

图 2-12 基本放大电路放大信号的过程

当输入信号 $u_i$ 从电路的 $AO$ 处输入时，经过耦合电容 $C_1$ 加到放大器的基极和发射极

之间。因耦合电容对交流信号相当于短路，所以三极管的 $u_{be}$ 便成了交流电压 $u_i$ 和直流电压 $V_{BEQ}$ 叠加而成，即 $u_{be} = u_i + U_{BEQ}$，波形如图 2-13（a）所示。根据三极管的输入曲线可知基极电流将跟随 $u_{be}$ 发生变化，其变化的波形如图 2-13（b）所示，也是由直流与交流两部分叠加而成，即 $i_b = I_{BQ} + i_b$，$i_b$ 是 $u_i$ 产生的基极交流电流。又因三极管的放大作用，三极管的集电极的电流 $i_c = I_{CQ} + i_c$ 也将随之变化，如图 2-13（c）所示，并在集电极电阻 $R_c$ 上产生压降 $i_c R_c$，结果使放大器的集电极输出电压 $u_{ce} = U_{CC} - i_c R_c = U_{CC} - I_{CQ} R_c - i_c R_c = V_{CEQ} - i_c R_c = U_{CEQ} + U_c$。由此可见，它也是由直流电压 $U_{BEQ}$ 和交流电压 $u_c = -i_c R_c$ 叠加而成，如图 2-13（d）所示。然后再通过耦合电容 $C_2$ 的隔直通交作用，隔除了直流，便可获得交流电压 $u_o$ 的输出。只要电路参数选择合适，保证三极管工作在放大区，$u_o$ 的变化幅度将比 $u_i$ 的变化幅度大很多倍。可以说明该放大器对 $u_i$ 进行了放大。

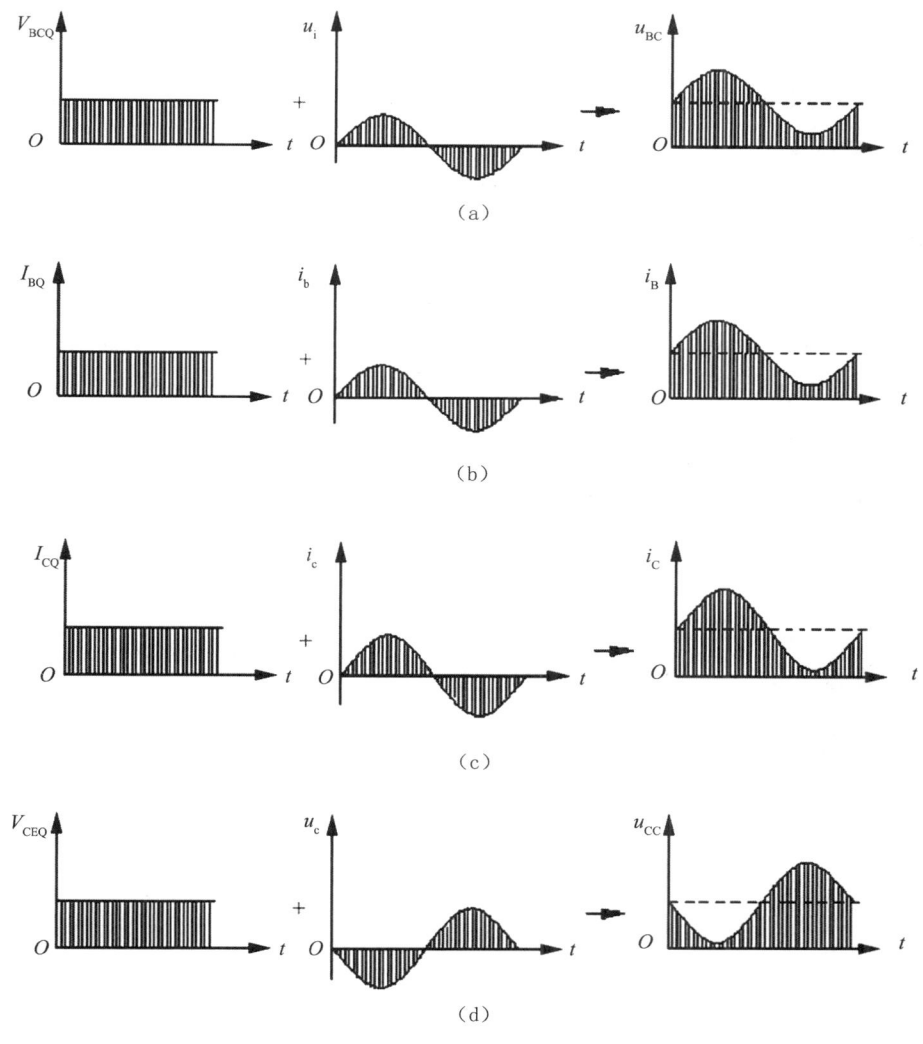

图 2-13 放大电路中三极管的各极电压、电流波形

由图 2-13 可以看出，电路中的各电压和电流都是由直流量和交流量叠加而成的。另外，当 $u_i$ 增大时，$u_{CE} = U_{CC} - i_c R_c$ 将减小，所以，输出电压 $u_o$ 与输入电压 $u_i$ 是反相的，因此又称这种共发射极放大器为反相器。

3. 放大器的动态分析方法

通过前面的知识我们已经知道，放大电路共有两种工作状态，一种是静态，另一种是动态。在进行静态分析时，通过画它的直流通路、计算静态工作点便可以了解放大器是否能正常工作，也就是说，通过观察静态工作点设置的合适与否就可以判断一个放大器工作性能的稳定性如何。而要全面了解一个放大器的工作状态，还应该对它的一些主要性能指标进行必要的分析，比如放大器的电压放大倍数、输入输出电阻等参数。通常我们采用等效电路分析法来了解放大器的具体动态情况。

（1）交流通路

我们在分析放大器的动态情况时可以暂不考虑放大器的直流参数，只研究它的交流情况，所以要先画出放大器的交流通路。交流通路即放大器的交流等效电路，是放大器交流信号的流经途径。在画交流通路时，将电容视为短路，将直流电源（内阻很小）也视为短路，其余不变即可。如图 2-14（a）所示，即为放大器的交流通路。

图 2-14（b）为放大器的交流等效电路。所谓等效，实际是将三极管用其微变等效电路代替，其他元件不变。图中将三极管的基极和发射极之间等效成一个电阻 $r_{be}$，而集电极和发射极之间等效成一个恒流源。这样，原本具有非线性元件的放大电路就转化成线性电路，我们便可以采用线性的计算方法来分析放大倍数等技术指标了。需要注意的是，只有晶体管工作在放大状态、低频小信号时这种方法才适用。

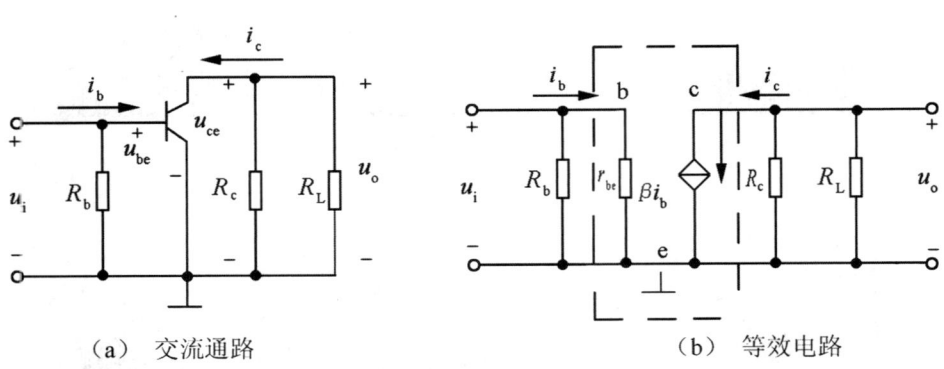

（a）交流通路　　　　　　　　　　　（b）等效电路

图 2-14　放大器的交流通路，等效电路

（2）放大器的电压增益、输入和输出电阻

①晶体管的输入电阻 $r_{be}$

由图 2-14（b）所示等效电路可以看出，要用等效电路分析放大器的话，首先要知道三极管等效电路中的 $r_{be}$ 和 $\beta$ 值。$\beta$ 值一般可以通过测量或查手册求得，而晶体管的输入电阻 $r_{be}$ 在工程上一般采用下面的经验公式来估算

$$r_{be} = 300 + (1+\beta)\frac{26\mathrm{mV}}{I_{EQ}\mathrm{mA}}\ (\Omega)$$

一般 $r_{be}$ 的取值在几百欧至几千欧之间。

②放大器的电压放大倍数 $A_V$

由图 2-14（b）可知，在输入端有 $u_i = i_b(R_b//r_{be})$，因为 $R_b >> r_{be}$，所以 $R_b$ 可以忽略不计，便有 $u_i = i_b r_{be}$，输出端有 $u_o = i_c(R_c//R_L) = i_c R_L'$，因 $i_c = \beta i_b$，所以 $u_o = i_c R_L' = \beta i_b R_L'$，又由于 $u_o$ 与 $u_i$ 是反相的，所以在公式的前面要加上负号，即 $u_o = -i_c R_L' = -\beta i_b R_L'$，最后可得到放大器的电压放大倍数 $A_V$

$$A_V = \frac{u_o}{u_i} = \frac{-\beta i_b R_L'}{i_b r_{be}} = -\frac{\beta R_L'}{r_{be}}$$

③放大器的输入电阻 $r_i$

我们知道，放大器的输入电阻 $r_i$ 就是从放大器的输入端看进去的交流等效电阻。从放大器的等效电路中可以看出来

$$r_i = R_b // r_{be}$$

而当 $R_b >> r_{be}$ 时，$r_i \approx r_{be}$

需要注意的是，放大器的输入电阻和晶体管的输入电阻在意义上是不同的。

④放大器的输出电阻 $r_o$

放大器的输出电阻就是从放大器的输出端看进去的交流等效电阻（不包括负载电阻 $R_L$），同样，从图 2-14（b）的等效电路中可看出 $r_o \approx R_c$（三极管的动态电阻很大，可忽略不计）。

4. 分压式偏置电路

前面我们分析的基本放大电路中，通过改变基极偏置电阻 $R_b$ 的大小，$I_B$ 就随着变化，而当 $R_b$ 和 $U_{CC}$ 一经确定之后，$I_B$ 便是固定的，所以，这种电路形式又称为固定偏置电路。一个性能良好的放大器，应该有一个合适的静态工作点并且能够在外界因素（如电源电压、温度等）变化时，静态工作点仍能保持稳定。而固定偏置电路恰恰是稳定性差，电路的外部因素改变后，静态工作点也会随之变化，从而影响放大器的质量。因此，在一些要求较高的场合，通常采用一种能够自行稳定工作点的电路，即分压式偏置电路。

（1）电路组成

图 2 – 15 所示为分压式偏置电路。图中，$R_{b1}$ 是上偏置电阻，$R_{b2}$ 是下偏置电阻，组成分压电路；$R_e$ 是发射极电阻，起到稳定工作点的作用；$C_e$ 是发射极旁路电容，对交流信号可看作短路。

适当选取 $R_{b1}$ 和 $R_{b2}$ 的阻值，使 $I_1 \gg I_B$，此时的基极电压 $U_{BQ}$ 为

$$U_{BQ} \approx \frac{R_{b2}}{R_{b1}+R_{b2}} U_{CC}$$

该式表明，$U_{BQ}$ 的大小与三极管的参数无关，仅仅由 $U_{CC}$ 和 $R_{b1}$、$R_{b2}$ 的分压来决定。

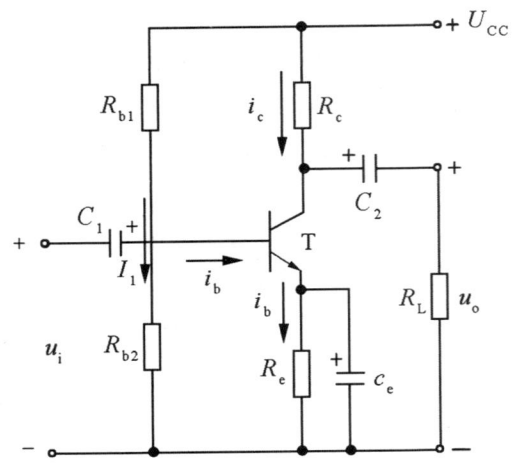

图 2 – 15　分压式偏置电路

（2）工作原理

我们从前面的例子中已经看到，晶体管的放大倍数 $\beta$ 在外界温度变化时会发生变化，这样将导致工作点偏移。除了 $\beta$ 外，晶体管的其他参数如 $I_{CEO}$、$U_{BEQ}$ 等都会发生变化。比如，当温度上升时，实验证明，三极管的穿透电流 $I_{CEO}$ 会大幅度增加，于是造成 $I_{CQ}$ 增大。而分压式偏置电路利用自身的特点能使 $I_{CQ}$ 的变化受到抑制，从而使静态工作点自行稳定。

由图 2 – 15 可知，因 $U_{BEQ} = U_{BQ} - U_{EQ}$，$U_{EQ} = I_{EQ} R_e$，当温度升高时，三极管的 $I_{CQ}$ 将增大，使 $I_{EQ}$ 在 $R_e$ 上产生的压降 $U_{EQ}$ 也增大。又因为 $U_{BQ}$ 是一个固定值，所以 $U_{BEQ}$ 便减小，导致 $I_{BQ}$ 也减小，这样最终限制了 $I_{CQ}$ 的增大，起到了工作点的自动调节作用。经过以上分析，可把分压式电路稳定工作点的过程表示如下：

外界温度↑→$I_{CQ}$↑→$U_{EQ}$↑→$U_{BEQ}$↓→$I_{BQ}$↓→$I_{CQ}$↓

同样，当晶体管的 $\beta$ 发生变化时，依据 $\beta$ 增大时 $I_{CQ}$ 也将增大，其稳定过程同上。

在电路中，旁路电容 $C_e$ 的作用是提供交流信号通道，减小信号的损耗。

（3）电路的分析计算

下面我们以例题来分析分压式偏置放大电路的静态和动态参数。

**例** 如图 2-16 所示电路中，$U_{CC}=12$ V，晶体管为硅管，$\beta=50$，试求：
①静态工作点；②电压放大倍数。

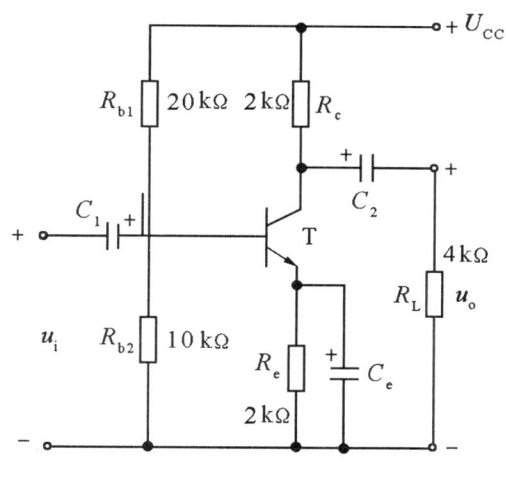

图 2-16 例题电路

解：①计算静态工作点

$$U_{BQ} \approx \frac{R_{b2}}{R_{b1}+R_{b2}} U_{CC} = 4 \text{（V）}$$

$$U_{EQ} = U_{BQ} - U_{BEQ} = 4 - 0.7 = 3.3 \text{（V）}$$

$$I_{CQ} \approx I_{EQ} = \frac{U_{EQ}}{R_e} = \frac{3.3}{2} = 1.65 \text{（mA）}$$

$$U_{CEQ} = U_{CC} - I_{CQ}(R_c + R_e) = 12 - 1.65 \times (2+2) = 5.4 \text{（V）}$$

②电压放大倍数 $A_V$、$r_i$ 和 $r_o$

$$r_{be} = 300 + (1+\beta)\frac{26 \text{ mV}}{I_{EQ}\text{mA}} = 300 + (1+50) \times \frac{26}{1.65} \approx 1.1 \text{（k}\Omega\text{）}$$

$$A_v = -\frac{\beta R_L'}{r_{be}} = -\frac{\beta(R_c//R_L)}{r_{be}} = -\frac{50 \times (2//4)}{1.1} = -60.5 \text{（V）}$$

$$r_i = R_{b1}//R_{b2}//r_{be} \approx 20//10//1.1 \approx 0.94 \text{（k}\Omega\text{）}$$

$$r_o = R_c = 2 \text{（k}\Omega\text{）}$$

**5. 晶体管单管放大器在 Multisim10 中的仿真与分析**

（1）建立仿真电路

在 Multisim10 电路窗口中建立如图 2-17 所示的晶体管共射极单管放大器仿真电路。晶体管共发射极放大电路属于音频放大电路，或者叫作低频放大电路，这种电路的频率特性是对于 50 Hz～20000 Hz 之间的频率信号有正常的放大作用。在这个频带以外的频率不能正常放大。1 kHz 是音频的中间频率，用这个频率的信号既代表了信号的主要特点又能使放大器工作在正常范围。信号大小的选择在几十毫伏到一百毫伏之间。

设置信号源"XFG1"幅度为 10 mV，频率为 1 kHz 的正弦波信号，开关 K1、K2 设为闭合，K3 设为打开状态，$R_w$ 可调电位器取值为 50%。

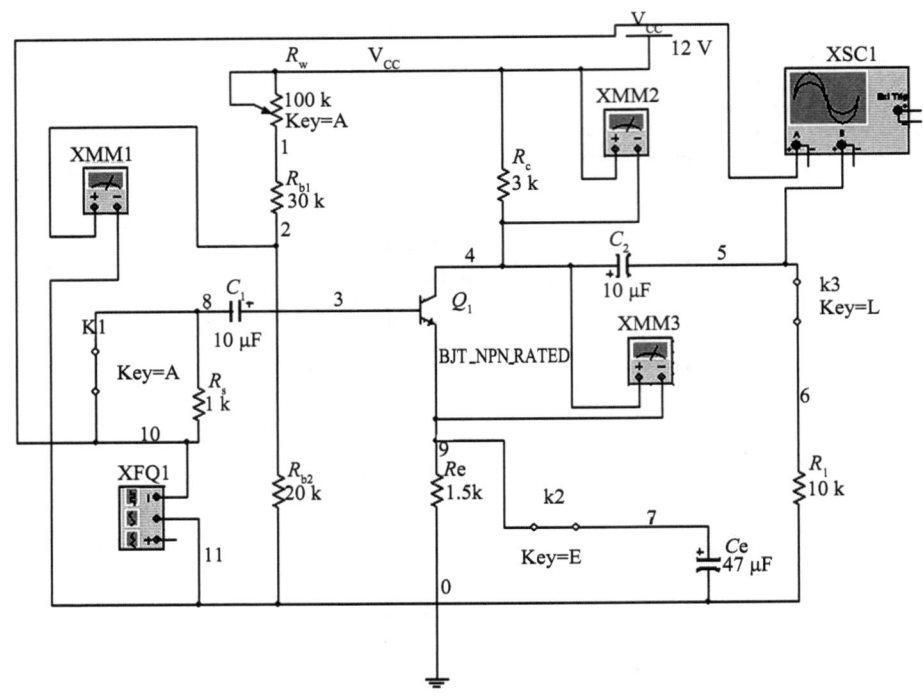

图 2-17　晶体管共射极单管放大器

（2）静态分析

当输入信号 $u_i = 0$ 时，确定静态工作点，求解电路中有关的电流、电压值等。

Multisim10 软件为用户提供多种虚拟仪表，如数字万用表（Multimeter）、函数信号发生器（Function Generator）、示波器（Oscilloscope）等。

设置信号源输出为 0，打开仿真开关，分别读出万用表"XMM1""XMM2"和"XMM3"的电压值，$U_B = 3.625$ V，$U_{RC} = 1.077$ V，$U_{CE} = 10.923$ V，如图 2-18 所示。读出测量值并计算静态工作点：$I_{CQ} = 1.05$ mA，$U_{CEQ} = 10.923$ V。

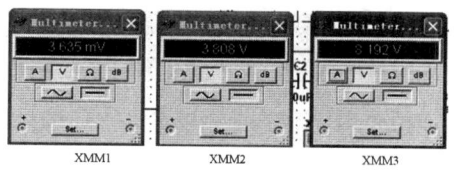

XMM1　　XMM2　　XMM3

图 2-18　读出万用表电压值

（3）动态分析

动态分析的任务是计算输入及输出电阻、电压放大倍数、最大不失真输出电压和幅频特性等。

①输入电阻测量

建立如图 2-19 所示的仿真电路。打开仿真开关，双击"XMM1"和"XMM4"两万用表，并将它们切换在交流电压挡上，再双击"XFG1"函数信号发生器图标，逐步加大信号幅度，使"XMM1"万用表显示约 10 mV 左右。再读出"XMM4"的电压值，如图 2-20 所示。（输入电阻单位：千欧）

$$R_\mathrm{i} = \frac{U_\mathrm{i}}{I_\mathrm{i}} = \frac{U_\mathrm{i}}{U_\mathrm{s} - U_\mathrm{i}} R_1 = \frac{10.615}{31.833 - 10.615} \times 4.7 \approx 2.351$$

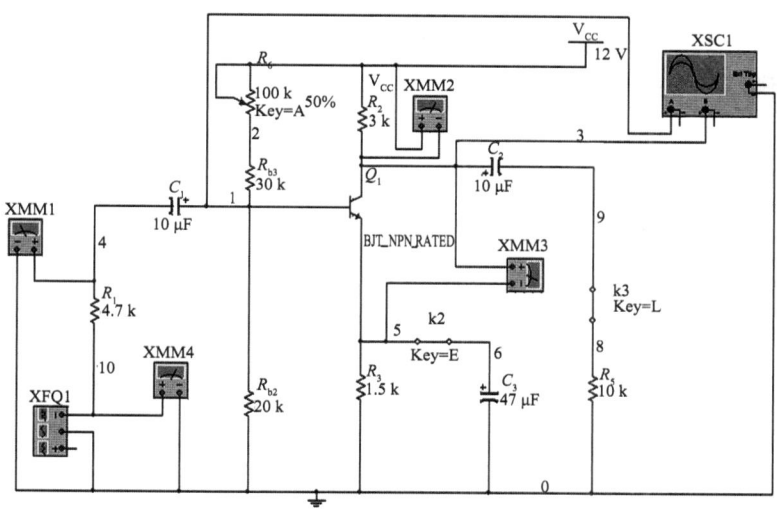

图 2-19　输入、输出电阻测量电路

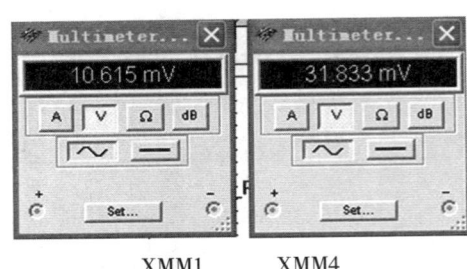

XMM1　　XMM4

图2-20　XMM1和XMM4电压值的读取

②输出电阻测量

仿真电路如图2-19所示,双击"XFG1"函数信号发生器图标,将信号幅度调整为10 mV。开关K3为断开状态(带负载电阻$R_L$),双击"XSC1"示波器,打开仿真开关,读出"XMM4"的输出电压约为862.7 mV。

按下"L"键,开关K3闭合(接入负载电阻$R_L$),打开仿真开关,读出输出电压约707.5 mV。

$$R_o = \left(\frac{U_o}{U_L}\right)R_L = \left(\frac{862.7}{707.5} - 1\right) \times 10 \approx 2.194$$

③电压放大倍数

利用图2-19作为仿真电路图。调整信号源输出10 mV,1 kHz的正弦波信号。

不带负载电阻$R_L$:开关K3处于打开状态,打开仿真开关,读出示波器的输入和输出电压峰值$U_0 = 931.29$ mV,$U_i = 9.99$ mV,则电压放大倍数$A_u = 93.2$。

带负载电阻$R_L$:开关K3处于闭合状态,打开仿真开关,读出示波器的输入和输出电压峰值

$U_0 = 706.93$ mV,$U_i = 9.99$ mV,则电压放大倍数$A_u = 70.8$。

带负载电阻$R_L$并考虑信号源内阻:开关K3处于闭合、K1处于打开状态,打开仿真开关,读出示波器的输入和输出电压峰值$U_0 = 572.56$ mV,$U_i = 9.99$ mV,则电压放大倍数$A_u = 57.31$。

④最大不失真输出电压

为了获得最大的动态范围,应将静态工作点设置在交流负载线的中点,在放大器正常工作的情况下,逐步增大输入信号的幅度,并同时调节静态工作点,用示波器观察$U_0$,当输出波形同时出现失真现象时,说明静态工作点已调在交流负载线中点,然后调整输入信号,使输出幅度最大,且无明显失真时,测出$U_o$的同时求出最大不失真输出电压$U_{opp}$。

利用图2-28所示的仿真电路,将K3处于闭合状态,打开仿真开关,反复调

整 $R_w$ 和信号源"XFG1"输出信号大小,使得输出电压最大且没有明显失真,读出 $R_w$ 约处于 25%,信号源输出电压为 20 mV 时,最大不失真输出电压为 $U_{opp} \approx 3.8$ V。

6. 共集电极放大电路

除了共发射极放大电路外,如果把三极管的基极或集电极作为输入回路和输出回路的公共端,则可分别构成共基极放大电路和共集电极放大电路。以上这三种放大电路也称为放大器的三种组态。

(1) 电路组成

图 2-21 (a) 为共集电极放大电路,图 2-21 (b) 是它的交流通路。由图中可以看出,集电极是输入回路和输出回路的公共端,故称此电路为共集电极放大电路。在这种电路中,负载 $R_L$ 接在发射极上,从发射极输出信号,所以,共集电极电路又称为射极输出器。

(2) 静态工作点

根据图 2-21 (a) 可得:$U_{CC} - I_{BQ}R_b - U_{BEQ} - I_{EQ}R_e = 0$,于是有

$$I_{BQ} = \frac{U_{CC} - U_{BEQ}}{R_b + (1+\beta)R_e}, \quad I_{EQ} = (1+\beta)I_{BQ}, \quad U_{CEQ} = U_{CC} - I_{EQ}R_e$$

(3) 电压放大倍数

由图 2-21 (b) 可以看出,当 $u_i$ 增加时,$I_b$ 也增加,使 $u_o$ 也增加,即 $u_o$ 与 $u_i$ 是同相位变化。因为 $u_i = u_{be} + u_o$,$u_i \gg u_{be}$,则 $u_o \approx u_i$,输出电压 $u_o$ 与输入电压 $u_i$ 大小基本相等,电压放大倍数略小于 1 且近似于 1。但是对于电流而言,$I_e$ 仍为基极电流的 $(1+\beta)$ 倍,因此具有较强的电流放大能力。由于射极输出器的输出电压 $u_o$ 接近于输入电压 $u_i$,两者的相位又相同,所以射极输出器又称为射极跟随器,简称跟随器。

(4) 输入输出电阻

图 2-21 (c) 为射极输出器的微变等效电路。由图中可得:$R_i = R_b // [r_{be} + (1+\beta)R'_L]$,$R'_L = R_e // R_L$,此值要比共射极放大器的输入电阻大很多倍。而通过电路的计算,我们得到射极输出器的输出电阻只有共射极电路输出电阻的 $1/\beta$,只有几欧到几十欧大小。

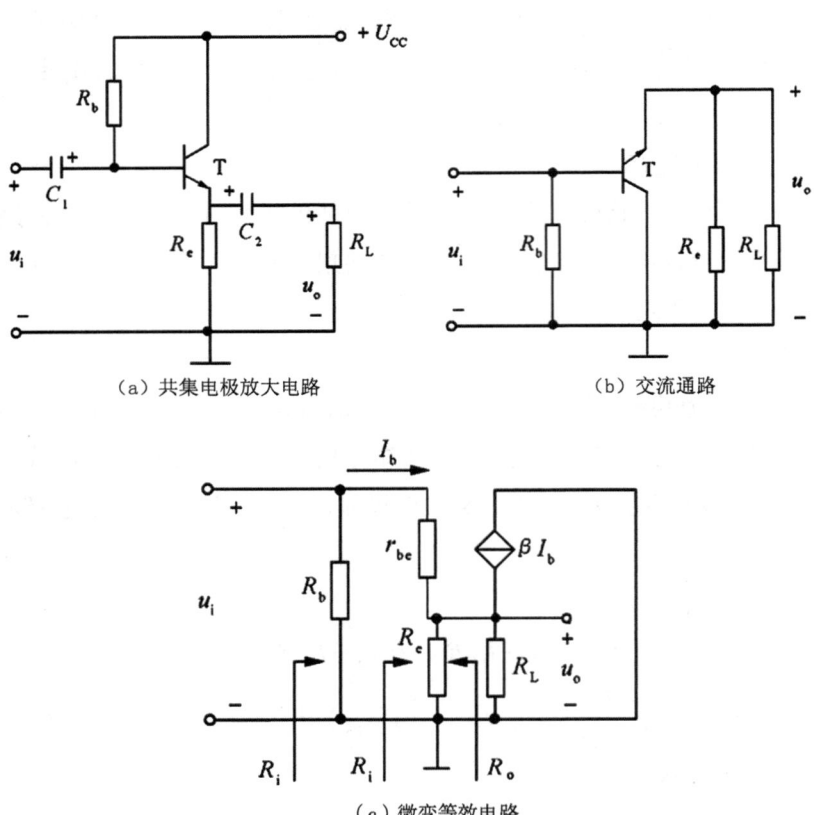

(a) 共集电极放大电路  (b) 交流通路

(c) 微变等效电路

图 2-21  共集电极放大器

综上所述，我们可以总结出共集电极放大电路的特点为：电流放大倍数大于 1，电压放大倍数小于 1，输出电压和输入电压同相，输入电阻高，输出电阻低。

共集电极电路的电压放大倍数虽然小于 1，但由于输入电阻高，输出电阻低的突出特点，因而在电路的输入级、多级放大器的输出级得到广泛的应用。

7. 共基极放大电路

图 2-22（a）为共基极放大电路，图 2-22（b）是它的交流通路。从交流通路中可以看清楚基极是输入回路和输出回路的公共端，故称为共基极放大器。

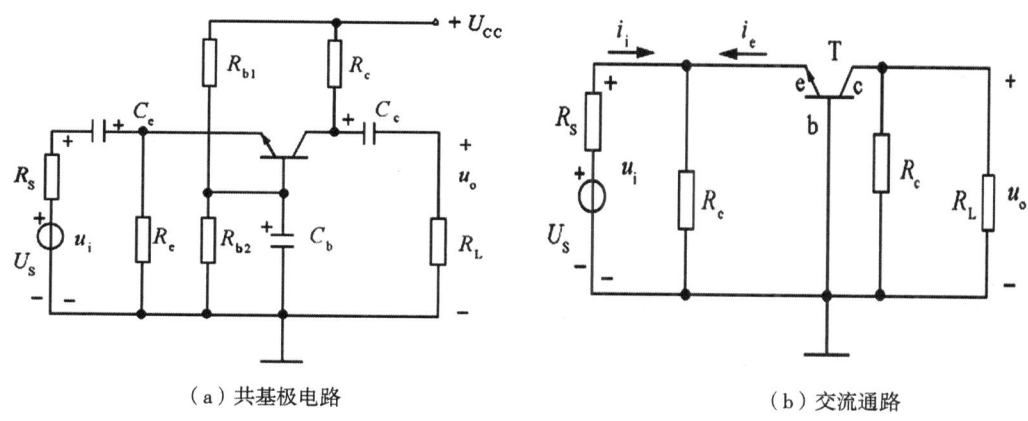

(a) 共基极电路　　　　　　　　(b) 交流通路

图 2-22　共基极放大电路

共基极放大电路具有以下特点：电压放大倍数很大，但是电流放大倍数小于 1，输出电压与输入电压同相，输入电阻低，输出电阻同共射极放大器一样为 $R_c$。因其高频特性好，常应用于宽频带放大器中。

1. 仪器设备与元器件

（1）仪器设备

+5 V 的直流稳压电源、低频信号发生器、双踪示波器、晶体管毫伏表、万用表和常用电子装配工具。

（2）元器件

所用元器件型号、规格明细见表 2-1。

表 2-1　元器件明细表

| 代号 | 名称 | 规格 | 数量 | 代号 | 名称 | 规格 | 数量 |
| --- | --- | --- | --- | --- | --- | --- | --- |
| $R_1$ | 碳膜电阻器 | 4.7 kΩ | 1 | $R_L$ | 碳膜电阻器 | 3.9 kΩ、6.8 kΩ | 各1 |
| $R_2$ | 碳膜电阻器 | 6.8 kΩ | 1 | $C_1$、$C_2$ | 电解电容 | 10 μF/10 V | 2 |
| $R_P$ | 微调电位器 | 22 kΩ | 1 | $C_3$ | 电解电容 | 47 μF/10 V | 1 |
| $R_3$ | 碳膜电阻器 | 3.3 kΩ、2 kΩ、1 kΩ | 各1 | V | 三极管 | 9013 或 3DG6 | 1 |
| $R_4$ | 碳膜电阻器 | 1 kΩ | 2 | S | 按钮开关 | —— | 1 |

2. 训练内容及步骤

（1）清点和检测元器件

A. 清点元器件。按表2-1核对元器件的数量、型号和规格，如有短缺、差错应及时补缺和更换。

B. 检测元器件的性能。用万用表电阻挡对元器件进行检测，对不符合质量要求的必须剔除并更换。

1）电阻器的检测

识读色环电阻标称阻值，并用万用表测量其实际阻值。

2）电位器的检测

①从外观识别动片

电位器的动片往往在两定片之间。

②用万用表检测质量

将万用表置于欧姆挡适当的量程，现将两根表笔接电位器的两个定片，这是测量的阻值应该等于该电位器的标称阻值，否则该电位器已经损坏。然后将一根表笔接电位器的一个定片，另一个表笔接电位器的一个动片，用一字旋具顺时针缓慢旋转动片，表针应从 0 Ω 连续变化到标称阻值或从标称阻值减小到 0 Ω，否则电位器已损坏。

3）三极管的检测

从外观识别其脚极性，并用万用表测其反向电阻，判断质量好坏。

（2）装配电路

按照图2-23所示电路原理图，在多孔电路板上先画好电路布局图，经检查无误后，按工艺要求对元器件的引脚进行成形加工，将元器件插装上，再焊接固定。装配后实物如图2-24所示。

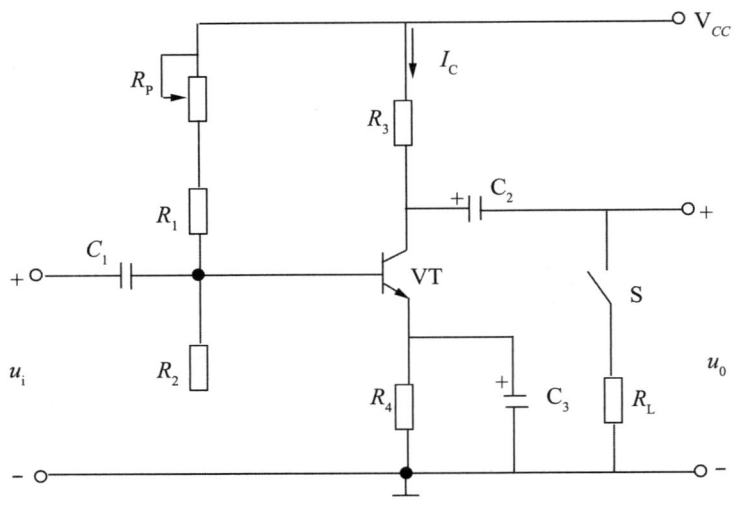

图2-23 电路原理图

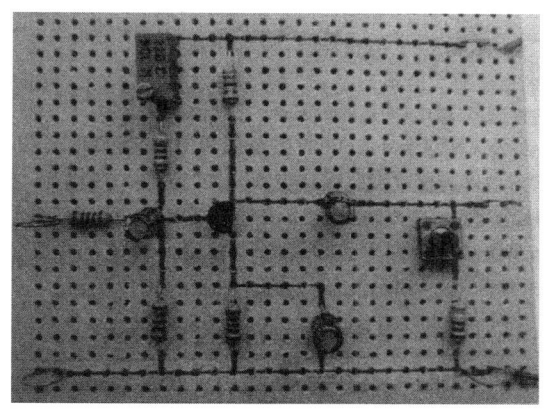

图 2-24 安装实物图

装配焊接时应注意:

(1) 元件焊接部位上锡。

(2) 电阻器采用卧式安装,且要保证紧贴板面安装,色环电阻的色环标志顺序方向必须保持一致。电阻器及微调电位器紧贴电路板水平安装。

(3) 电容器采用垂直安装方式,要求电容器引线脚高度 5 mm,电解电容器的极性和晶体管的引脚极性不要插错。

(4) 晶体管垂直安装,晶体管底部离开电路板 10 mm。

(5) 焊接元器件时,注意保留元器件引线的适当长度,焊点要光滑,防止虚焊和搭锡。注意焊后减去多余引脚,剪脚尽量贴近焊接面,但不能损伤焊接面。

(6) 用单股硬铜导线根据电路的电气连接关系尽量集中在焊接面进行布线,连接时要避免发生短路。

3. 调整静态工作点

(1) 调试准备工作

1) 把 +5 V 稳压电源的正极用红导线连接到放大电路的 $V_{cc}$,负极用黑导线连接到放大电路的接地端。

2) 把低频信号发生器的正弦波输出正极用红导线连接到放大电路的输入端,负极用黑导线连接到放大电路接地端。

3) 示波器 $Y$ 通道输入的正极用红导线连接到放大电路的输入端,负极用黑导线连接到放大电路接地端。

(2) 最佳静态工作点的调整

调整方法:调节低频信号发生器,输出电压为 10 mV,频率为 1 kHz。缓慢增大放大电路的输入电压 $u_i$,用示波器观察放大电路输出电压 $u_o$ 的波形,当波形出现失真时,调整电位器 $R_P$ 使波形恢复正常。然后再增大 $u_i$,重复上述步骤,直到正、负峰值都出现轻微失真为止,这时放大器的工作点即为最佳工作点。

缓慢减小 $u_i$,使正、负峰值出现的轻微失真刚好消失,这时的输出电压 $u_0$ 即为该放大器的最大不失真输出电压。

4. 静态工作点的测量

断开信号源,用导线将输入端连接到接地端,调节 $R_P$。用万用表直流电压挡测量三极管的、值,然后估算,计入表 2-2 中。

表 2-2  静态工作点调试记录

| $R_P$ 值 | $U_B$（V） | $U_C$（V） | 估算电路 $I_C$（mA）（$I_C = \dfrac{U_{CC} - U_C}{R_e}$） |
|---|---|---|---|
| 最大 | | | |
| 适当位置 | | 9 | 1.5 |
| 最小 | | | |

5. 测量放大器的电压放大倍数

（1）电压放大倍数 $A_u$ 与输入电压 $u_i$ 的关系

在放大器的输入端输入频率为 1 kHz 的正弦信号 $u_S$,调节信号发生器的输出旋钮,使 $U_{in} = 10$ mV,同时用示波器观察放大器输出电压 $u_0$ 的波形,在输出电压波形不失真的条件下,用晶体管毫伏表测量此时的输出电压 $U_{om}$ 值,并填入表 2-3 中,然后计算电压放大倍数 $A_u$,用示波器观察 $u_0$ 和 $u_i$ 的相位关系。

表 2-3  电压放大倍数 $A_u$ 与输入电压 $U_i$ 的关系

| 测量次数 | 1 | 2 | 3 | 4 | 观察记录一组 $u_0$ 和 $u_i$ 波形 |
|---|---|---|---|---|---|
| $U_{im}$（mV） | 10 | 8 | 6 | 4 | |
| $u_{om}$（mV） | | | | | |
| $A_u$（$U_{om}/U_{im}$） | | | | | |

（2）电压放大倍数 $A_u$ 与集电极电阻 $R_3$ 的关系

保持 $R_L$ 为 3.9 kΩ 不变,分别用毫伏表测量 $R_3$ 为 3.3 kΩ、2 kΩ、1 kΩ 时对应的输出电压,填入表 2-4 中。

表 2-4  电压放大倍数 $A_u$ 与集电极电阻 $R_3$ 的关系

| $R_3$ | 3.3 kΩ | 2 kΩ | 1 kΩ |
|---|---|---|---|
| $U_{im}$（mV） | | 10 | |
| $U_{om}$（mV） | | | |
| $A_u$（$U_o/U_i$） | | | |

仔细观察表 2-4 中的 $A_u$ 变化,说明电压放大倍数随集电极电阻的增大而_____

____。

（3）电压放大倍数 $A_u$ 与负载电阻 $R_L$ 的关系

保持 $R_3$ 为 3.3 kΩ 不变，在测量过程中保持输入电压为 10 mV（以示波器显示的输出电压不失真为准）不变，分别用毫伏表测量 $R_L$ 为开路（S 断开）、S 接通的电阻值为 6.8 kΩ 和 3.9 kΩ 时对应的输出电压，填入表 2-5 中。

表 2-5  电压放大倍数 $A_u$ 与负载电阻 $R_L$ 的关系

| $R_L$ | 开路 | 6.8 kΩ | 3.9 kΩ |
| --- | --- | --- | --- |
| $U_i$（mV） | 10 | | |
| $U_O$（mV） | | | |
| $A_u$（$U_O/U_i$） | | | |

观察表 2-5 中 $A_u$ 的变化，说明电压放大倍数随负载电阻的减小而_____。

6. 测量输入电阻和输出电阻

为了测量放大器的输入电阻，在放大器的输入端与信号源之间串入一个已知电阻 $R$，如图 2-25 所示。在放大器正常工作的情况下，用晶体管毫伏表测出信号源输出电压 $U_{sm}$ 及放大器输入端电压 $U_{im}$，根据输入电阻的定义可得：

$$R_i = \frac{U_{im}}{U_{sm} - U_{im}} R$$

放大器的输出电阻可以通过测量的方法得到，如图 2-26 示。在放大电路正常工作的条件下，测得将开关 s 断开（输出端不接负载 $R_L$）的输出电压 $U_{om}$ 和将开关 S 合上端接负载 $R_L$）后的输出电压 $U_{Lm}$，则电路的输出电阻 $R_O$ 为：$R_O = \left(\dfrac{U_{om}}{U_{Lm}} - 1\right) R_L$

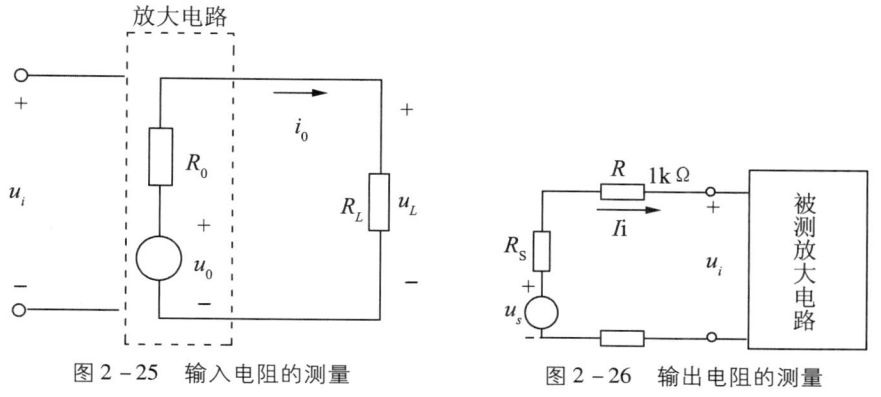

图 2-25  输入电阻的测量　　　图 2-26  输出电阻的测量

置 $R_3 = 2$ kΩ，$R_L = 2$ kΩ，$I_c = 2.0$ mA。输入频率为 1 kHz 的正弦信号 $u_s$，在输出电压不失真的情况下，用晶体管毫伏表测得 $U_{sm}$、$U_{im}$、$U_{om}$ 和 $U_{Lm}$，记入表 2-6 中，计算输入电阻和输出电阻。

表 2-6 输入、输出电阻测试记录

| $U_{om}$（mV） | $U_{im}$（mV） | $R_i$（kΩ） | | $U_{om}$（V） | $U_{Lm}$（V） | $R_o$（kΩ） | |
|---|---|---|---|---|---|---|---|
| | | 测量值 | 计算值 | | | 测量值 | 计算值 |
| | | | | | | | |

7. 观察静态工作点对输出波形的影响

调节电位器 $R_P$，使其电阻值逐渐减小，并用示波器观察输出波形。当调节到一定程度时，波形的底部被削平，电路出现饱和失真现象。同样，调节电位器 $R_P$，使其电阻值逐渐增大，用示波器观察电路的截止失真现象，即波形的顶部被削平。记录输出波形的正常形状和两种失真情况下输出波形的形状，见表 2-7。

表 2-7 静态工作点对输出波形的影响情况记录

| 输出波形的正常形状 | 失真输出波形的形状 | |
|---|---|---|
| | 饱和失真现象 | 截止失真现象 |
| | | |

## 任务二 多级放大电路

### 学习目标

**知识目标**

1. 了解多级放大电路的 4 种级间耦合方式及特点，了解反馈放大器的基本概念。
2. 会计算多级放大电路的电压放大倍数、输入电阻和输出电阻。

**能力目标**

1. 能用 multisim 软件对两级放大负反馈放大电路进行简单仿真。
2. 能正确识别和检测所用元件，正确使用仪器仪表（信号源、示波器、万用表）。
3. 能正确装配、焊接电路，提高组装电路的工艺水平。
4. 能按照训练步骤进行电路参数的调试。
5. 进一步熟悉放大电路静态工作点和电压放大倍数的测量方法。
6. 验证负反馈降低电压放大倍数和负反馈可以改善失真的结论。
7. 进一步加深负反馈对放大电路性能影响的理解。

**情感目标**

1. 培养学生严谨的工作态度。
2. 养成严格遵守工作规程的习惯。
3. 培养学生解决问题的能力。

### 学习过程

一、多级放大电路

1. 根据电路图（图 2-27），完成以下问题

（1）什么叫耦合？

（2）多级放大器常用哪些耦合方式？

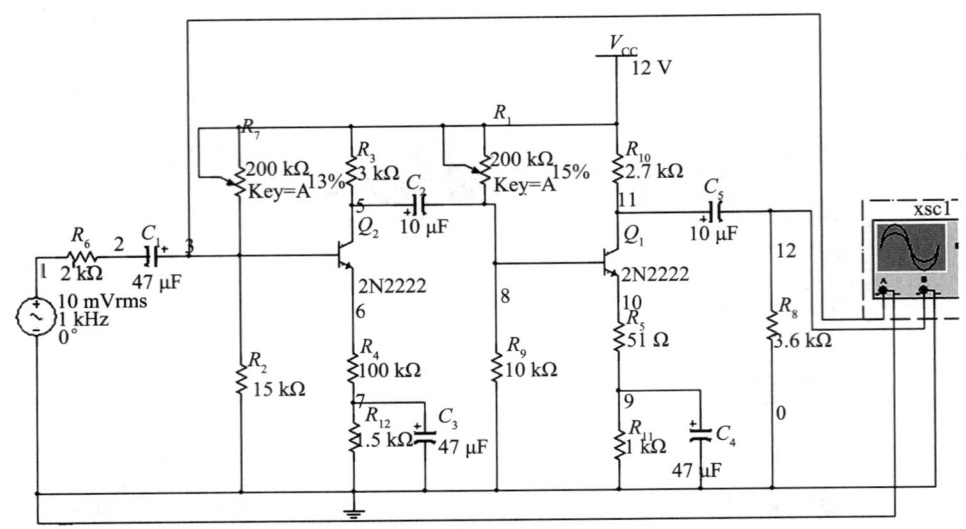

图 2-27 两级放大电路

（3）图 2-23 两级放大电路的级间耦合方式是什么？

2. 直流分析

（1）分别画出 2 级放大电路各级的直流通路。

（2）用 multisim 仿真（请将仿真后的截图贴在空白处，或将仿真结果写在空白处）。

（3）根据仿真结果估算电压放大倍数 $A_u$，输入电阻 $R_i$ 和输出电阻 $R_o$。

## 二、反馈放大电路

1. 查阅资料，回答以下问题

（1）什么是反馈？

（2）反馈放大器的组成是什么？

（3）请分别解释取样处、比较处、比较。

（4）反馈放大器的分类？

（5）负反馈对放大器的影响？

2. 根据电路（图2-28），完成以下问题

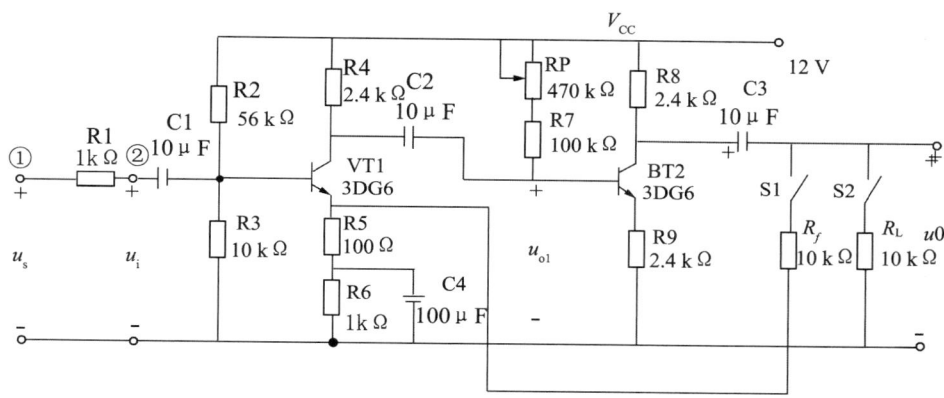

图2-28　负反馈放大电路原理图

（1）用multisim仿真（请将仿真后的截图贴在空白处，或将仿真结果写在空白处）

（2）增益的仿真结果。

输入信号截图：

输出波形截图：

(3) 频率响应的仿真结果。

波特仪显示结果截图：

 技 能 训 练

1. 训练仪器设备与元器件

(1) 仪器设备

+12V 的直流稳压电源、低频信号发生器、示波器、晶体管毫伏表、万用表和常用电子装配工具。

(2) 元器件

元器件型号、规格明细见表 2-8

表 2-8  元器件明细表

| 代号 | 名称 | 规格 | 数量 | 代号 | 名称 | 规格 | 数量 |
|---|---|---|---|---|---|---|---|
| R1、R6 | 碳膜电阻器 | 1kΩ | 2 | RP | 电位器 | 470kΩ | 1 |
| R2 | 碳膜电阻器 | 56kΩ | 1 | C1、C2、C3 | 电解电容 | 10μF/16V | 3 |
| R3、$R_f$、$R_L$ | 碳膜电阻器 | 10kΩ | 3 | C4 | 电解电容 | 100μF/16V | 1 |
| R4、R8、R9 | 碳膜电阻器 | 2.4kΩ | 3 | V1、V2 | 三极管 | 3DG6 | 2 |
| R5 | 碳膜电阻器 | 100Ω | 1 | S1、S2 | 按钮开关 | - | 2 |
| R7 | 碳膜电阻器 | 100kΩ | 1 | | | | |

2. 训练内容及步骤

(1) 清点和检测元器件

①清点元器件。按表 2-8 核对元器件的数量、型号和规格，如有短缺、差错应及时更换。

②检测元器件的性能。用万用表电阻挡对元器件进行检测，对不符合质量要求的必须更换。

(2) 装配电路

①按照图 2-28 所示电路原理图设计电路在电路板上的布线图，将元器件正确进行插装后焊接固定，电解电容器的极性和晶体管的引脚极性不要插错。用硬裸铜导线根据电路的电气连接关系在焊接面进行布线，尽量避免交叉短路，最后对连接线路电

气关系的导线进行焊接固定。正确装配焊接后实物如图2-29所示。

②安装完电路后，对照电路原理图进行检查，仔细检查电路板安装是否正确。导线和焊点是否符合要求，有极性的器件是否安装正确。

③用万用表检测电源是否有短路问题，发现短路，应先检查，排除短路点。

经检查无误后，把稳压电源调到+12V，通电进行测试。

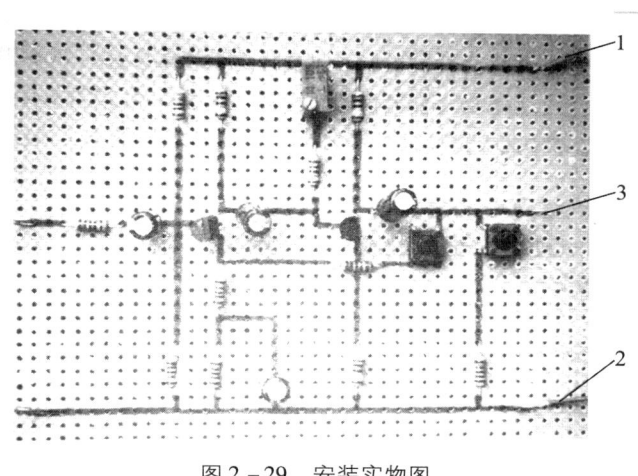

图2-29 安装实物图

1-电源正极 2-接地端 3-输出端

（3）测量静态工作点

断开信号源，将电路的输入端用导线对地短路，S1、S2均断开，用万用表分别测量V1和V2的$U_B$、$U_E$和$U_C$并填入表2-9中，并计算出$I_{C1}$ ($\frac{U_{E1}}{R_{E1}}$)、$I_{C2}$ ($\frac{U_{E2}}{R_{E2}}$) 填入表2-9中。

表2-9 负反馈放大电路的静态工作点

| $U_{B1}$（V） | $U_{E1}$（V） | $U_{C1}$（V） | $I_{C1}$（mA） | $U_{B2}$（V） | $U_{E2}$（V） | $U_{C2}$（V） | $I_{C2}$（mA） |
|---|---|---|---|---|---|---|---|
|  |  |  |  |  |  |  |  |

（4）研究负反馈对放大电路放大倍数的影响

将开关S2闭合，连接信号发生器，给放大电路输入幅值为2 mV、频率为1 kHz的正弦信号。按如下步骤进行操作：

①断开S1（没有反馈），观察示波器的波形，保证$u_o$不失真，若失真，可以适当减小$u_i$。用毫伏表测量此时的$U_i$和$U_o$，计算开环电压放大倍数$A_u = \frac{U_o}{U_i}$。把结果记录在表2-10中。

②保持 $U_i$ 不变，合上开关 S1（有负反馈）。用毫伏表测量此时的 $U_i$ 和 $U_o$，计算闭环电压放大倍数 $A_u = \dfrac{U_o}{U_i}$。把结果记录在表 2–10 中。

表 2–10　负反馈对电压放大倍数的影响

| 反馈情况 | $U_i$（V） | $U_o$（V） | $A_u = \dfrac{U_o}{U_i}$ |
| --- | --- | --- | --- |
| 无反馈 | | | |
| 有负反馈 | | | |

注意比较两种不同情况下的放大倍数的变化。

（5）负反馈对输入电阻的影响

①断开 S1（没有反馈），在放大电路输入端加入频率为 1 kHz 的正弦信号 $u_s$，调节电位器 RP 的大小，用示波器观察放大器输出电压的波形，在 $u_o$ 不失真的条件下，用毫伏表测量信号源电压 $u_s$，再测量基本放大器输入电压 $u_i$，通过计算可得无负反馈时电路的输入电阻 $R_i = \dfrac{U_i}{U_s - U_i} \times R_1$。

②合上开关 S1（有反馈），重复上述步骤，通过计算可得有负反馈时电路的输入电阻。将实验结果记入表 2–11 中，并比较。

表 2–11　负反馈对输入电阻的影响

| 反馈情况 | $U_s$（V） | $U_i$（V） | $R_i = \dfrac{U_i}{U_s - U_i} \times R_1$ |
| --- | --- | --- | --- |
| 无反馈 | | | |
| 有负反馈 | | | |

（6）负反馈对输出电阻的影响

①断开 S1（没有反馈）和 S2（负载开路），从放大电路的输入端加入频率为 1kH 的正弦信号 $u_s$，调节 RP 的大小，用示波器观察放大器输出电压波形，在 $u_o$ 不失真的条件下，用毫伏表测量负载开路时的输出电压 $U_o$。再合上开关 S2（接上负载），用毫伏表测量有负载时的输出电压 $U_o'$，通过计算可得无负反馈时电路的输出电阻 $R_o = \dfrac{U_o - U_o'}{U_o'} \times R_L$。

②合上开关 S1（有负反馈），重复上述步骤，通过计算可得有负反馈时电路的输出电阻。将结果记入表 2–12 中，并比较。

表 2 – 12  负反馈对输出电阻的影响

| 反馈情况 | $U_o$ （V） | $U_o'$ （V） | $R_o = \dfrac{U_o - U_o'}{U_o'} \times R_L$ |
|---|---|---|---|
| 无反馈 | | | |
| 有负反馈 | | | |

## 知识储备

### 一、多级放大器常用的耦合方式

前面我们讨论了放大器的三种基本组态，它们都属于单级放大器。在实际应用中，要求的放大倍数往往是很大的，而单级放大器无法满足这个要求。为此，需要把若干个单级放大电路连接在一起组成多级放大器。

多级放大器级与级之间的连接，我们称之为耦合。多级放大器常用的耦合方式有三种：阻容耦合、变压器耦合和直接耦合。

1. 阻容耦合

阻容耦合是利用电阻和电容将前级和后级连接起来的耦合方式，如图 2 – 30 所示。在电路中，耦合电容起到隔直通交的作用。输入信号通过第一级电路放大后，在集电极电阻 $R_{C1}$ 两端的输出电压再经过耦合电容 $C_2$ 把信号电压送出，加在第二级的输入电阻两端。因为耦合电容的作用，该电路保证了各级静态工作点彼此独立，互不干扰。这样便给放大器的分析及工作点的调整带来很大方便。

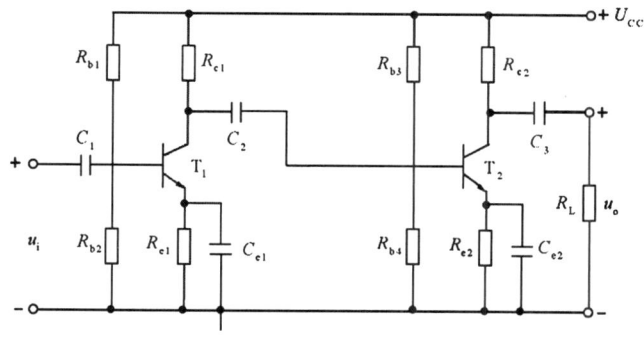

图 2 – 30  阻容耦合放大器

2. 变压器耦合

变压器耦合就是利用变压器将前后级连接起来的耦合方式，如图 2 – 31 所示。因为变压器可以利用电磁感应把交流信号从变压器的原边感应到副边,实现信号的传输。在电路中,变压器同样也是起到隔直通交的作用,所以各级的静态工作点也彼此独立,互不影响。另外,变压器还有一个突出的优点,就是可以实现电路之间的阻抗变换,但它也存在着输出信号低频和高频响应差的问题。

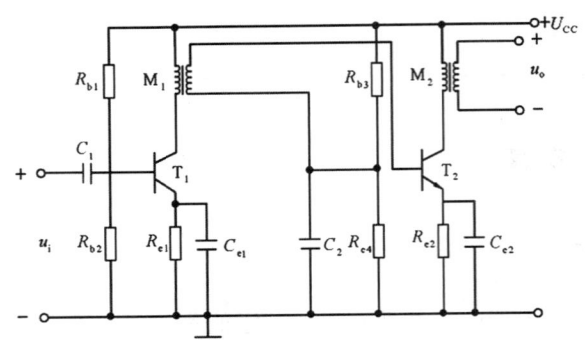

图 2-31　变压器耦合放大器

3. 直接耦合

将多级放大器的前级的输出端与后级的输入端直接连在一起的耦合方式称为直接耦合,如图 2-32 所示。虽然交流信号可以畅通无阻地被传输,然而各级的静态工作点却要互相影响,显然,放大直流信号可以用直接耦合方式的放大器,而阻容耦合和变压器耦合方式的放大器只能用于交流信号的放大。因此,直接耦合放大器也和阻容耦合配合使用,但主要还是被广泛应用到直流放大器中。

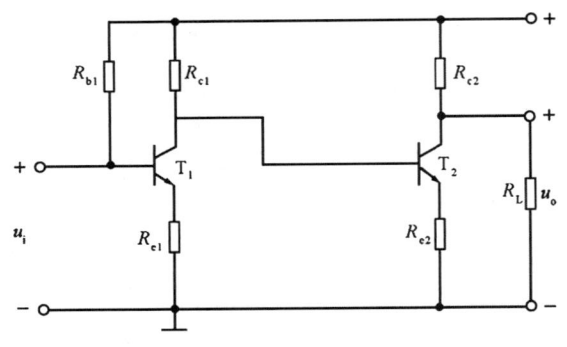

图 2-32　直接耦合放大器

## 二、多级放大器的分析

通常,我们在分析多级放大器时,是结合它自身的一些特点来分析其上单级放大器相类似的一些主要性能指标,如电压放大倍数、输入输出电阻、通频带及非线性失真等。

1. 电压放大倍数

分析多级放大器的电压放大倍数时，它的前一级的输出信号就是后一级的输入信号。如果各单级放大器的放大倍数依次为 $A_{v1}$、$A_{v2}$、$\cdots A_{vn}$，那么多级放大器总的电压放大倍数将是各单级电压放大倍数的乘积，即 $Av = A_{v1} \cdot A_{v2} \cdot \cdots \cdot A_{vn}$。

2. 输入电阻和输出电阻

多级放大器的输入电阻就是第一级的输入电阻，而它的输出电阻就是最后一级的输出电阻。

3. 多级放大器的通频带

实际中，放大器对于不同频率的信号，其放大倍数是不同的。由于在低频端，多级放大器受级间耦合元件的影响，频率越低阻抗越大，对信号的低频段衰减就越严重；在高频端，受分布参数、晶体管的高频特性等影响，信号也将被衰减，而且放大器的级数越多，影响越严重。

因此，多级放大器总的通频带要比任何一级放大器的通频带窄。为了满足多级放大器对通频带的要求，对每个单级放大器的通频带的选择应更宽些。

4. 非线性失真

在多级放大器中，由于各级均存在着失真，则输出端波形失真大。要减小输出波形的失真，应尽力克服各单级放大器的失真。

### 三、负反馈的基本概念

我们在前面学习了一些基本的放大电路，那些电路虽然能够起到放大信号的作用，但是性能指标不够理想。例如，它们的放大倍数往往不够稳定，输入电阻往往不够大（或不够小），等等。而实用时的放大器，我们常常是要求其放大倍数是非常稳定的，其输出电阻有时要求很大，有时要求又很小。对于以上提出的要求，必须在前面的放大电路中引出反馈才能达到。

根据放大器的极性不同，反馈放大器分为正反馈和负反馈两类。

1. 什么是反馈

所谓反馈，就是把输出信号的一部分或全部再回送到输入端。反馈到输入端的信号称为反馈信号。和输入信号比较，如果加强了原信号源的作用，为正反馈；反之，如果削弱了原信号源的作用，则为负反馈。关于反馈的一些基本类型，在后面将作详细介绍。

2. 反馈放大器的组成

一个反馈放大器主要是由基本放大电路和反馈网络两部分组成，如图 2 - 33 所示。

由图中可见，在基本放大电路的输出端、反馈网络的输入端及负载三方有联结处，该处是取出信号的地方，称为取样处；另一个是在基本放大器的输入端、反馈网络的输出端以及信号源三方也有汇合处，称为比较处。在该处，送到基本放大器的信号是经过输入信号与反馈信号比较后的净输入信号。所谓比较，是将输入信号和反馈信号相加或相减，使输入信号加强或减弱，从而得到净输入信号。用 $u$ 表示正弦交流信号的电压或电流，$u_i$ 表示输入信号，$u_o$ 表示输出信号，$u_f$ 表示反馈信号，$u_i'$ 表示基本放大电路的净输入信号，由 $u_i$ 与 $u_f$ 之差决定，即 $u_i' = u_i - u_f$。

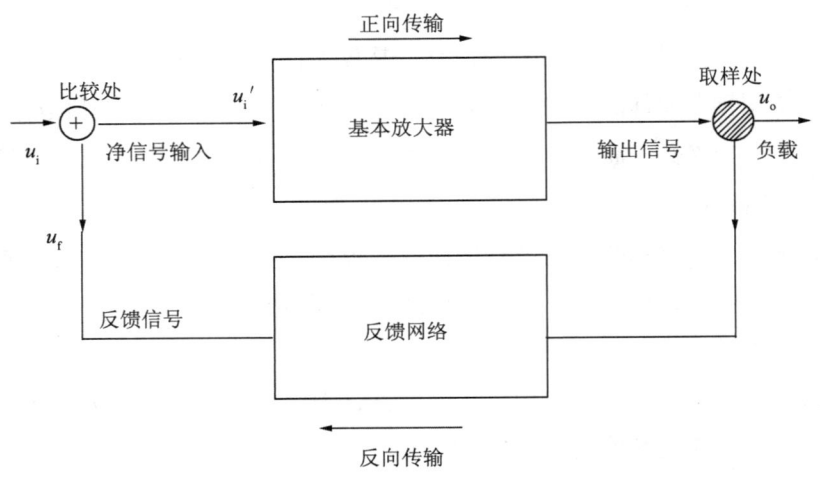

图 2-33 反馈放大器方框图

3. 反馈放大器的基本关系式

由反馈放大器的方框图可以看出，放大器在未接入反馈之前，电路未形成闭合回路，那么它的放大倍数称为开环放大倍数，即 $A_V = u_o/u_i'$，接入反馈后，由于反馈元件联结了输出端与输入端，电路便形成了闭合回路，此时的放大倍数称为闭环放大倍数，记作 $A_{Vf} = u_o/u_i$。而且引入负反馈后，我们将反馈信号 $u_f$ 与输出信号 $u_o$ 之比定义为反馈系数 F，$F = u_f/u_o$。又因为净输入信号 $u_i'$ 为输入信号 $u_i$ 与反馈信号 $u_f$ 的差，即 $u_i' = u_i - u_f$，于是，此时的闭环放大倍数

$$A_{Vf} = u_o/u_i = u_o/(u_i' + u_f) = 1/[(u_i'/u_o) + (u_f/u_o)] = 1/(1 + A_V + F)$$

整理后得 $A_{Vf} = A_V/(1 + A_V F)$，这就是负反馈放大器的基本关系式，它反映了反馈放大器的开环放大倍数和闭环放大倍数的关系，即引入负反馈后，放大器的闭环放大倍数降低了，且降低了 $(1 + A_V F)$ 倍。

四、反馈放大器的分类

在分析反馈放大器时，首先要对反馈进行分类，这样我们才可以根据不同类型的

反馈对其作具体研究。通常我们从以下几个方面对其进行分类。

1. 按反馈的极性分类

前面我们已简单介绍过，从反馈放大器的方框图中也可以看出，基本放大器的净输入信号来自信号源的信号与反馈网络输出信号的叠加，当反馈信号与信号源的极性或相位相同时，叠加取两者之和，净输入信号比信号源提供的信号要大，这种反馈称为正反馈。反之，当反馈信号与信号源的极性或相位相反时，叠加取两者之差，净输入信号与信号源的信号相比减小了，这种反馈称为负反馈。

那么，对于一个已知的反馈放大器，该如何判断其反馈极性呢？通常我们采用瞬时极性法。在放大器输入端设定输入信号的极性"+"或"-"（正、负号仅表示电位瞬时的状态而非正电位和负电位），依次按照电路中相关点的相位变化情况推出各点对地的交流瞬时极性，再根据反馈回输入端的反馈信号瞬时极性，若使原输入信号减弱为负反馈，若使原输入信号增强则是正反馈。

下面我们来判断图 2-34 所示电路的反馈极性。

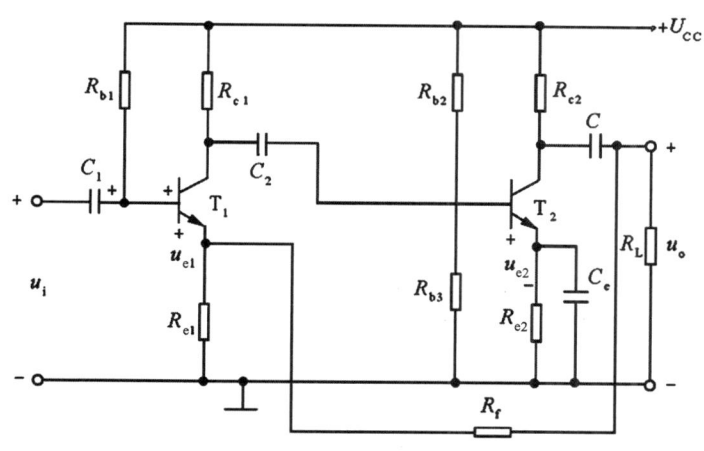

图 2-34 负反馈电路

其分析过程如下：

假设放大器的输入端输入信号极性为上正下负，即基极为"+"，经集电极倒相后为"-"，使 $T_2$ 基极为"-"，$T_2$ 的集电极输出又为"+"，通过 $R_f$ 反馈到 $R_{e1}$ 的电压上端为"+"，使 $u_{e1}$ 上升，则净输入量 $U_{be}=u_i-u_f=u_i-u_{e1}$ 减小，由此可判断该反馈为负反馈。

2. 按反馈信号和输出信号的关系分类

按反馈信号和输出信号的关系，反馈可分为电压反馈和电流反馈两类。在电压反馈中，反馈信号取自输出电压，并与输出电压成正比。在电流反馈中，反馈信号取自输出电流,并与该电流成正比。

判别的方法是设想把输出端短路,如反馈信号消失,属于电压反馈;如反馈信号仍然存在,则属于电流反馈。

还有一种直观判断方法更简便一些。按一般的规律来说,当放大器的输出和反馈信号由同一端引出(如从集电极输出),而反馈网络的输入端也接在集电极,为电压反馈;如果放大器输出端由集电极输出,而反馈网络引自发射极,则为电流反馈。

下面我们以实例证明。如图 2-35 所示放大电路,判断它的反馈类型是电压反馈还是电流反馈。

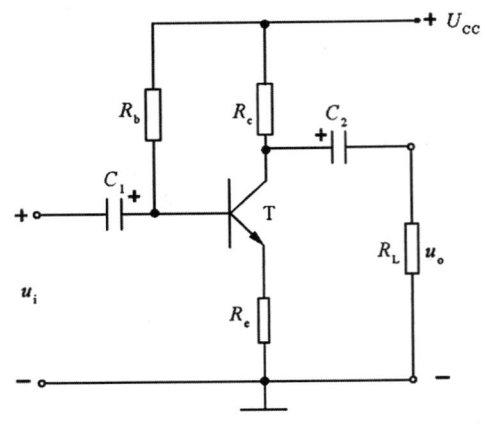

图 2-35 电流放大电路

其分析过程如下:

在电路中,首先确定 $R_e$ 为反馈元件。那么反馈信号 $u_f$ 就是 $R_e$ 上产生的压降 $U_{Re}$,按照我们的判断方法,把输出端(即 $R_L$ 处)短接,$u_f = I_C R_e$ 仍然存在,所以属于电流反馈。或者用直观法判断,放大器的输出端接在集电极,而反馈信号引自于发射极,即输出端和反馈信号不在同一端,所以判断为电流反馈。

3. 按反馈信号和输入信号的关系分

按照反馈信号和输入信号的关系,反馈可分为串联反馈和并联反馈两类。

所谓串联反馈,是指输入信号、反馈信号和基本放大器的净输入信号三者是串联连接。

所谓并联反馈,是指输入信号、反馈信号和基本放大器的净输入信号三者是并联连接。

其判别的方法是:将放大器的输入端短接,若反馈信号仍能加到放大电路的净输入端,便为串联反馈;如果反馈信号被短接线短接而不能加到放大器的净输入端,则是并联反馈。

也可用直观法判断如下：当输入信号和反馈信号分别接在输入的同一端上，如都接到基极上，便为并联反馈；反之一个接在基极，而另一个接在发射极，则为串联反馈。

下面我们仍以实例证明判断串、并联的方法，如图 2-36 所示。

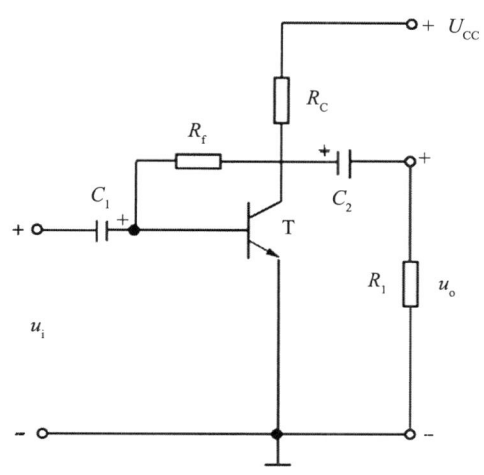

图 2-36　并联反馈放大电路

其分析过程如下：将放大电路的输入端口对地短路，$R_f$ 中的反馈电流 $I_f$ 将被短接线旁路，而不再影响净输入信号，因此为并联反馈。

若用直观法来判断也很简单：输入信号在基极，反馈信号也同样被引至基极，故为并联反馈。

综合以上分析，我们可以把反馈电路的基本类型总结如下：

①电压串联负反馈；

②电压并联负反馈；

③电流串联负反馈；

④电流并联负反馈。

我们还可以把判断反馈类型的方法简单概括如下：

①首先，找到电路中的反馈元件（输出回路和输入回路之间的连接元件，通常为电阻或电容）。

②然后，用瞬时极性法判断是正反馈还是负反馈。在系统的输入端假设一个输入信号的瞬时极性，然后观察信号的逐级传递过程，直至信号反馈到输入端，再用反馈信号的极性与原输入信号极性相比较来进行判断即可。

③最后，判断反馈的类型。

从放大器的输出端判断电压、电流反馈的方法是：反馈信号引自于输出端，为电压反馈；否则为电流反馈。

从放大器的输入端判断串联、并联反馈的方法是：反馈信号反馈到与放大器输入信号为同一端时，为并联反馈；否则为串联反馈。

下面试判断图 2-37 所示电路的反馈类型。分析过程如下：

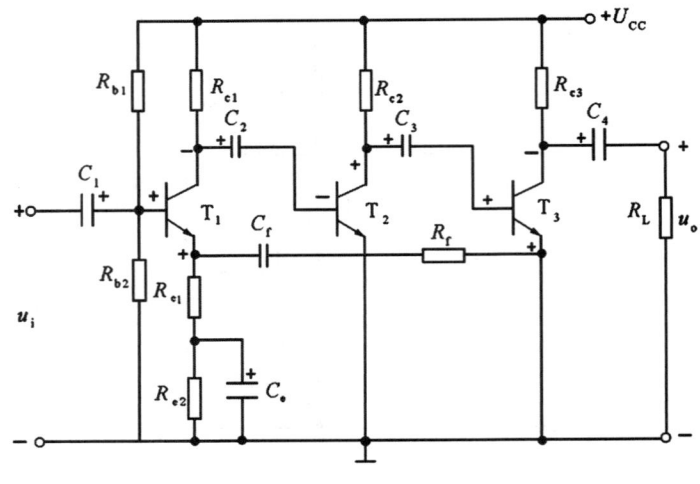

图 2-37 反馈类型

设 $T_1$ 基极为正，则有

$u_{b1}$ （+0）→$u_{c1}$ （-）→$u_{b2}$ （-）→$u_{c2}$ （+）→$u_{b1}$ （+）→$u_{e3}$ （+）→$u_{e1}$ （+）

根据以上判断，经电阻 $R_f$ 和电容 $C_f$ 反馈到三极管 $T_1$ 的发射极的信号极性为正，使发射极电位上升，从而使 $T_1$ 管的净输入电压 $U_{be1}$ 减小，所以是负反馈。

由图 2-46 可知，放大器的反馈信号引自于发射极（而非输出端），故其是电流反馈。再分析发现，反馈信号反馈到输入端的发射极而非基极，因此判断其为串联反馈。

综上分析，该电路的反馈类型为电流串联负反馈。

**五、负反馈对放大器的影响**

对于放大器来说，最基本的一些指标就是放大倍数、输入输出电阻及通频带和非线性失真等。那么，我们在引入负反馈之后，将对这些指标带来哪些影响呢？下面我们将分别进行讨论。

1. 降低了放大倍数，提高了稳定性

由基本放大器的基本关系式可知，引入负反馈后，放大器的闭环放大倍数降低了 $(1+A_V F)$ 倍，其式中 $1+A_V F$ 称为反馈深度，用来描述反馈量的大小。当 $1+A_V F>>1$ 时，$A_V F≈1/F$。也就是说，引入负反馈后，放大器的放大倍数只取决于反馈网络，而与基本放大器基本无关了。在反馈放大器中，反馈网络一般由电阻、电容等无源元件组成，因此，引入负反馈后，放大倍数是比较稳定的。

2. 减小非线性失真

由于放大电路本身含有非线性元件，因此常常在放大器放大信号时，输出波形和输入波形出现差异，即出现失真。引入反馈后，在一定程度上使输出波形得到改善。下面我们举例说明引入负反馈减小非线性失真的过程。

假设我们输入正弦波信号，在输出端出现了失真的波形，为正半周大负半周小，如图 2-38 所示。当放大器引入负反馈时，由于反馈信号正比于输出信号，因此反馈信号也存在着相同方向的波形失真，也是正半周大负半周小，反馈到输入端后与输入信号叠加使得净输入信号出现相反方向的波形失真，即正半周小负半周大，这种波形经过放大器放大后，便对原来失真的输出信号波形（正半周大负半周小）起到了一定的改善作用。

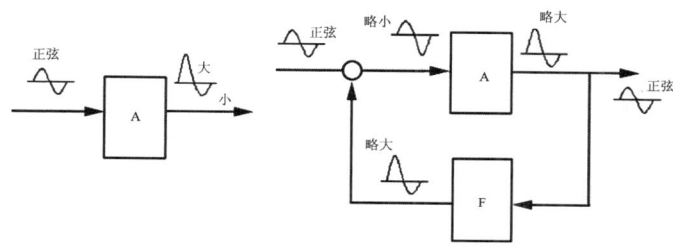

图 2-38 负反馈减小非线性失真

这里一定要注意，引入负反馈只能减小非线性失真，却无法从根本上彻底消除它。另外，假如信号源本身就是失真的信号，引入负反馈也是起不到改善作用的，即负反馈抑制失真的作用仅仅局限在反馈环内。

3. 拓宽了通频带

图 2-39 所示为引入负反馈后放大电路的通频带受到影响的过程。不难看出，引入负反馈后使原来的通频带变宽。

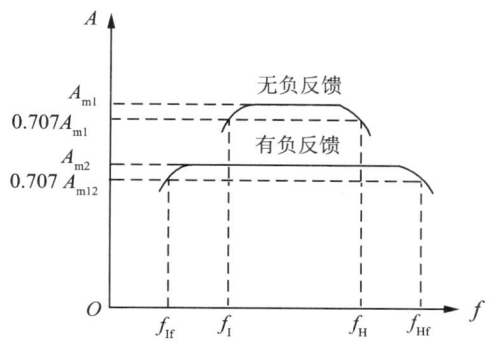

图 2-39 负反馈拓宽频带

如图2-48所示,在中频区,放大器的放大倍数大,输出电压高,反馈电压也高,使放大数下降也多;而在低频区和高频区,放大倍数相对较小,输出电压也不高,反馈电压也不高,因而放大倍数下降较少,使得负反馈放大电路的上、下限频率向更高或更低的频率扩展,因此通频带被拓宽。

4. 对输入输出电阻的影响

经过对实际的反馈电路的分析,我们得到以下结论:

①串联负反馈可以提高输入电阻,并联负反馈可以降低输入电阻。

②电压负反馈可以降低输出电阻,电流负反馈可以提高输出电阻。

综上所述,放大电路引入负反馈后,使放大电路的许多性能得到改善,反馈的程度越深,放大器性能得到改善的程度就越明显。因此,负反馈放大器在实际电路中得到了广泛的应用。

## 任务三 功率放大电路

### 学习目标

**知识目标**

1. 了解低频功率放大器的基本要求和分类。
2. 理解 OTL 和 OCL 功率放大器的工作原理。

**能力目标**

1. 能正确识别与检测所用元器件
2. 学习手动绘制电路连线图,掌握分立元件的安装要领和技巧。
3. 能正确装配焊接 OTL 功率放大电路。
4. 能正确识读电路图,并按步骤调试电路。
5. 进一步熟悉常用仪器、仪表的使用方法。

**情感目标**

1. 培养学生严谨的工作态度。
2. 使学生养成严格遵守工作规程的习惯。
3. 培养学生解决问题的能力。

### 学习过程

1. 功率放大器一般在电路什么位置?

2. 什么是功率放大路?

3. 功率放大器要满足什么要求？

4. 功率放大器的分类。

5. 常见的功率放大器有哪些。

 知识储备

在电子电路中，一般包括输入级、中间电路、输出级，而输出级的任务是驱动执行机构，如电机、显像管、偏转线圈、扬声器、记录仪、继电器等负载。因此，往往要求有较大的输出功率，不但要向负载提供较大的电压信号，而且要向负载提供较大的电流信号，这种以供给负载足够大的功率信号为目的的放大器称为功率放大器，因此，功率放大器一般处于电子电路的最末一级。

一、概述

一般放大电路都要驱动负载，功率放大电路从本质上讲与其他放大器没有什么区别，它们都是能量转换器，电压放大器主要考虑使下一级电路获得不失真的电压信号，而功率放大器主要是使负载获得最大的不失真功率，它工作于大信号状态。对功率放大器有如下几点要求。

1. 具有较大的输出功率

为获得较大的输出功率，要求输出电压、电流尽量大，从而使三极管工作于大信号状态，导致自身功耗增加，容易损坏，因此，选择三极管时，三极管的极限参数应留有一定的余量。

2. 非线性失真要小

由于功放电路中三极管工作于大信号状态，而在接近饱和或接近截止时放大倍数又要减小，因此，随着三极管集电极电流的增加或变小，非线性失真将增大。在功放电路中，输出功率与非线性失真是矛盾的，应通过对电路的改进，使功放电路既具有较大的输出功率，同时非线性失真又尽量小。

3. 效率要高

所谓效率就是放大器输出交流功率 $P_O$ 与电源供给的直流电源功率 $P_E$ 之比值，$\eta = P_O/P_E$，$\eta$ 值大，说明效率高。由于功放电路效率不是百分之百，大功率输出时，功放管自身功耗高，消耗直流电源能量大。因此，应尽量提高功放电路的效率。

4. 要充分考虑功效管的散热

由于功率电路中消耗的直流功率一部分转化成交流功率输出，另一部分转化为功放管的损耗使功效管发热、温度升高，加速老化，甚至损坏。因此，应考虑功放管的散热，合理地加装散热片。

综上所述，要求功率放大电路输出失真要小，效率要高，在三极管能安全工作的前提下，应尽可能输出较大的功率。

5. 功率放大器的分类

低频功率放大器的电路形式很多，按照静态工作点位置设置的不同，可将其分为甲类、乙类和甲乙类等几种。

甲类功放如图 2-40（a）所示，静态工作点设在放大区中部，当输入信号为正弦波时，电路始终处于放大状态，输出波形为正弦波。

乙类功放如图 2-40（b）所示，静态工作点设在截止区。当输入信号为正弦波时，只在信号的半周期内导通，另一半周期内截止，输出只有半个周期。因此，乙类必须是由两个三极管完成，一个工作于正半周，一个工作于负半周，不设静态工作点。

甲乙类功放如图 2-40（c）所示，静态工作点设在放大区，但紧靠近截止区。静态时三极管处于微导通状态，目的是克服由于三极管死区电压造成的"交越失真"。

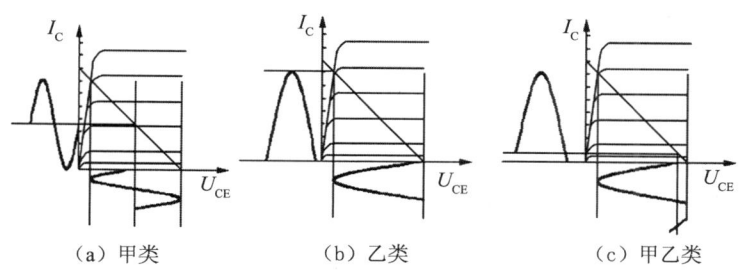

（a）甲类　　　　（b）乙类　　　　（c）甲乙类

图 2-40　静态工作点不同的功放电路

甲类功放由一个三极管完成，具有结构简单、线性好、失真小等优点；但管耗大、输出功率小、效率低，理想时最高效率仅为 58%。

乙类和甲乙类则由两个三极管组成"推挽"功率放大电路，静态时电流小，降低了静态损耗，效率高，理想时可达 78.5%，目前较常采用的甲乙类功率放大器有 OTL 和 OCL 两种。

## 二、互补对称式功率放大器

目前常见的功率放大器有分立元件和集成电路两大类,这里主要介绍几种常见的功率放大器。

1. 单管甲类功率放大器

典型的单管甲类功率放大器如图 2-41 所示,图中 $R_{b1}$ 与 $R_{b2}$ 为基极偏置电阻,目的是给三极管一个合适的静态偏置,用于保证三极管始终工作于甲类状态。$R_e$ 为负反馈电阻,用于稳定静态工作点,$C_e$ 为偏路电容。输出采用变压($R_c$ 换成变压器)耦合方式。

变压器耦合在电路中有两个作用:阻断直流并耦合信号;实现阻抗匹配,使放大器的效率最高。

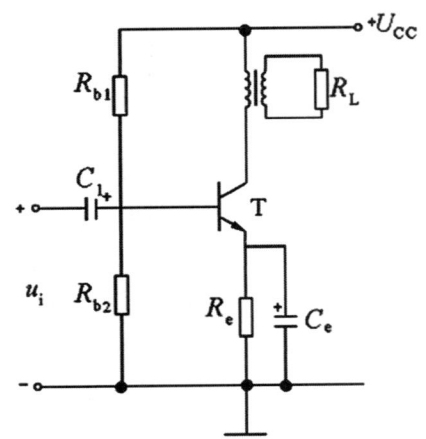

图 2-41 单管甲类功率放大器

2. 乙类功率放大器

甲类功放效率低,功放管的管耗大,其主要原因是静态工作点较高,无论有无信号输入,电源始终供给能量,当输入信号为零时,电源供给的功率全部变为功放管自身管耗(热量),因此,静态损耗最大。只有当信号输入时,放大器才将一部分电源功率转化成交流功率输出,因此静态工作点高是甲类功率放大器效率低的根本原因。如果不设静态工作点,即 $I_{BQ}=0$、$I_{CQ}=0$ 时功放管的静态管耗低,效率较高。但是,如果输入信号为正弦波信号,输出信号只有半周,将产生严重失真。如果利用两个性能相近的三极管,分别放大正负半周信号,则能较好地解决放大器的效率与波形失真的问题。

(1)双电源互补对称式功率放大器(OCL 电路)

采用正负电源的互补对称功率放大器的原理电路如图 2-42 所示，$T_1$ 为 NPN 管，$T_2$ 为 PNP 管，参数要求一致，两个管的发射极连在一起接负载 $R_L$，两基极连在一起，接输入信号 $u_i$，NPN 集电极接电源正极，PNP 管集电极接电源的负极，两管分别为射极输出器。

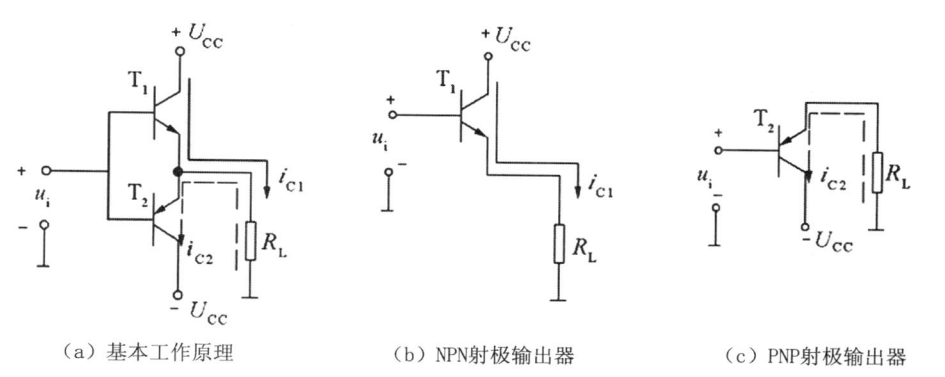

（a）基本工作原理　　　　（b）NPN 射极输出器　　　　（c）PNP 射极输出器

图 2-42　OCL 电路的基本工作原理

当 $u_i = 0$ 时，电路处于静止状态，因无静态偏置，两管都截止，$I_{BQ}=0$，$I_{CQ}=0$，不消耗电源功率，由于电路对称，两管射极电位为零。当输入信号为正半周时，$u_i>0$；上端 NPN 管因 $u_{BE1}>0$ 而导通，而 PNP 管截止，负载 $R_L$ 获得上半周信号；当输入信号为负半周时，下端 PNP 管因 $u_{BE2}<0$ 而导通，NPN 管截止，负载 $R_L$ 获得下半周信号，因此两个三极管交替推挽工作，互相补充，使负载获得完整的正弦波，这称为互补对称推挽功率放大器，又称 OCL 电路（OCL，Output Capacitor Less 的简称）。此电路工作时，正半周时 $T_1$ 饱和，负半周时 $T_2$ 饱和，因此，最大输出电压幅度是 $U_{CC}$。

在双电源推挽功率放大器中：

①每只三极管集电极的瞬时电压最大值为 $2U_{CC}$；

②每只三极管的最大允许集电极电流 $I_{cm}>U_{CC}/R_{RL}$；

③每只三极管的 c、e 之间的反向击穿电压 $U_{(BR)CEO}>2U_{CC}$；

④每只三极管的最大允许管耗 $P_{CM}>0.2P_{omax}$。

此电路需要两个电源，且一正一负，这给使用带来了不便。

（2）单电源互补对称式功率放大器 OTL

单电源互补对称式功率放大器如图 2-43 所示。它去掉了负电源 $-U_{CC}$，在两功放管发射极与负载间串入大容量电容器 C，静态时，双管射极对地电位为 $1/2U_{CC}$，电容器两端电压为 $1/2U_{CC}$，电容 C 在电路中起着负电源的作用，做 $T_2$ 的工作电源。

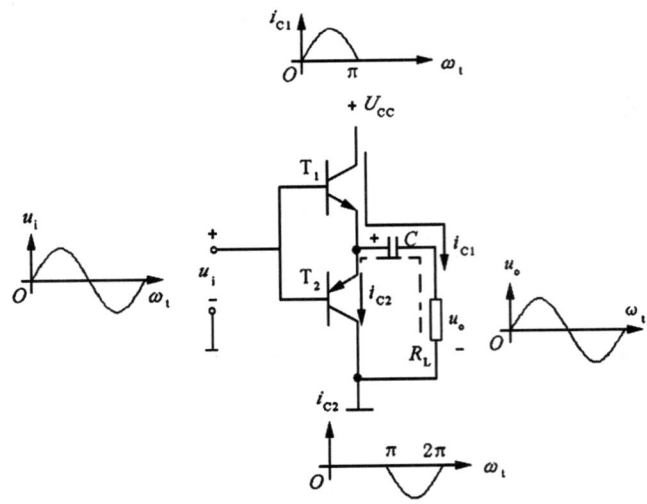

图 2-43　OTL 电路的基本原理

当输入信号为正半周时，$T_1$ 的基极电位高于 $1/2U_{CC}$，$T_1$ 导通，$T_2$ 截止，输出信号的正半周到负载 $R_L$，此时 $U_{CC}$ 对电容 C 充电。

当输入信号为负半周时，$T_1$ 与 $T_2$ 的基极电位低于 $1/2U_{CC}$，$T_1$ 截止，$T_2$ 导通，$T_2$ 以射极输出的形式将信号传给负载，此时电容器放电，电容 C 相当于电源。$T_1$、$T_2$ 轮流工作，负载 $R_L$ 上得到一个完整的波形，电路工作于乙类工作状态。

电容器 C 的容量应选得足够大，使电容器的充放电时间远大于信号周期，使电容器在 $T_2$ 导通时，充分体现其担任电源的重任。由于电容器容量大且时间常数大，可以认为电容器两端电压在信号的变化过程中基本不变。由于电容的阻抗与信号频率相关，一般 C 的容量应大于 300μF，容量太小，低频响应不好。

OCL 电路中，每个输出管的工作电压为 $U_{CC}$；OTL 电路中，每个输出管的工作电压为 $1/2U_{CC}$。

（3）乙类推挽功率放大器的交越失真

如图 2-44 所示，由于乙类功放没有静态工作点，$T_1$ 与 $T_2$ 静态时为截止状态，当输入信号小于死区电压时，$T_1$ 与 $T_2$ 均不导通，输出电压为零。因此，在输出信号的正负半周交界处，跨越正负半周时出现了失真，这种失真叫交越失真。

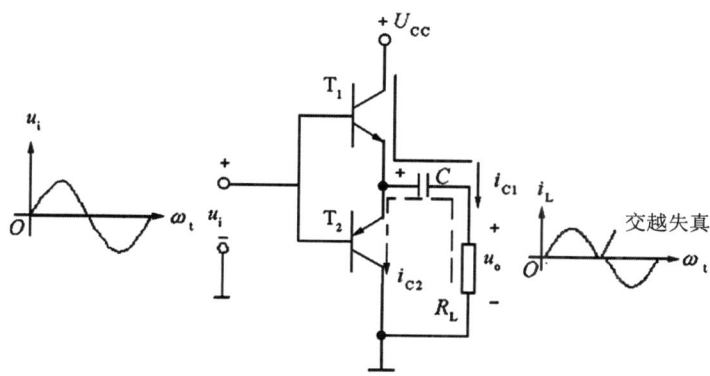

图 2-44 乙类放大器的交越失真

为消除交越失真，必须设置合适的静态工作点，使电路工作于甲乙类工作状态。如图 2-44 所示，利用 $R_1$、$R_2$、D 的直流压降作为基极偏置电路，静态时两管处于微导通状态，即使输入信号非常小，三极管也导通，这样克服了交越失真；但偏置不能太高，太高会使效率下降。如图 2-45（a）所示，$T_1$ 为推动管，当有信号输入时，其集电极电位将随信号的变化而变化，从而使 $T_2$、$T_3$ 的基极电位将在其静态偏置附近变化，使 $T_2$、$T_3$ 导通或截止，使负载获得完整的波形。

由于功放电路是射极输出器，而射极输出器是一个电压串联负反馈，当输入信号幅度大时会使输出信号上端压缩过多，出现波形失真。

图 2-45（b）中，$C_3$、$R_3$ 为自举升压电路，目的是克服由于射级输出器是一个电压串联负反馈，而使输出信号上端压缩过多的问题。其原理是：当输入信号为正半周时，由于电容 $C_1$ 两端电压不能突变，当输入信号为负半周时，B 点电位上升，A 点电位上升，从而使 $T_1$ 的基极电位上升，以克服大电流状态时电流放大倍数降低过多的问题。

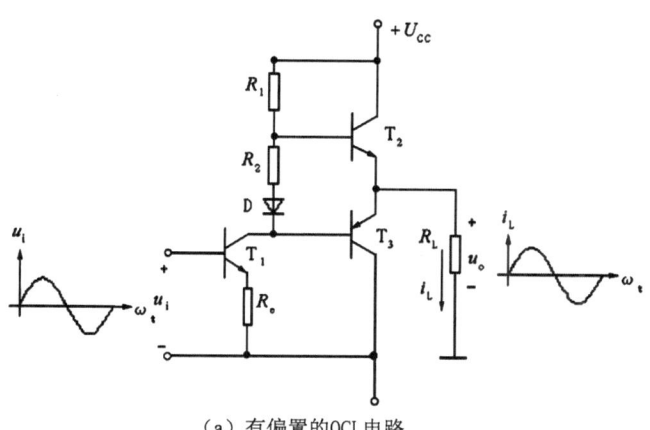

（a）有偏置的OCL电路

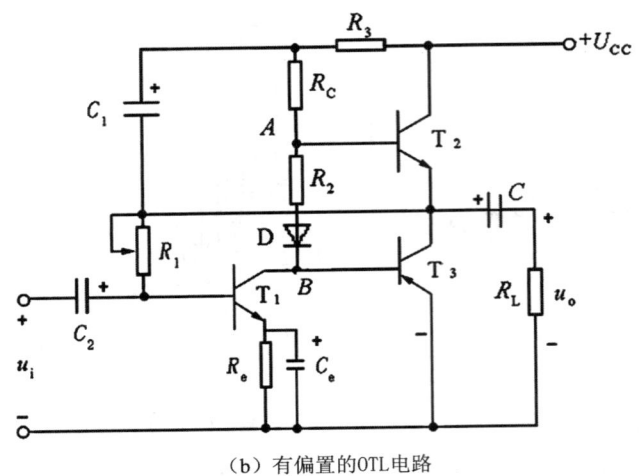

(b)有偏置的OTL电路

图 2-45 消除交越失真的功放电路

## 一、训练仪器设备及元器件

1. 仪器设备

直流稳压电源（+18V）、低频信号发生器、双踪示波器、晶体管毫伏表、万用表和常用电子装配工具。

2. 元器件

训练所用元器件型号、规格明细见表 2-13。

表 2-13 元器件明细表

| 代号 | 名称 | 规格 | 数量 | 代号 | 名称 | 规格 | 数量 |
|---|---|---|---|---|---|---|---|
| R1 | 碳膜电阻器 | 3.3kΩ | 1 | C3 | 电解电容 | 1000μF/25V | 1 |
| R2 | 碳膜电阻器 | 100Ω | 1 | C4 | 电解电容 | 100μF/50V | 1 |
| R3 | 碳膜电阻器 | 680Ω | 1 | V1 | 三极管 | 9011 或 3DG6 | 1 |
| R4 | 碳膜电阻器 | 510Ω | 1 | V2 | 三极管 | 9013 或 3DG12 | 1 |
| RP1 | 电位器 | 100 kΩ | 1 | V3 | 三极管 | 9012 或 3DG12 | 1 |
| RP2 | 电位器 | 1kΩ | 1 | VD | 二极管 | IN4007 | 1 |
| C1、C2、 | 电解电容 | 10μF/25V | 2 | $R_L$ | 扬声器 | 8Ω/0.5W | 1 |

## 二、训练电路分析

图 2-46 所示为 OTL 功率放大电路原理图。

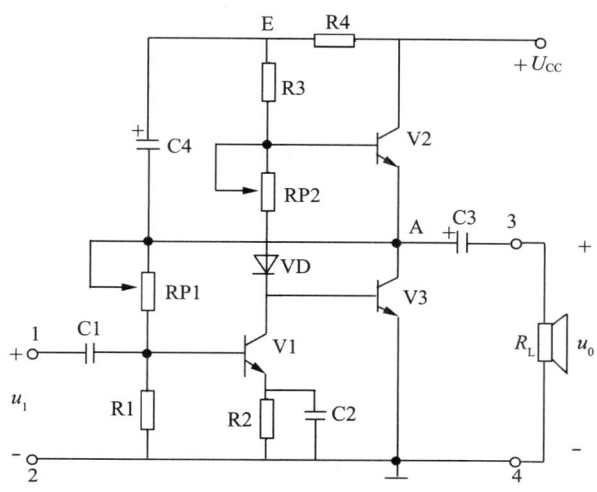

图 2-46　OTL 功率放大电路原理图

该电路是一个单电源供电的 OTL 功放电路，OTL 功放是一种没有输出变压器的功率放大器。V1 是推动管，工作在甲类状态。V2、V3 是互补对管，V2 是 NPN 型，V3 是 PNP 型，它们实际上是两个共集电极组态的射极跟随器，都工作在甲乙类状态，其电压放大倍数小于 1，功率放大倍数主要靠它的电流放大倍数来保证。互补对管的 $\beta$ 值可在 50~250 内任意选择使用，$\beta$ 值选大一些，配对性好一些，功率放大倍数可以提高一些，失真也可减少一些。

OTL 功放的电源是整流滤波后的 18V 直流电压。RP1、R1 是 V1 的上下偏置电阻，保证 V1 工作在甲类放大状态。RP1 的上端接输出端的 A 点，通过电容 C3 的电源作用为 V1 提供静态偏置，同时，为电路引入电压并联交直流负反馈，不但稳定了电路的静态工作点，同时又提高了电路输出信号的稳定性。调节 RP1 可改变中点电压 $U_A$，使 $U_A$ 为电源电压的一半，即 9V。二极管 VD 及电位器 RP2 的直流压降作为 V2、V3 的静态偏置用，使它们在静态时工作在微导通状态，保证 V2、V3 工作在甲乙类状态，可消除交越失真。调节 RP2（配合调节 RP1）可调节功放管的静态工作点。二极管 VD 的正向压降随温度升高而降低，因此对功放还能起到一定的补偿作用。R4、C4 组成自举电路，可以提高功率放大倍数，减少信号失真。C3 是输出耦合电容，一般容量较大。

理论推导：OTL 功率功放最大不失真功率：$P_{om} = \dfrac{U_{CC}^2}{8R_L} = \dfrac{18^2}{8 \times 8} \approx 5.0 \text{ W}$，实际不失真

输出功率不小于 1.5 W 即可以了。

综上所述：V1 工作在甲类，基射极 $U_{BE}$ 电压为 0.6 V 左右，集射极 $U_{CE}$ 电压应为几伏。V2、V3 工作在甲乙类状态，基射极 $U_{BE}$ 电压为 0.2 V 左右，集射极 $U_{CE}$ 电压为 8 V 左右。调节 RP1 可改变 A 点的电位 $U_A$，使它为 9 V，调节 RP2 可改变 $I_C$，使它在 5 ~ 20 mA 之间。

### 三、训练内容及步骤

1. 清点和检测元器件

（1）清点元器件。按表 2 - 13 核对元器件的数量、型号和规格，如有短缺、差错应及时补缺和更换。

（2）检测元器件的性能。用万用表电阻挡对元器件进行检测，对不符合质量要求的必须剔除并更换。

（3）使用万用表 R×1 Ω 挡测量扬声器的音圈电阻值，$R_{扬}$ = ＿＿＿＿＿Ω，判断扬声的好坏。观察扬声器的纸盆、外壳有无破损。

（4）使用万用表欧姆挡检测三极管 V1、V2、V3 和二极管 VD。

2. 装配电路

按照图 2 - 46 电路原理图，在多孔电路板上先画好电路布局图，经检查无误后，按工艺要求对元器件的引脚进行成形加工，将元器件插装上，再焊接固定，电解电容器的极性和三极管的引脚极性不要插错。然后用硬铜导线根据电路的电气连接关系进行布线并焊接固定，装配后的电路实物如图 2 - 47 所示。

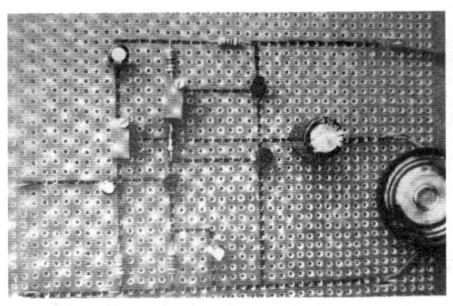

图 2 - 47　OTL 功率放大器实物图

3. 调试电路

（1）通电前的检查

①对照电路图和焊接后的电路板，仔细核对元器件的位置是否正确，极性是否正确，有无漏焊、错焊和搭锡。

②特别检查 VD 和 RP2 是否焊好，极性是否正确，因为它们开路，会使互补管 V2、V3 损坏。

以上检查均无误时，再进行以下步骤。

（2）静态电压、电流的调整

①把输入端 1、2 短接。

②输出端 3、4 间接上假负载电阻（8Ω/2W）代替扬声器。

③把万用表（直流毫安挡）两表笔串联在电源进线端与电路间，接通电源（+18V），观察指针指示情况，同时用手触摸 V2、V3 晶体三极管的外壳，若温度变化较显著，说明电流过大，应立即断开电源连线，检查原因（有可能是开路或自激，还有 V2、V3 晶体三极管性能较差等）。若无异常，合上开关 S，即可开始调试（电路不应有自激现象）。

④调节输出中点电位 $U_A$。调节 RP1，使 A 点电压为 $\frac{1}{2}U_{CC}$（即 9 V）。为了调试中点电压方便，可将 V2、V3 的基极用导线短接，调完后再去掉短接线。

⑤调整输出级静态电流及各级静态工作点。调整电阻 RP2，使该功放静态电流 $I_C$ 为 5 ~ 20 mA（因 V1 的工作电流较小，因此，可以把测得的总电流近似看作输出级的静态电流）。静态电流太大，功放管发热损坏，静态电流太小，输出功率不足且有交越失真。RP2 越大，$I_C$ 越大。

⑥用万用表测量功放各晶体三极管的静态工作电压，并把结果记录在表 2 – 14 中。正常后拆去负载电阻，接上扬声器。

⑦拆除输入端 1、2 短接线。用手握螺丝刀金属部分去碰触 V1 基极。扬声器中应听到"嘟嘟"声。

表 2 – 14  三极管各电极的静态电位

| 电源电压 $U_{CC}$ = _____V，中点电压 $U_A$ = _____V，静态电流 $I_C$ = _____mA，总机电流 $I_总$ = _____mA ||||
|---|---|---|---|
|  | V1 | V2 | V3 |
| $V_C$ |  |  |  |
| $V_B$ |  |  |  |
| $V_E$ |  |  |  |

(3) 最大输出功率 $P_{om}$ 和效率 $\eta$ 的测试

测试线路和仪器连接如图 2-48 所示。

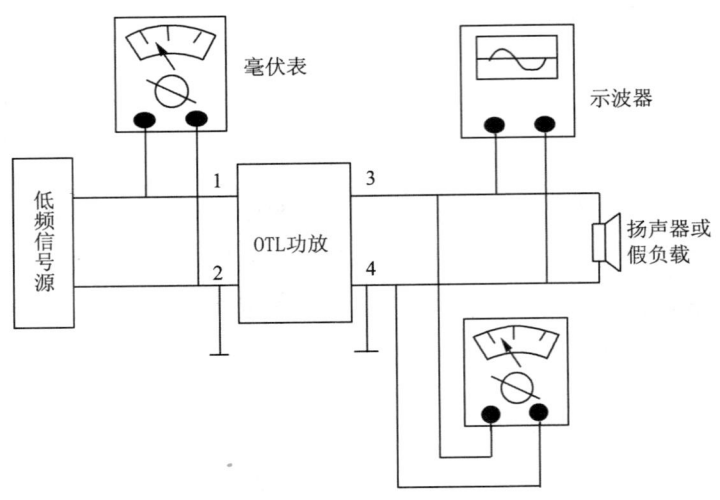

图 2-48　功放电路测试仪器连接图

①测试放大器最大不失真输出功率

用 8Ω/2W 的电阻代替扬声器。在输入端 1、2 接入 $f=1$ kHz 的正弦信号 $u_i$，输出端用示波器观察输出电压 $u_o$ 的波形，然后逐渐增大 $u_i$，使输出电压达到最大不失真输出，用晶体管毫伏表测出负载 $R_L$ 上的电压 $U_{om}$，并记录下来。

输入电压 $U_{im}=$ ＿＿＿＿＿ mV，输出电压 $U_{om}=$ ＿＿＿＿＿ V。

由下式计算放大器的电压放大倍数 $A_u$ 和最大输出功率 $P_o$：

$$A_u = \frac{U_{om}}{U_{im}} \quad P_o = \frac{U_{om}^2}{R_L}$$ 式中，$R_L$ 为负载电阻，$A_u=$ ＿＿＿＿＿，$P_o=$ ＿＿＿＿＿ W。

注意：

· 最大不失真输出功率应在 1.5 W 以上。

· 输入信号在 200 mV 时，输出电压在 1.5 V~4 V 之间。

②测量效率 $\eta$

当输出电压为最大不失真输出时，读出此时万用表毫安挡上的电流值，此电流值为直流。

电源供给的平均电流 $I_{C1}$，由此可近似求得直流电源供给的功率 $P_E = U_{CC} \cdot I_{C1}$，然后由已测得的输出功率 $P_o$ 值，求出 $\eta = \dfrac{P_o}{P_E} \times 100\%$。

③拆下假负载电阻，换上扬声器。在实习指导教师下试听。

## 任务四　有源音箱的安装与检测

### 学习目标

**知识目标**

1. 了解典型集成功放的引脚功能及应用。
2. 掌握集成功放管脚识别方法。

**能力目标**

1. 能正确识别相关电子元器件。
2. 能正确利用仪表对相关电子元器件好坏进行检测。
3. 能正确完成有源音箱线路的安装并通电调试。
4. 能正确利用仪表对有源音箱电子线路成品进行检修。

**情感目标**

1. 培养学生严谨的工作态度。
2. 使学生养成严格遵守规范的工作规程的习惯。
3. 培养学生解决问题的能力。

### 学习过程

**一、观察实物**

观察有源音箱的实物，尝试拆开，看看里面究竟是什么样的吧！结合图 2-49、图 2-50，将元器件的名称补充完。

(a) 合上

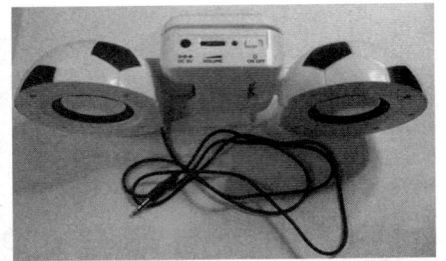
(b) 展开图

图 2-49 足球外观有源小音箱整体效果图

图 2-50 小音箱内部整体效果图

## 二、认识新元件

### 1. 集成电路

请将表 2-15 中集成电路封装形式、引脚排列方式及识别方法表补充完整。

表 2-15 集成电路封装、引脚排列方式及识别方法表

| 封装形式 | 封装实物图 | 引脚排列方式 | 引脚识别方法 |
| --- | --- | --- | --- |
| （包括各种圆型结构） | YO-78 | 标记 | 外形和半导体三极管相似,只不过_____较大,引脚_____。在金属外壳上往往有_____,识别时从_____处开始,沿_____方向依次为 1,2,3… |

（续表）

| 封装形式 | 封装实物图 | 引脚排列方式 | 引脚识别方法 |
| --- | --- | --- | --- |
| 直立扁平型（_____） |   | 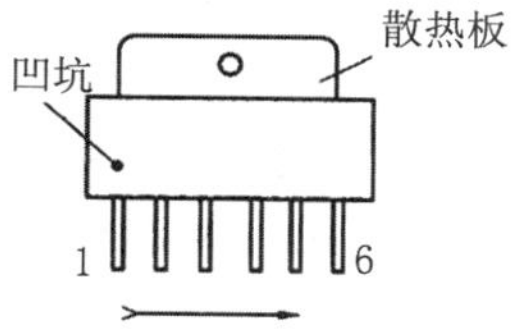 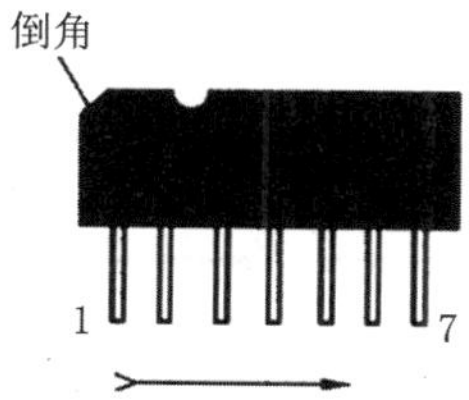  | 直立扁平型（又称_____）集成电路引脚的初始标记有的用_____，有的用_____。<br>这类集成电路引脚在识别时也是从_____开始，从_____依次为1，2，3……<br>对于没有起始标记的这类集成电路，在识别时应使集成电路上印有_____的一面_____，然后从依次为1，2，3…… |
|  | 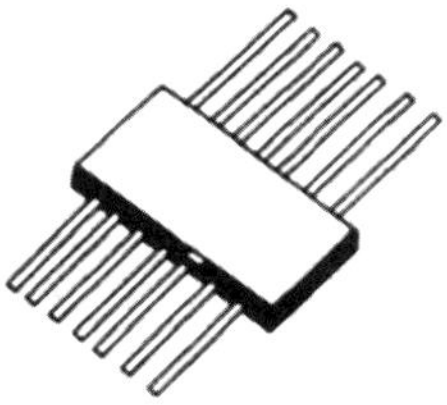  | 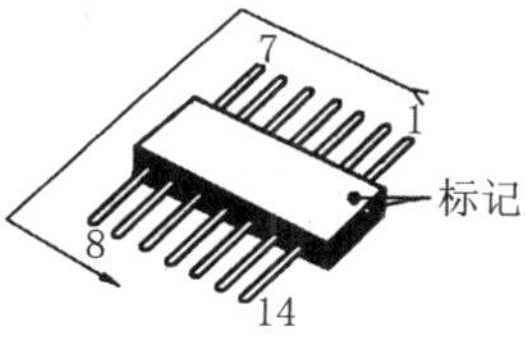  | _____封装的集成电路多为_____型，这种集成电路引脚的初始标记多为_____或_____，也有_____的。识别时从_____开始，沿方向依次为1，2，3… |
|  |   | 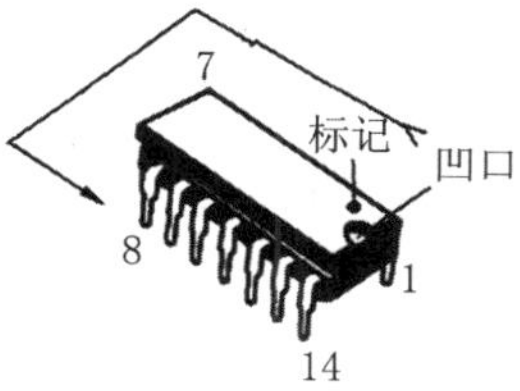 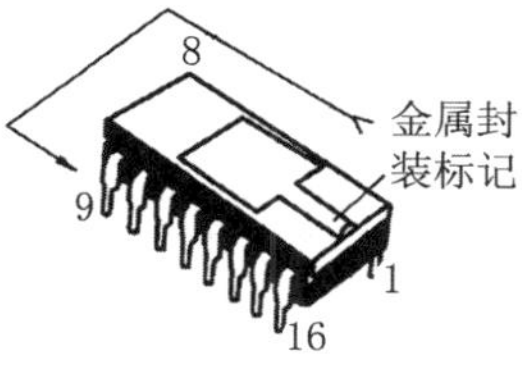  | _____封装的集成电路，其引脚的初始标记有、_____或_____标记。识别时也是从_____开始，_____方向依次为1，2，3… |

2. 认识集成芯片 D2822

(1) 请补充图 2-51 内容，填写芯片所标内容的意义。

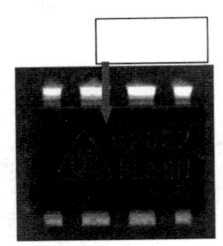

图 2-51　芯片图

(2) 请根据功能框图 2-52 和管脚排列图 2-53 填写引出端功能符号表 2-16。

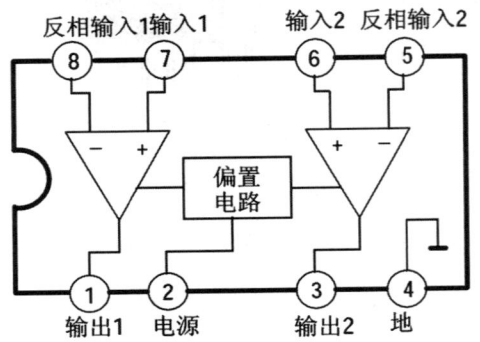

图 2-52　D2822 功能框图

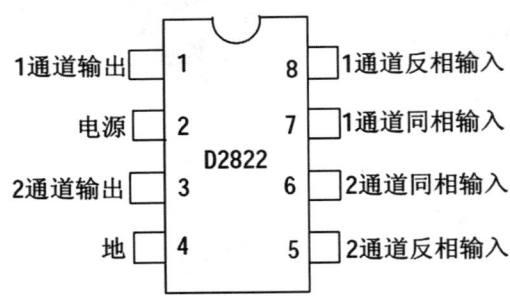

图 2-53　D2822 管脚排列图

表 2-16　D2822 引出端功能符号表

| 引出端序号 | 功能 | 符号 | 引出端序号 | 功能 | 符号 |
| --- | --- | --- | --- | --- | --- |
| 1 |  |  | 5 |  |  |
| 2 |  |  | 6 |  |  |
| 3 |  |  | 7 |  |  |
| 4 |  |  | 8 |  |  |

（3）请查阅资料，将 D2822 的特点补充完整。

D2822 用于便携式录音机和收音机作_____。

①采用_____封装形式。

②特点：

③电源电压降到_____时仍能正常工作。

④交越失真_____。

⑤静态电流_____。

⑥可作桥式或立体声式功放应用。

⑦外围元件_____。

⑧通道分离度_____。

⑨开机和关机_____冲击噪声。

⑩限幅。

### 三、测绘电路

1. 将收集到的有源音箱拆开，观察里面的电路板或参考教师给的电路板测绘电路原理图。

参考电路板如图 2-54、图 2-55 所示：

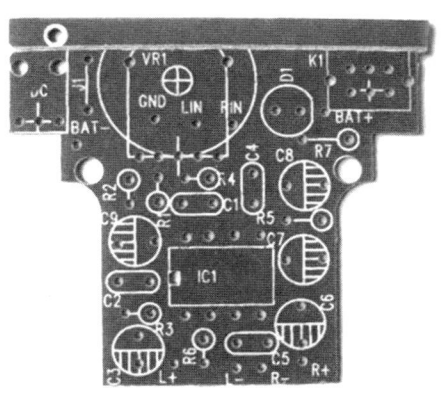

图 2-54 字符面

图 2-55 焊接面

请将电路原理图绘制到此：

2. 查阅资料，了解利用 D2822 芯片制作有源音箱电路的工作原理，请将工作原理补充完整。

通过_____将 MP3、MP4 等设备的左、右两路音频信号输入到立体声盘式电位器的输入端，2 路音频信号再分别经过_____、_____、_____、_____耦合到功率放大集成电路 D2822 的输入端_____、_____脚，经过 IC1（D2822）内部功率放大后由其_____、_____脚输出经过放大后的音频信号，以推动左、右两路扬声器工作。电路中的发光二极管 LED 起_____作用。拨动_____可以控制电源的开或关。直流电源插座 DC 电路可以起_____的作用。电位器 VOL 是用来_____的大小。

## 知识储备

随着集成技术的不断发展，集成功率放大器产品越来越多，由于集成功放具有输出功率频率特性好、非线性失真小、外围元件少、成本低、使用方便的特点，因而被广泛应用于收音机、录音机、电视机及直流伺服系统中。

### 一、常用的集成功率放大器的外形与管脚顺序识别方法

常用的集成功率放大器的封装外形，如图 2-56 所示。最常用的封装材料有塑料、陶瓷及金属三种。封装外形最多的是圆筒形、扁平形及双列直插式。圆筒形金属壳封装多为 8 脚、10 脚及 12 脚，菱形金属壳封装多为 3 脚及 4 脚，扁平形陶瓷封装多为 12 脚及 14 脚，单列直插式塑料封装多为 9 脚、10 脚、12 脚、14 脚及 16 脚，双列直插式陶瓷封装多为 8 脚、12 脚、14 脚、16 脚及 24 脚，双列直插式塑料封装多为 8 脚、12 脚、14 脚、16 脚、24 脚、42 脚及 48 脚。

(a) 金属圆壳式
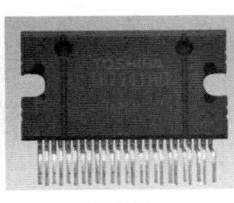
(b) 扁平式

(c) 双列直插式

图 2-56 常用集成功放的外形

集成功率放大器的封装外形不同，其管脚排列顺序也不一样。对于圆筒形和菱形金属壳封装的集成电路，识别管脚时应面向管脚（正视），由定位标记所对应的管脚开始，按逆时针方向依次数到底即可，常见的定位标记有凸耳、圆孔及管脚不均匀排

列等。

对单列直插式集成功放电路,识别其管脚时应使管脚向下,面对型号或定位标记,从定位标记对应一侧的第一只管脚数起,依次为1、2、3……脚。这一类集成电路上常用的定位标记为色点、凹坑、小孔、线条、色带、缺角等。

对双列直插式集成电路,识别其管脚时,若管脚向下,即其型号、商标向上,定位标记在左边,则从左下角第一只管脚开始,按逆时针方向,依次为1、2、3……脚。

少数器件上没有管脚识别标记,这时应从它的型号上加以区别。若其型号后缀中有一字母R,则表明其管脚顺序为自右向左反向排列。例如 M5115P 与 M5115PR、HA1339A 与 HA1339AR、HA1366W 与 HA1366WR 等,前者其管脚排列顺序自左向右,为正向排列,后者管脚排列顺序则自右向左,为反向排列。

## 二、D2822 芯片

### 1. D2822 音频放大芯片管脚功能图解(图 2-57)

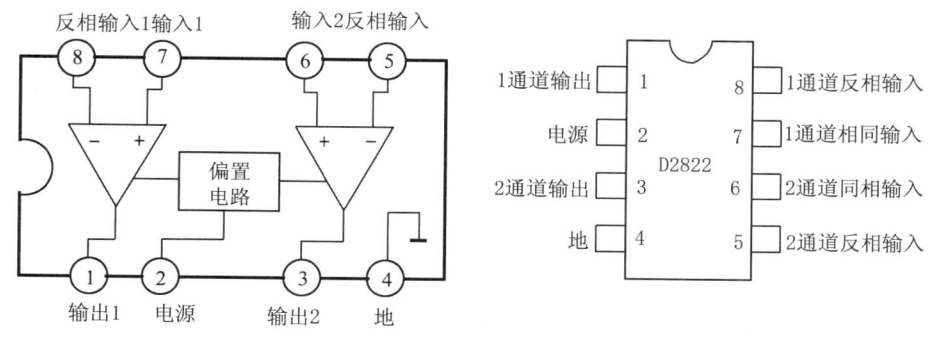

图 2-57　D2822 音频放大芯片管脚功能图

### 2. 各引出端功能及符号

| 引出端序号 | 功能 | 符号 | 引出端序号 | 功能 | 符号 |
| --- | --- | --- | --- | --- | --- |
| 1 | 1 通道输出 | 1OUT | 5 | 2 通道反相输入 | 2IN- |
| 2 | 电源 | $V_{CC}$ | 6 | 2 通道同相输入 | 2IN+ |
| 3 | 2 通道输出 | 2OUT | 7 | 1 通道同相输入 | 1IN+ |
| 4 | 地 | GND | 8 | 1 通道反相输入 | 1IN- |

### 3. 封装外形图(图 2-58)

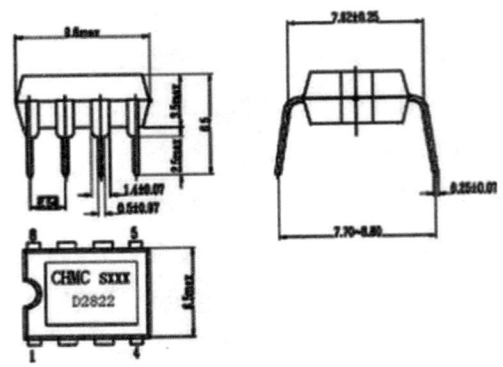

图 2-58 D2822 封装图

4. 应用图（图 2-59）

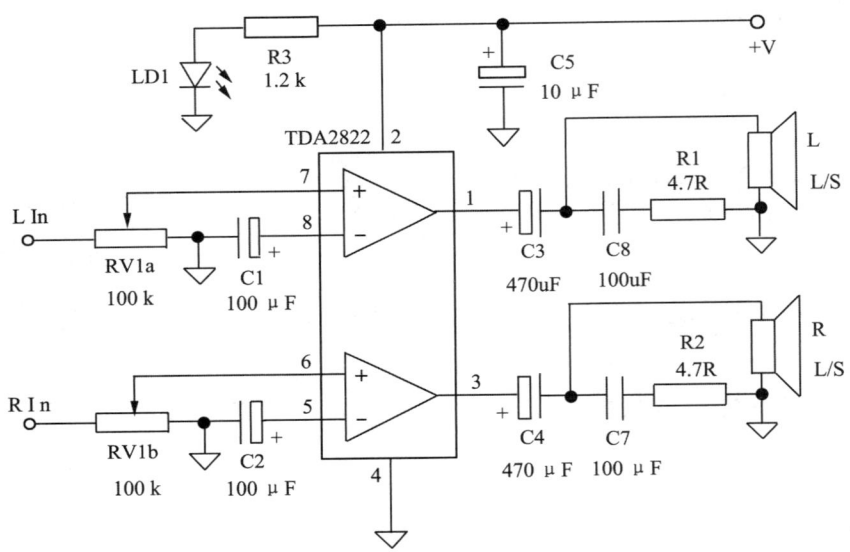

图 2-59 D2822 应用图

5. 用于便携式录音机和收音机中的功率放大器等，应用很广泛。采用 DIP8 封装形式，其特点：

（1）电源电压降到 1.8V 时仍能正常工作。

（2）交越失真小。

（3）静态电流小。

（4）可作桥式或立体声式功放应用。

（5）外围元件少。

（6）通道分离度高。

(7) 开机和关机无冲击噪声。

(8) 软限幅。

## 技 能 训 练

1. 请根据图 2-60 所示原理图，绘制出元器件安装布置图。

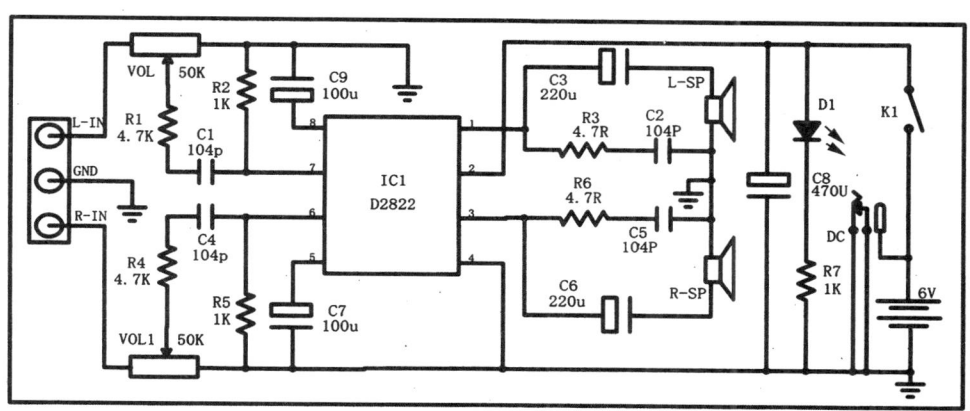

图 2-60　有源音箱原理图

2. 准备器材

组员需要填写表 2-17、表 2-18 仓库借用仪器仪表清单和元器件清单。

表 2-17　有源音箱电路装调仪器仪表清单

生产单号：_____　领料部门：_____　管理员签名：_____　　　年　　月　　日

| 序号 | 名称 | 数量 | 规格 | 单位 | 借出时间 | 借用人签名 | 归还时间 | 归还人签名 | 备注 |
|------|------|------|------|------|----------|------------|----------|------------|------|
|      |      |      |      |      |          |            |          |            |      |
|      |      |      |      |      |          |            |          |            |      |
|      |      |      |      |      |          |            |          |            |      |
|      |      |      |      |      |          |            |          |            |      |

表 2-18 有源音箱电路装调元器件清单

生产单号：_____ 领料部门：_____ 管理员签名：_____ 年　月　日

| 序号 | 名称 | 规格型号 | 单位 | 申领数量 | 实发数量 | 备注 |
|---|---|---|---|---|---|---|
|  |  |  |  |  |  |  |
|  |  |  |  |  |  |  |
|  |  |  |  |  |  |  |
|  |  |  |  |  |  |  |
|  |  |  |  |  |  |  |
|  |  |  |  |  |  |  |
|  |  |  |  |  |  |  |
|  |  |  |  |  |  |  |
|  |  |  |  |  |  |  |
|  |  |  |  |  |  |  |

3. 识别元器件

请将所需元器件分辨清楚，将图 2-61 所示元器件名称补充完整。

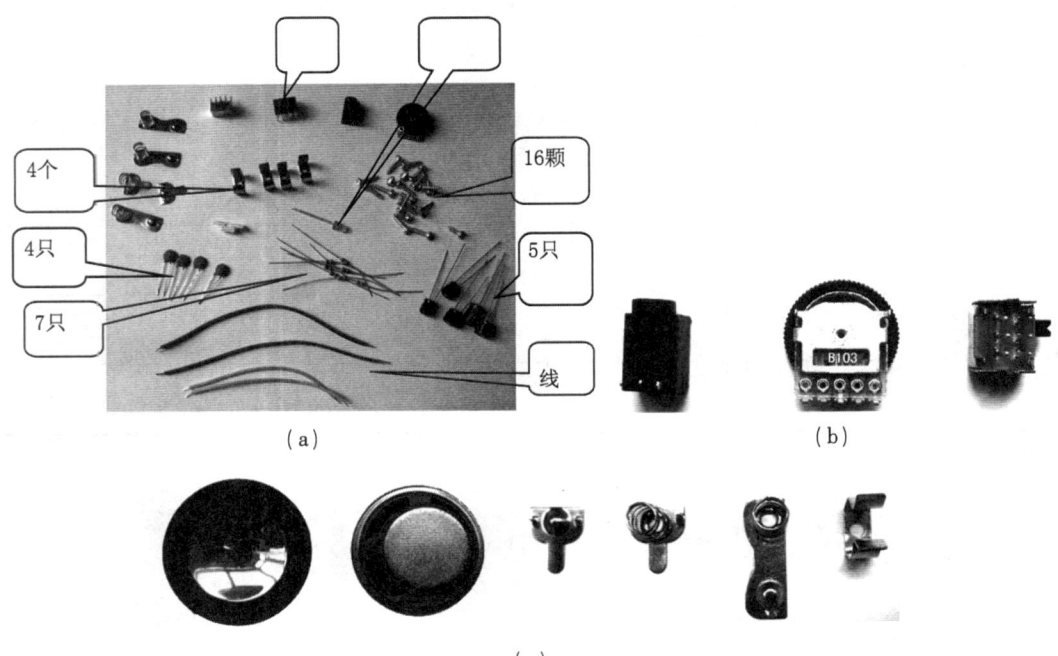

图 2-61 元器件散图

4. 有源小音箱电路焊接步骤及方法

请按照图示要求焊接电路、安装产品，并将注意事项补充完整。

| 步骤名称 | 焊接示意图（请在图中标出元件） | 注意事项 |
| --- | --- | --- |
| 1. 焊接电阻器（7只） |  | 立式插装，要求：_____ |
| 2. 焊接电位器 |  元件面 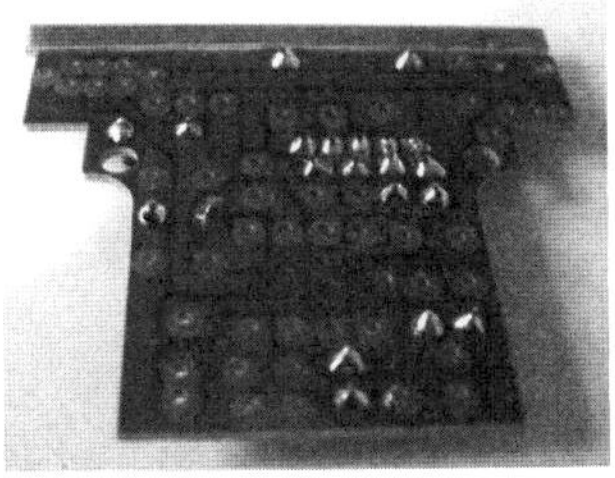<br><br>焊接面 | |
| 3. 焊接瓷介电容器 |  | 瓷介电容_____极性。立式插装，要求：_____ |

（续表）

| 步骤名称 | 焊接示意图（请在图中标出元件） | 注意事项 |
|---|---|---|
| 4. 焊接集成电路 |  | 注意：_____ |
| 5. 焊接电解电容器 |  | 注意：电解电容极性：<br>管脚：长_____ 短_____<br>外观有灰色标记的管脚是：_____<br>_____ |
| 6. 焊接发光二极管 |  | 二极管的极性判别： |
| 7. 焊接电源开关 |  | 安装前用万用表检查：数字万用表用_____挡 |

（续表）

| 步骤名称 | 焊接示意图（请在图中标出元件） | 注意事项 |
|---|---|---|
| 8. 焊接电源插座 |  | |
| 9. 焊接电源线 |  | 电源注意：_____ |
| 10. 音频线的焊接 | 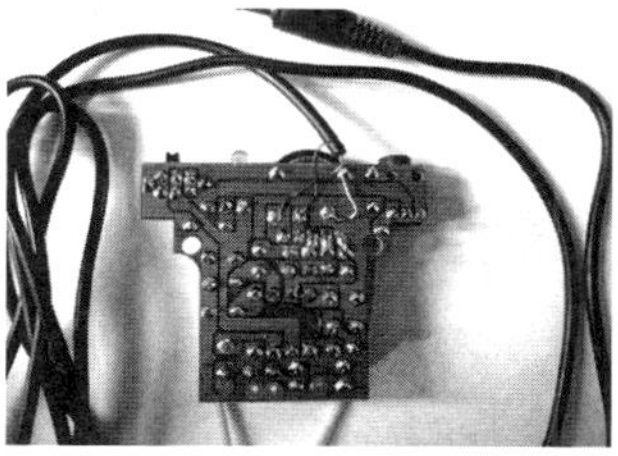 | 绿色接：_____<br>红色接：_____<br>黄色接：_____ |
| 11. 导线焊接在扬声器上 |  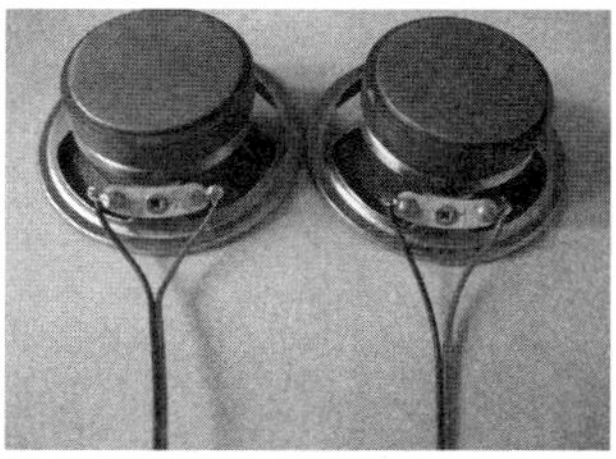 | 导线是：_____ |

(续表)

| 步骤名称 | 焊接示意图（请在图中标出元件） | 注意事项 |
|---|---|---|
| 12. 用烙铁烫压扬声器周围的塑料将其固定在壳中 |  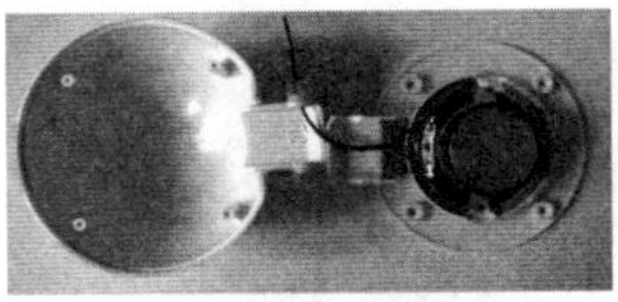 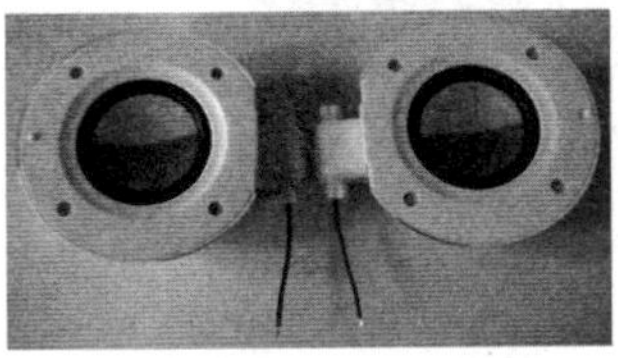 | 扬声器的线从_____中穿出 |
| 13. 扬声器上导线与电路板的焊接 |  | |

（续表）

| 步骤名称 | 焊接示意图（请在图中标出元件） | 注意事项 |
| --- | --- | --- |
| 14. 金属弹片固定在壳中 |   | |
| 15. 电池片装入壳中 | 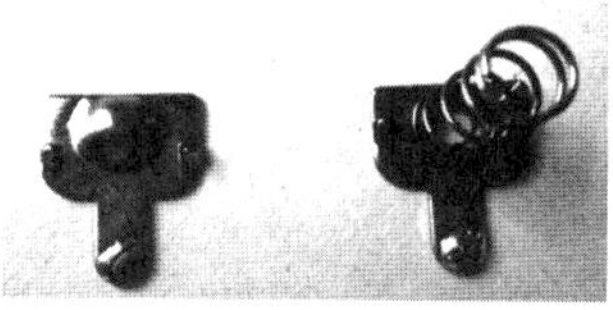 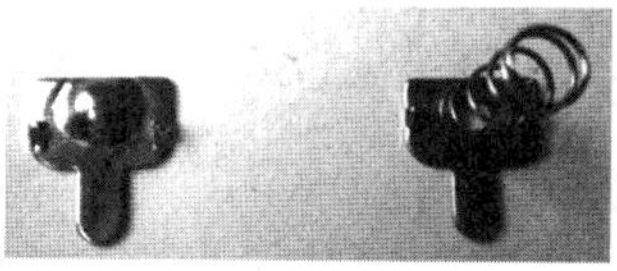 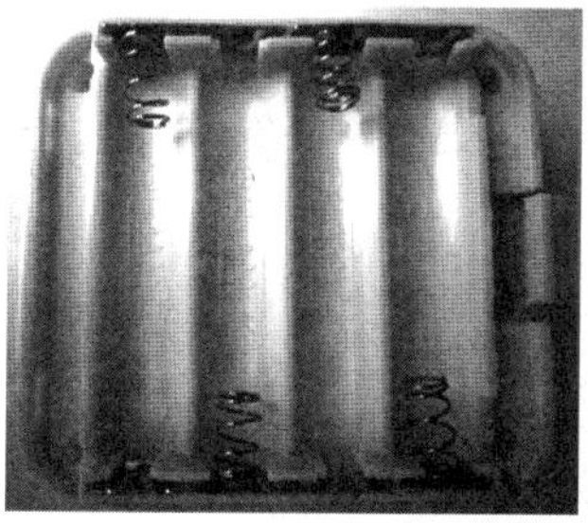 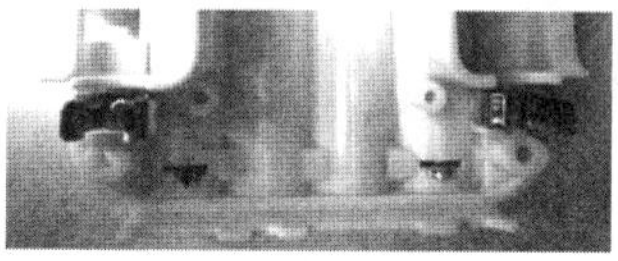 | 电池片：_____ |

（续表）

| 步骤名称 | 焊接示意图（请在图中标出元件） | 注意事项 |
|---|---|---|
| 16. 电路板固定在壳中 | 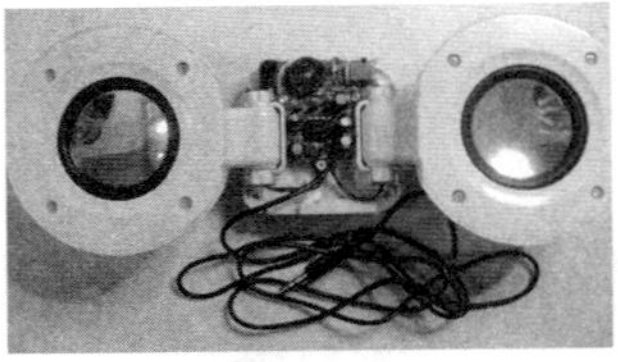 | |
| 17. 波段按钮置入电源开关上 | 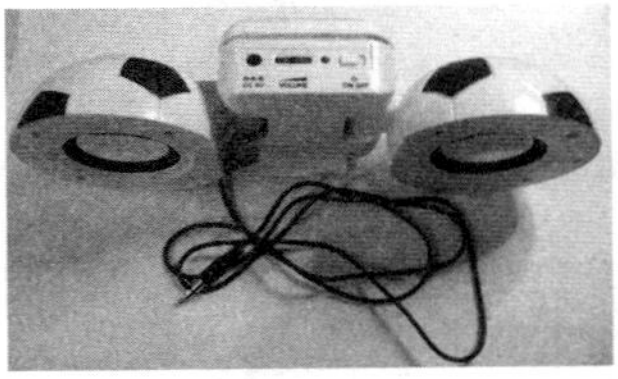 | |
| 18. 后盖的固定（4颗螺钉） | 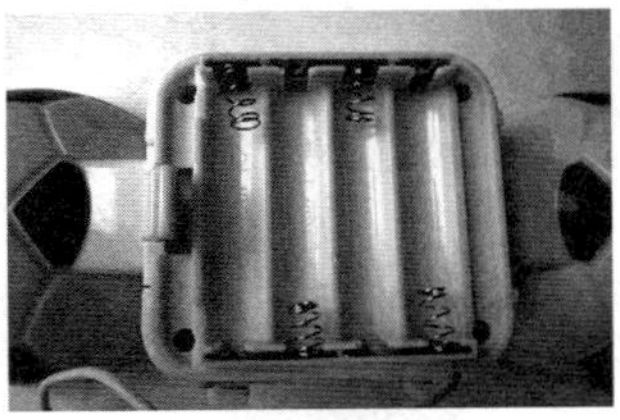 | |
| 19. 整体效果图 | 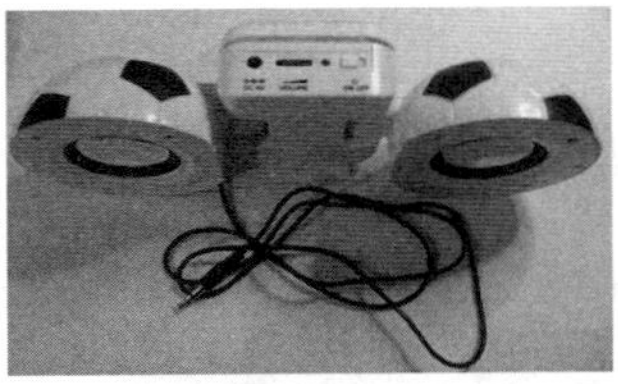  | |

## 任务五　集成运算放大器

**学习目标**

**知识目标**

1. 了解零点漂移。
2. 理解差分放大电路的结构及工作原理。
3. 掌握集成运放的电路应用。

**能力目标**

1. 掌握常用集成运放组成的比例放大电路的基本设计方法。
2. 掌握各种求和电路的设计方法。

**情感目标**

1. 培养学生严谨的工作态度。
2. 使学生养成严格遵守规范的工作规程的习惯。
3. 培养学生解决问题的能力。

1. 什么是零点漂移？

2. 抑制零点漂移有哪些措施？

3. 解释什么是共模信号、差模信号、共模放大倍数、差模放大倍数和共模抑制比。

4. 什么是"虚短""虚断""虚地"?

 知识储备

集成运算放大器是一种直接耦合放大器,由于其电路简单,放大倍数高,线形好,外围元件少,因此得到了广泛的应用。集成运算放大器的基本组成单元是差分放大器。

一、差分放大器

在电子系统中常常需要放大缓慢变化的信号。例如,要测量某一物体的温度,首先用"传感器"将温度转换成电信号,由于温度的变化是十分缓慢的,转换后相应的电信号也是一个缓慢变化的信号,而且还十分微弱,必须加以放大后,才能推动测量仪器、记录机构或控制执行元件的动作,放大这类信号不能用阻容耦合或变压器耦合放大器,因为频率很低的信号会被电容或变压器阻断,因此,必须采用直接耦合的直流放大器。可是在多级直接耦合放大器中,除了各级静态工作点相互影响外,还存在零点漂移的问题。

1. 零点漂移现象

(1) 什么是零点漂移

在多级直流放大器中,理想情况下,当输入信号 $u_i = 0$ 时,输出信号 $u_o$ 也应为 0。而实际上,由于各级静态工作点随温度、电源电压波动等因素而变化,使得输出信号 $u_o \neq 0$,这种现象称为零点漂移,简称零漂。

工作点漂移的现象不仅存在于直流放大器中,在交流放大器中也是存在的,只不过由于交流放大器中电容器、变压器等耦合元件的阻断作用,使得零漂现象只被局限在本级范围内,更不会被逐级放大。但是,在直流放大器中,即使一个微小的漂移也会被逐级放大,甚至使输出电压严重偏离稳压值,造成放大器无法正常工作。

(2) 零点漂移的表示方法

放大器中出现了零漂的现象,那怎样衡量它的程度有多深呢? 通常在衡量一个直

流放大器零点漂移的程度时不能只看输出零漂电压绝对值的大小,而是把输出端零漂电压与放大器放大倍数的比值等效到输入端,一个等效零漂电压,简称输入零漂,用这个零漂作为衡量其质量的指标。输入零漂的重要意义在于它确定了直流放大器正常工作时,所能放大的有用信号的最小值。

(3) 抑制零漂的措施

通常从以下几个方面抑制零漂:

①选用稳定性能好的硅三极管作放大管;

②采用单级或级间负反馈以稳定工作点,减小零点漂移;

③采用直流稳压电源,减小因电源电压波动所引起的零点漂移;

④采用热敏元件来补偿放大管受温度影响所引起的零点漂移;

⑤采用差分放大电路来抑制零漂。

在以上这几项措施中,差分放大电路抑制零漂的效果最好。下面我们来介绍什么是差分放大电路。

2. 差分放大电路

(1) 电路结构和特点

图2-62所示为差分放大电路的基本形式。它由两个完全相同的单管放大电路组成,电路中各对应元件的参数基本一致,而且对称性越好,其抑制零漂的效果越好。

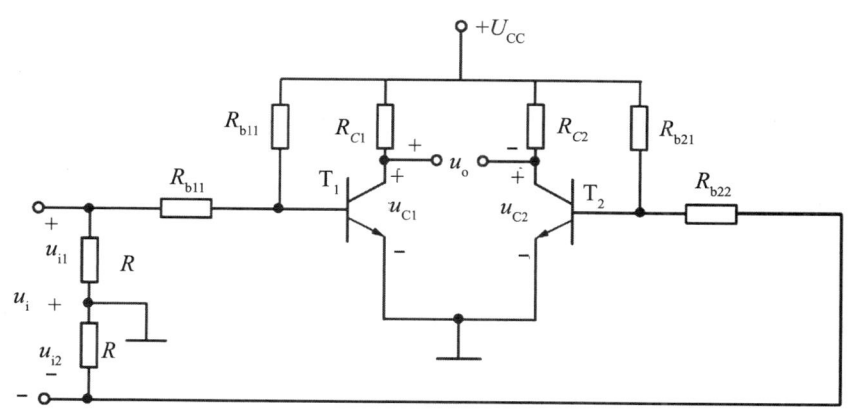

图2-62 差分放大器的基本电路

(2) 工作原理

①对共模信号的抑制作用

差分放大器之所以能够有效地抑制零漂,关键是因为它的左右电路完全对称。比如,当温度升高时,$T_1$的$I_{C1}$增大,$T_2$的$I_{C2}$也同样增大,两管的集电极电流增量相等,即

$\triangle I_{C1} = \triangle I_{C2}$，使集电极电压变化量相等，$\triangle u_{C1} = \triangle u_{C2}$，使输出电压变化量 $\triangle u_o = \triangle u_{C1} - \triangle u_{C2} = 0$，电路有效地抑制了温度变化带来的零漂；当电源电压升高时，使 $T_1$、$T_2$ 的 $u_{C1}$ 与 $u_{C2}$ 都增加，且增量相同，仍有 $\triangle u_o = \triangle u_{C1} - \triangle u_{C2} = 0$，因此，差分放大器能有效地抑制零漂。

电路产生的零点漂移折算到输入端时，相当于在三极管 $T_1$ 和 $T_2$ 的输入端加上大小相等、极性相同的输入漂移电压。通常把这种大小相等、极性相同的输入信号叫作共模信号。以上分析的温度或电源波动所引起的零漂电压，相当于在差分放大器的输入端引入了共模信号。

②对差模信号的放大作用

将有用信号加到差分放大电路的输入端，如图 2-71 中所示。加在 $T_1$ 基极的信号对地电压为正极性，加到 $T_2$ 基极的信号对地电压为负极性，由于电路对称，所以加到两管基极上的信号完全相等，但极性相反。通常把这种大小相等、极性相反的信号叫作差模信号，这种输入方式称为差模输入。

设两管输入电压为 $u_i$，两个放大器放大倍数均为 $A_V$，送入每管的基极信号电压经两个 R 分压后为 $u_i/2$，由于两管输入信号电压极性相反，即有

$$u_{i1} = u_i/2, \quad u_{i2} = u_i/2$$
$$u_{C1} = A_V \cdot u_{i1} = A_V \cdot u_i/2$$
$$u_{C2} = A_V \cdot u_{i2} = -A_V \cdot u_i/2$$

输出电压  $u_o = u_{C1} - u_{C2} = A_V \cdot u_i/2 - (-A_V \cdot u_i/2) = A_V \cdot u_i$

则差分放大器的电压放大倍数为

$$A_{VO} = u_o/u_i = A_V \cdot u_i/u_i = A_V$$

可见，它的放大倍数与单级放大电路相同。可以认为，差分放大电路多用了一只三极管及其相应元件以换取对零点漂移的抑制。

③共模抑制比

差分放大器的优良性能在于能有效地放大差模信号，又能很好地抑制共模信号。差模信号放大倍数越大，对共模信号的放大倍数越小，电路的性能就越好。通常把差模放大倍数 $A_{Vd}$ 与共模放大倍数 $A_{Vc}$ 的比值称为共模抑制比，用 $K_{CMR}$ 表示。

$$K_{CMR} = A_{Vd}/A_{Vc}$$

$K_{CMR}$ 是衡量差模放大电路质量优劣的重要指标。当电路完全对称时，共模放大倍数为零，则共模抑制比为无穷大。

## 二、集成运放的基础知识

集成运算放大器是由多个分立元件以及它们的连接导线制作在一个半导体芯片上，

引出多个引脚,再加以封装作为一个器件使用。它最初主要用于电信号的数值运算,故称为集成运算放大器,简称"集成运放"或"运放"。随着电子技术的发展和完善,集成运放的性能不断提高,集成运放已广泛应用于信号的产生、变换以及处理电路中。

1. 集成运放的电路组成及符号

(1) 电路组成

集成运放电路主要由输入级、中间级、输出级和偏置电路四部分组成。如图 2-63 所示。

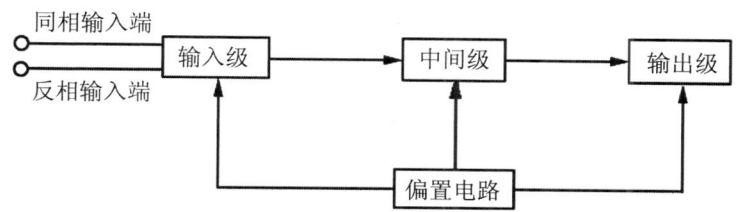

图 2-63 集成运算放大器的组成方框图

其各部分作用如下:

输入级通常由能够抑制零漂的差分放大电路组成;中间级由电压放大电路组成;输出级由三极管射级输出器互补电路组成。偏置电路负责为各级放大电路提供合适的静态工作点。

(2) 图形符号

集成运放的电路符号如图 2-64 所示。它有两个输入端,分别为同相输入端和反相输入端,用"+"和"-"表示,也可以表示成"$U_P$"和"$U_N$"。有一个输出端,用"$U_o$"表示。

当输入信号接在同相端时,输出信号与输入信号同相;当输入信号接在反相端时,输出信号与输入信号反相。电路符号中的∞表示该放大器的开环状态理想放大倍数为无穷大。图中的三角形表示放大器,它所指的方向为信号传输方向。

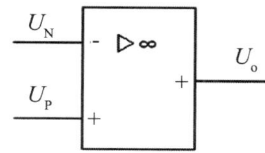

图 2-64 集成运放的图形符号

2. 集成运放的主要参数

(1) 开环差模电压放大倍数 $A_{Vd}$

它是指运放在没有接入反馈时的放大倍数,也称开环增益,记做 $A_{Vd}$。

（2）共模抑制比 $K_{CMR}$

它是指电路在开环状态下，差模放大倍数 $A_{Vd}$ 与共模放大倍数 $A_{Vc}$ 之比，即 $K_{CMR} = A_{Vd}/A_{Vc}$，$K_{CMR}$ 的值越大，表明运算放大器的性能越好。

（3）差模输入电阻 $r_{id}$

它是指在运放开环状态下输入差模信号时的输入电阻，是从两输入端看进去的交流等效电阻。$r_{id}$ 越大，运放对信号源的影响越小，运算精度越高。

（4）输出电阻 $r_o$

它是指运放在开环状态下从输出端对地之间看进去的等效电阻。$r_o$ 越小，表明运放带负载能力越强。

（5）输出峰–峰值电压 $U_{OPP}$

它是指运放处于空载时，在一定的电源电压下输出的最大不失真电压的峰–峰值，也叫作输出电压动态范围。

除了以上参数以外，还有温度漂移、输入失调电压、输入失调电流、转换速率等参数，在此不再赘述。

3. 理想集成运放

在分析和运用集成运放之前，应该首先了解理想运放应具备的条件。一个理想的集成运放应具备以下条件：

①开环电压放大倍数 $A_{Vd} = \infty$。

②输入电阻 $r_{id} = \infty$。

③输出电阻 $r_o = 0$。

④共模抑制比 $K_{CMR} = \infty$。

根据以上的理想条件，可以得到如下结论。

①运放的两个输入端电位差趋于零，即 $u_P = u_N$。因为理想运放的开环放大倍数趋于无穷大，而输出电压是一个有限值，所以输入电压 $u_P - u_N$ 趋于 0 便有 $u_P = u_N$。这样 N 点和 P 点同电位，相当于短路，而实际并未短路，因此常常称作"虚短"。

②理想运放的输入电流趋于零，即（$I_i = 0$（$I+ = I- = 0$））。因为 $u_P = u_N$，又因理想运放输入端的输入电阻 $r_{id}$ 趋于无穷大，因此理想运算放大器的输入电流趋近于零。这样好像输入端断路，而实际并未断路，故而称为"虚断"。

以上的结论使得运放电路在分析时大为简化。尽管实际中的集成运放不可能达到上述理想特性，但它的输入电阻可以做得很大，通常可达到几百千欧到几兆欧；输出电阻又可以做得很低，在几百欧以内；而且开环电压放大倍数也高达几十万倍。因此在实际使用和分析运放电路时，可以近似把它看成"理想运算放大器"。

### 三、集成运放的应用电路

在集成运放的外围接入适当的反馈网络，便可以组成多种不同功能的电路。在此仅介绍几种颇为典型的应用电路。

1. 反相比例放大器

如图 2-65 所示为反相比例运算放大器。输入电压 $u_i$ 经 $R_1$ 接到运放的反相输入端，同相输入端经 $R_2$ 接地，在电路的输出端与反相输入端之间接有反馈电阻 $R_f$。

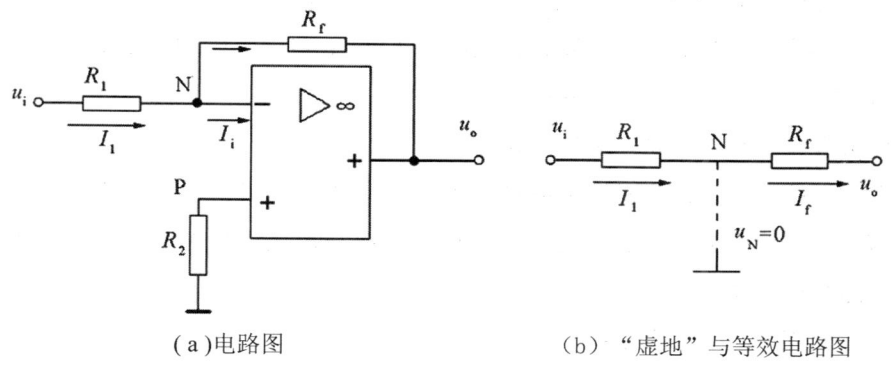

（a）电路图　　　　　　　　（b）"虚地"与等效电路图

图 2-65　反相比例运算放大器

根据理想运放的两个重要结论，即"虚短"和"虚断"（$u_N = u_P$，$I_i = 0$），由图可知 $u_P = 0$，所以 N 点与 P 点同电位，即与地等电位，而实际并未真正接地，这种现象称为"虚地"。"虚地"是反相输入运放的一个重要特点，因此我们可以将原电路等效成如图 2-74（b）所示的电路。

从图中可以看出，$I_1 = u_i/R_1$，$I_f = -u_o/R_f$，因 $I_1 = I_f I$，便有 $u_i/R_1 = -u_o/R_f$，所以 $u_o = -(R_f/R_1)u_i$，不难推出其闭环电压放大倍数为 $A_{Vf} = u_o/u_i = -R_f/R_1$

通过上述公式可以看出：反相比例运算放大器的闭环放大倍数只与电路外接电阻有关，而与集成运放本身的参数无关；而且输出电压与输入电压大小成一定比例，极性相反。上述电路完成了对信号的反相比例运算，故而被称为反相比例运算放大器。

2. 同相比例运算放大器

图 2-66 所示为同相比例运算放大器。输入信号 $u_i$ 接到放大器的同相输入端，输出电压从输出端取出，通过反馈电阻 $R_f$ 与 $R_1$ 加到反相输入端。

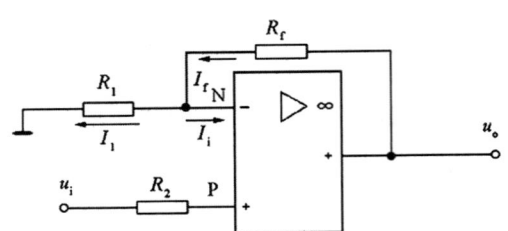

图 2-66 同相比例运算放大器

根据理想运放的两个重要结论,有 $u_N = u_P = u_i$,已知输入信号加到同相输入端,因此 $u_N \neq 0$,不存在"虚地"的概念;又因为 $I_1 = 0$,即 $I_i = 0$,所以 $I_1 = I_f$,于是有:$(u_o - u_N)/R_f = u_N/R_1$,即 $u_o = (1 + R_f/R_1)u_i$。

同样可得其闭环电压放大倍数:$A_{Vf} = u_o/u_i = 1 + R_f/R_1$

从上式中可以看出,同相比例运算放大器的闭环放大倍数也是仅取决于外围电路的电阻值,而且输出电压和输入电压相位相同且成一定比例变化,故而称这种电路为同相比例运算放大器。

3. 加法运算电路(加法器)

只需在反相比例运算放大器的基础上增加几条输入支路,即可构成如图 2-67 所示的加法运算电路。各支路由对应的信号源和各自的输入电阻组成。

在虚地点 N,因为 $I_i = 0$,便有 $I_f = I_1 + I_2 + I_3 \cdots + I_n$,即

$$(0 - u_o)/R_f = u_{i1}/R_1 + u_{i2}/R_2 + u_{i3}/R_3 + \cdots + u_{in}/R_n$$

$$u_o = -R_f(u_{i1}/R_1 + u_{i2}/R_2 + u_{i3}/R_3 + \cdots + u_{in}/R_n)$$

如果令 $R_1 = R_2 = R_3 = \cdots = R_n = R$,则有:

$$u_o = -R_f/R(u_{i1} + u_{i2} + u_{i3} + \cdots + u_{in})$$

当 $R_f = R$ 时,则

$$u_o = -(u_{i1} + u_{i2} + u_{i3} + \cdots + u_{in})$$

可以看出,输出电压等于输入电压之和,完成了加法运算。上式中的负号表示输出电压与输入电压反相,所以该电路又被称为反相加法器。

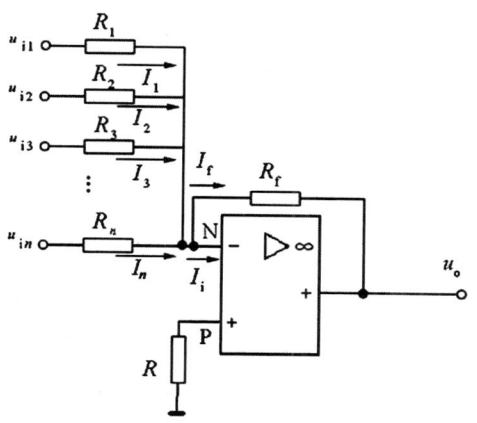

图 2-67 加法运算电路

**4. 减法运算电路（减法器）**

图 2-68 所示为减法运算电路，它可以完成对两个输入信号的差进行放大，即实现代数相减运算功能。

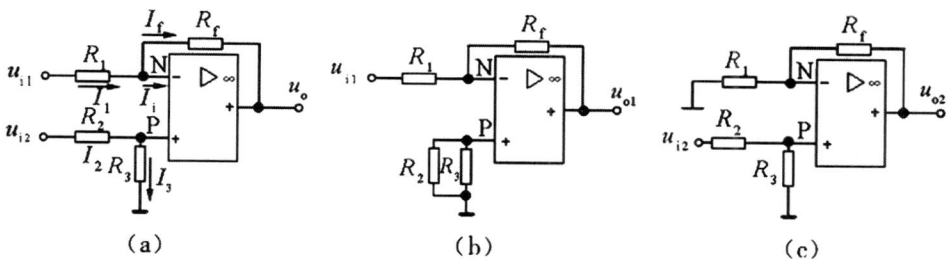

图 2-68 减法运算电路

设两个输入电压为 $u_{i1}$ 和 $u_{i2}$，该电路工作在线性状态，由叠加原理知，图 2-77（a）中 $u_{i1}$ 和 $u_{i2}$ 同时作用的结果可等效成图 2-77（b）和图 2-77（c）中 $u_{i1}$ 和 $u_{i2}$ 单独作用之和。

由图 2-77（b）所示的反相比例放大器可得

$$u_{o1} = -(R_f/R_1)u_{i1}$$

由图 2-77（c）所示的同相比例放大器可得

$$u_P = u_{i2}R_3/(R_2+R_3)$$

$$u_{o2} = (1+R_f/R_1)u_P = (1+R_f/R_1)u_{i2}R_3/(R_2+R_3)$$

$$u_o = u_{o1} + u_{o2}$$

为使电路平衡，常选 $R_1//R_f = R_2//R_3$。若取 $R_1 = R_2$，$R_3 = R_f$，则有

$$u_o = -R_f/R_1(u_{i1}-u_{i2})。$$

该式说明电路的输出电压是与两个输入电压之差成比例的。再令 $R_f = R_1$，便有：

$$u_o = u_{i2} - u_{i1}$$

即电路完成了减法运算的功能。

5. 信号转换电路

信号转换一般指电压、电流之间的转换，这种电路在自动检测系统中应用十分广泛。例如，在自动化仪表中需要将检测到的电压信号转换成电流，光电设备中需要将光电管或光电池输出的电流转换成电压等。这些信号的转换，都可用集成运放电路来完成。

（1）电压—电流变换器

电压—电流变换器的作用是将输入电压信号转换成输出电流信号，如图 2-69 所示。输入电压 $u_i$ 从反相端输入，$R_1$ 为输入电阻，$R_L$ 为负载电阻，$R_2$ 是平衡电阻。由电路可得：$I_L = I_1 = u_i / R_1$。该式说明，负载电流 $I_L$ 与输入电压成正比，而与负载电阻 $R_L$ 无关，只要输入电压 $u_i$ 恒定，输出电流 $I_L$ 也就稳定不变。

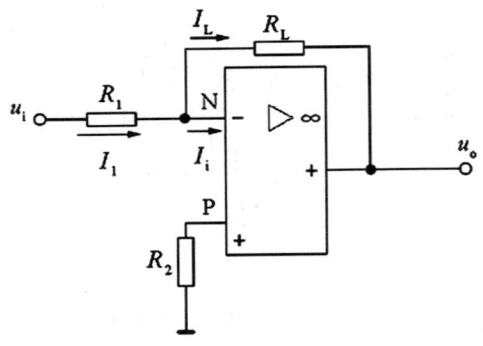

图 2-69　电压—电流变换器

（2）电流—电压变换器

图 2-70 所示为电流—电压变换器，在电路中，因 $I_i = 0$，所以有 $I_f = I_1 = I_s$，$u_o = -I_f R_f = -I_s R_f$，输出电压 $u_o$ 与输入电流成 $I_s$ 成比例。如果输入电流稳定，只要 $R_f$ 值精确，则输出电压也是稳定的。

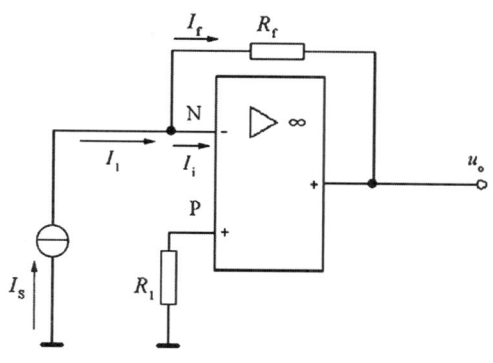

图 2-70　电流—电压变换器

**四、集成运放的使用常识**

1. 集成运放的保护措施

集成运放的电源电压接反或电源电压突变、输入电压过高、输出端过载或短路时，都可能造成运放的损坏，所以在使用中必须加保护电路。

（1）电源极性接反的保护

图 2-71 所示为电源极性接反的保护电路，图中两只二极管为保护二极管。利用二极管的单向导电性，电源极性正确时，它正常导通；一旦电源极性接反，二极管反偏截止，电源不通，从而保护了运放。应用时，二极管的反向工作电压必须高于电源电压。

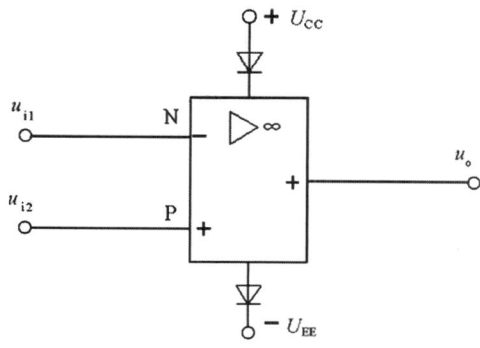

图 2-71　电源极性接反的保护电路

（2）输入保护

当运放输入信号过强时，将可能损坏运放电路，图 2-72 为输入保护电路。利用二极管正向导通时两端电压为 0.7V，以限制运放的信号输入幅度，无论信号电压极性是正还是负，只要超过 0.7V，总有一只二极管正偏导通，从而保护了运放。

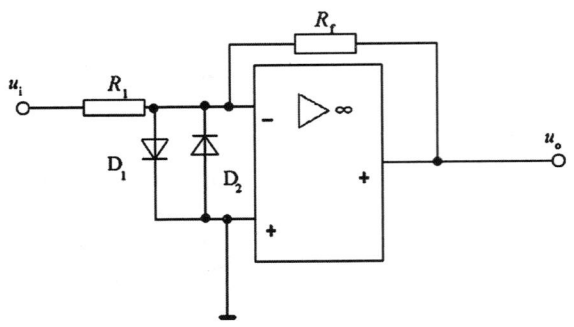

图 2-72 运放的输入保护电路

（3）输出保护

图 2-73 为运放输出保护电路。当输出端出现正向或负向过电压时，都将有一只稳压管导通，另一只稳压管反向击穿，从而将输出电压幅度稳定在安全范围内。

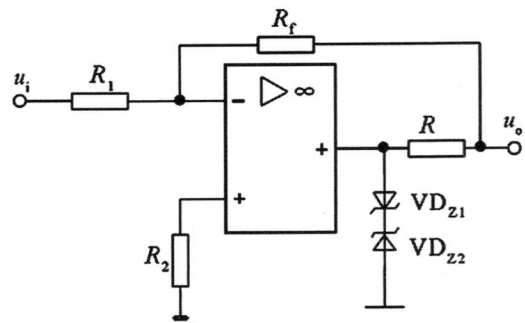

图 2-73 运放的输出保护电路

2. 集成运放常见的故障分析

集成运放在接好外电路并接通电源后，有时可能达不到预期的要求或不能正常工作，常见故障有以下几种情况：

（1）不能调零

不能调零是指将输入端对地短路使输入信号为零时，调整外接调零电位器，仍不能使输出电压为零。出现这种故障是输出电压处于极限状态，或接近正电源，或接近负电源。如果这是开环调试，则属正常。当接成闭环后，若输出电压仍在某一极限值，调零也不起作用，则可能是接线错误，电路上有虚焊点或运放组件损坏。

（2）阻塞

阻塞故障现象是运放工作于闭环状态下，输出电压接近正电源或负电源极限值，不能调零，信号无法输入。其原因是输入信号过大或干扰信号过强，使运放内部的某些管子进入饱和或截止状态，有的电路从负反馈变成了正反馈。排除这种故障的方法是断开电源再重新接通或将两个输入端短接一下即能恢复正常。

（3）自激

因集成运放电压增益很高，容易引起自激，造成工作不稳定。其现象是当人体或金属物靠近它时，表现更为显著。产生自激的原因可能是 RC 补偿元件参数不恰当，输出端有容性负载或接线太长等。为消除自激，可重新调整 RC 补偿元件参数，加强正、负电源退耦或在反馈电阻两端并电容。

### 技 能 训 练

设计任务：[V1，V2 参考输入信号]

1. 设计一个反相比例放大电路，要求放大倍数为 –10 倍

电路设计

（1）根据理论和上述任务要求，自行设计实现电路，计算出电路中各个元件的参数。

例：

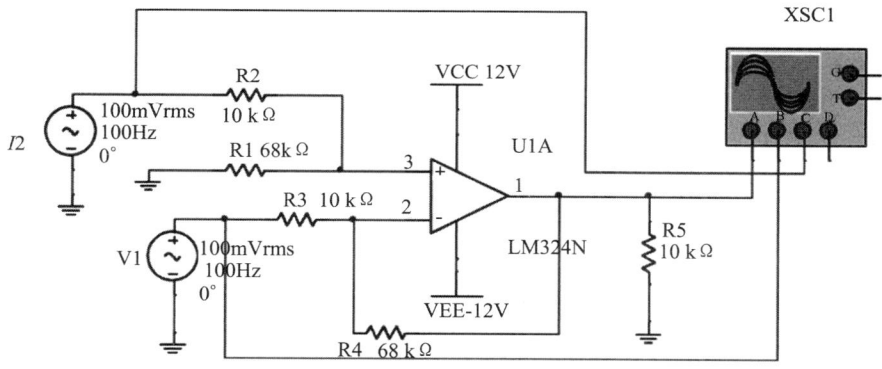

（2）用 Multisim 仿真软件进行仿真。

选择一组输入电压。用虚拟仪器测量：输入电压、输出电压的幅值，填入自行设计的表格内。验证上述理论设计的正确性，并与理论计算结果进行比较。

例：

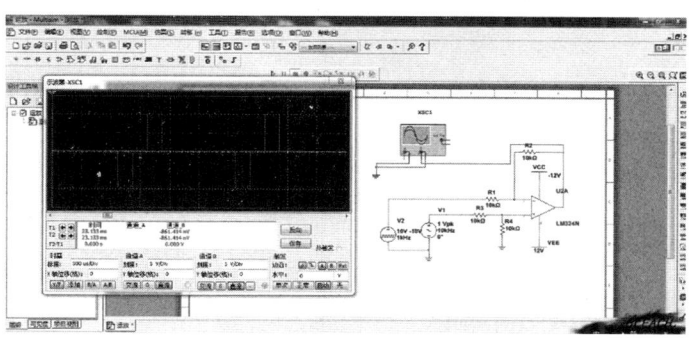

2. 设计一个放大倍数为 11 的同相比例放大电路

（1）根据理论和上述任务要求，自行设计实现电路，计算出电路中各个元件的参数。

（2）用 Multisim 仿真软件进行仿真。

选择一组输入电压。用虚拟仪器测量：输入电压、输出电压的幅值，填入自行设计的表格内。验证上述理论设计的正确性，并与理论计算结果进行比较。

3. 设计一个反相求和电路，实现 $v_0 = -10(v_1 + v_2)$

（1）根据理论和上述任务要求，自行设计实现电路，计算出电路中各个元件的参数。

（2）用 Multisim 仿真软件进行仿真。

选择一组输入电压。用虚拟仪器测量：输入电压、输出电压的幅值，填入自行设计的表格内。验证上述理论设计的正确性，并与理论计算结果进行比较。

4. 设计一个求和电路，完成 $v_0 = 10(v_1 + v_2)$

（1）根据理论和上述任务要求，自行设计实现电路，计算出电路中各个元件的参数。

（2）用 Multisim 仿真软件进行仿真。

选择一组输入电压。用虚拟仪器测量：输入电压、输出电压的幅值，填入自行设计的表格内。验证上述理论设计的正确性，并与理论计算结果进行比较。

# 项目三  调光台灯的制作

## 工作情景描述

夜幕降临了,你在做功课。书桌上的台灯(图3-1)发出明亮的光线。做完功课,你轻轻转动台灯上的一个旋钮,灯光顿时由亮转暗,变得十分柔和,室内显出幽雅宁静的气氛。请尝试利用晶闸管制作一个简单的调光台灯。

(a)调光台灯电路板　　　(b)调光台灯实物图

图3-1  调光台灯

## 学习目标

**知识目标**

1. 掌握晶闸管的结构、符号及作用。
2. 熟悉晶闸管导通和关断条件。

**能力目标**

1. 能正确利用仪表对相关电子元器件好坏进行检测。
2. 能正确完成调光台灯电子线路的安装并通电调试。
3. 能正确利用仪表对调光台灯电子线路成品进行检修。

**情感目标**

1. 培养学生养成严谨的工作态度。

2. 养成严格遵守规范的工作规程的习惯。

3. 培养学生解决问题的能力。

### 建议课时

18 课时

### 工作流程与活动

任务一　认识调光台灯

任务二　调光电路的安装与调试

## 任务一　认识调光台灯

### 学习目标

**知识目标**

1. 理解晶闸管工作原理。
2. 理解单向晶体管震荡电路的工作原理。
3. 掌握晶闸管、单结晶体管结构符号及作用。
4. 熟悉晶闸管导通和关断条件。
5. 理解晶闸管的可控单向导电性。

**能力目标**

1. 能根据实际要求收集相关资料。
2. 能正确识别晶闸管、单结晶体管。
3. 掌握万用表对晶闸管、单结晶体管的简易测试方法。

**情感目标**

1. 养成严谨的工作态度。
2. 养成严格遵守规范的工作规程的习惯。
3. 培养解决问题的能力。

### 学习过程

**一、认识调光台灯**

观察调光台灯的实物,尝试拆开,看看里面是什么样的。结合以下图片,将元器件的名称补充完整。如图 3-2、3-3、3-4 所示。

图 3-2　调光台灯外观图

图 3-3  调光台灯内部电路实物示意图　　图 3-4  电路板成品示意图

## 二、认识新元器件

1. 根据实物图找出晶闸管

同学们是不是发现了以前没学过的元器件呢？请从图 3-5 中找出晶闸管。

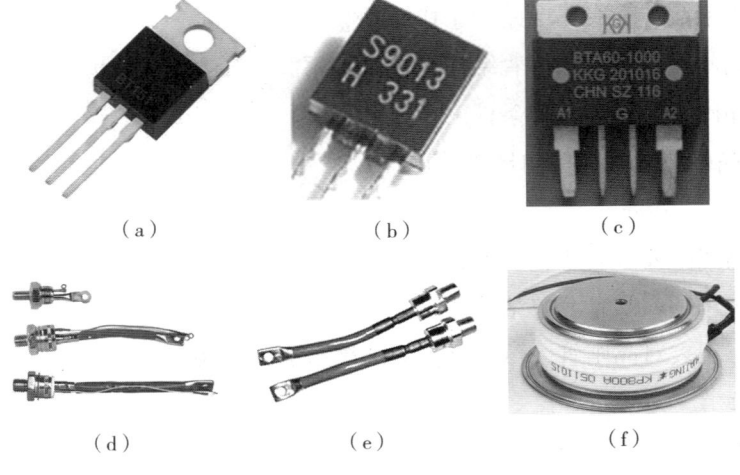

图 3-5  元器件实物图

2. 晶闸管型号

看到晶闸管，同学们是否发现其上的字符呢？这就是晶闸管的型号，请根据图 3-6 解释参数。

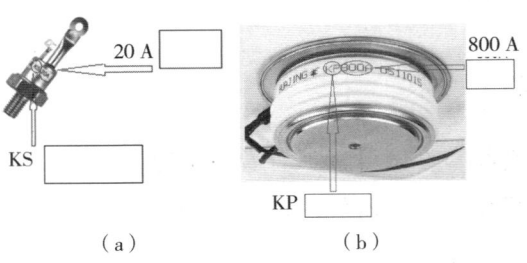

图 3-6  晶闸管型号

请查阅相关资料，填写图 3-7 中晶闸管的参数。

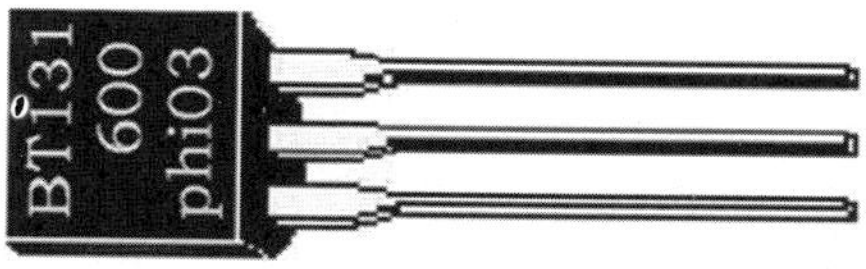

额定电压：_____ V

通态平均电流：_____ A

（a）

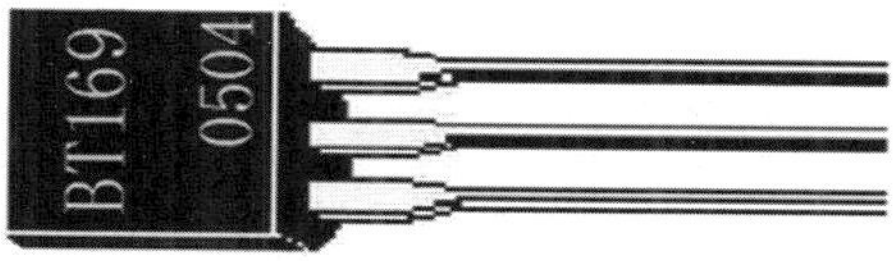

额定电压：_____ V

通态平均电流：_____ A

（b）

图 3-7　晶闸管参数的意义

3. 认识晶闸管管脚

请将表 3-1 补充完整。

表 3-1　晶闸管管脚补充表

| 管脚排列 | 对应极性 | 极性含义 | 元件实物与管脚排列 | 电路符号 |
| --- | --- | --- | --- | --- |
| 1 | | | 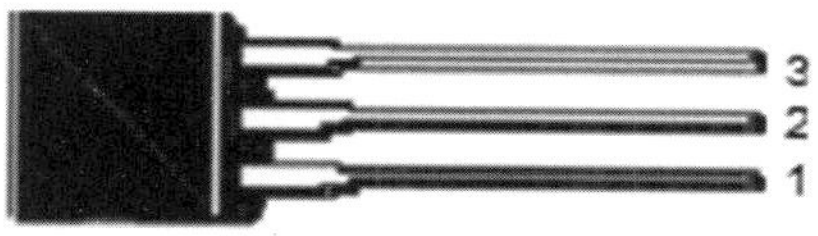 | |
| 2 | | | | |
| 3 | | | | |

请将图 3-8 中的晶闸管标上管脚符号。

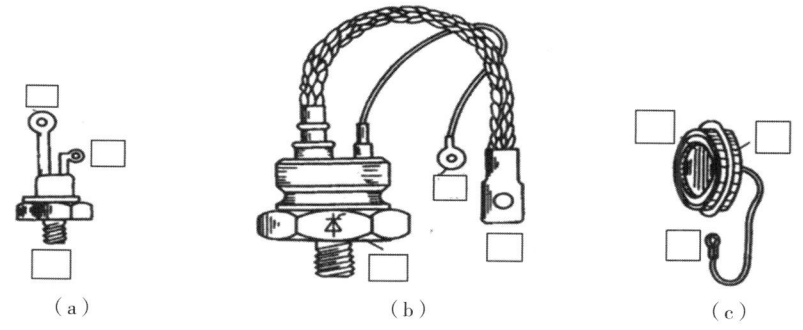

（a）　　　　　　　（b）　　　　　　（c）

图 3-8　晶闸管管脚符号填写图

4. 认识晶闸管的工作特性

根据线路完成实验，并将表 3-2 补充完整。

表 3-2  晶闸管工作特性实验表

| 实验电路 | 实验时晶闸管的条件 | | 实验现象 | 结论 |
| --- | --- | --- | --- | --- |
| | 阳极电压 | 门极电压 | | |
| | 反向 | 正向 | | |
| | | 反向 | | |
| | | 反向 | | |
| | 正向 | 正向 | | |
| | | 断开触发电路 | | |

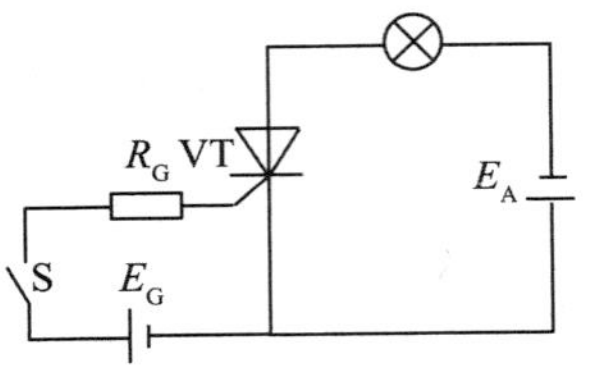

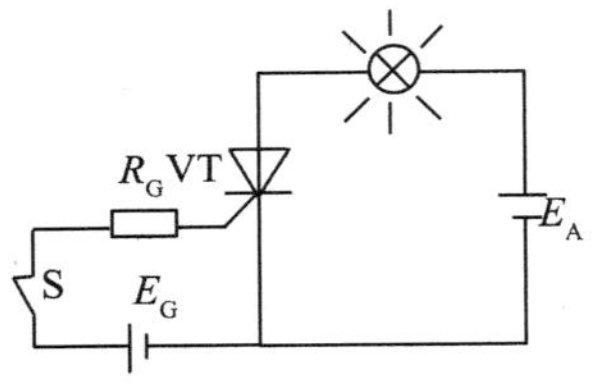

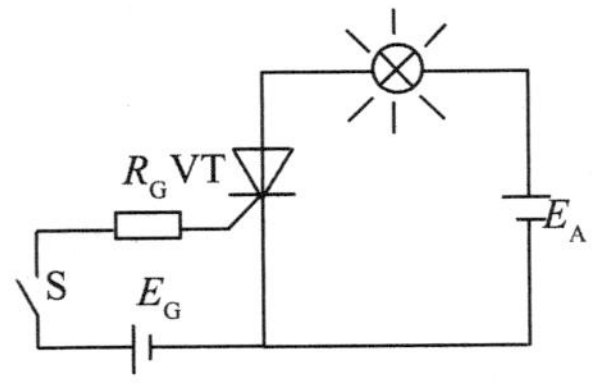

5. 认识单结晶体管

请将单结晶体管的信息表（表 3-3）补充完整。

表3-3 晶闸管信息表

| 管脚排列 | 对应极性 | 极性含义 | 元件实物 | 管脚排列 | 电路符号 |
|---|---|---|---|---|---|
| 1 | | | | | |
| 2 | | | | | |
| 3 | | | | | |

## 知识储备

### 一、调光台灯

对于功率消耗额定的白炽灯泡来说，加在灯泡上的电压越高，灯光越亮；电压越低，灯光越暗。灯光随着电压高低而变化，就像船随着河中水位高低涨落一样。要是加在灯泡上的电压可以随意调节变化，白炽灯泡发出的灯光不就也可以相应变暗变亮了吗？调光台灯就是根据这个原理制成的。

调光台灯与普通台灯相比，在结构上多了一个与白炽灯泡连接在一起的调压电路。电源通过调压电路加在白炽灯上，改变调压电路的输出电压，使加在白炽灯泡上的电压大小有变化，从而达到调节灯光亮度的目的。

电阻型调压电路比较简单，在普通台灯的电路中串接一只电阻值能变化的可变电阻器就行了。调节变阻器，电阻变大，加在白炽灯上的电压减小，白炽灯变暗；反之，灯变亮。但是，可变电阻器本身是一种纯电阻元件，电流流过时会消耗大量电能，很不合算。

交流-交流变换电路是将一种形式的交流电变成另一种形式的交流电的电路，可以改变相关的电压、电流、频率和相数等参数。其中，只改变电压、电流或控制电路的通断，不改变频率的电路，称为交流电力控制电路。交流电力电路可以分为交流调压电路（相位控制）和交流调功电路及交流无触点开关（通断控制）等。市场上的调光台灯就是采用交流调压电路。

### 二、晶闸管

电力半导体器件的种类很多，但目前制造技术最为成熟、可变换或控制的功率最大、应用最广泛的电力半导体器件仍是晶体闸流管。

晶体闸流管简称晶闸管（原名可控硅），是一种工作在开关状态下的大功率半导体电子器件。它具有体积小、重量轻、效率高、动作迅速、维护简单、操作方便、寿命长等优点；但过载能力差、抗干扰能力差、控制比较复杂是它的主要缺点。

晶闸管主要用于整流、逆变、调压、开关等。其中，晶闸管整流已广泛应用于直流电动机的调速、电解、电镀、电焊、蓄电池充电及同步电机励磁等方面。

1. 晶闸管的结构与符号

晶闸管与二极管相比，它的单向导电能力还受到控制极上的信号控制。

常见晶闸管的结构有两种：螺栓型和平板型（图 3-9）。晶闸管内部结构示意图如图 3-10（a）所示，它由 PNPN 四层半导体交替叠合而成，中间形成 3 个 PN 结。阳极 A 从上端 P 区引出，阴极 K 从下端 N 区引出，又在中间 P 区上引出控制极（或称门极）G。图 3-10（b）是晶闸管的符号。晶闸管中通过阳极的电流比控制极中的电流大得多，所以一般晶闸管控制极导线比阳极和阴极导线要细。在通过大电流时，都要带上散热片。常见晶闸管外形如图 3-11 所示。

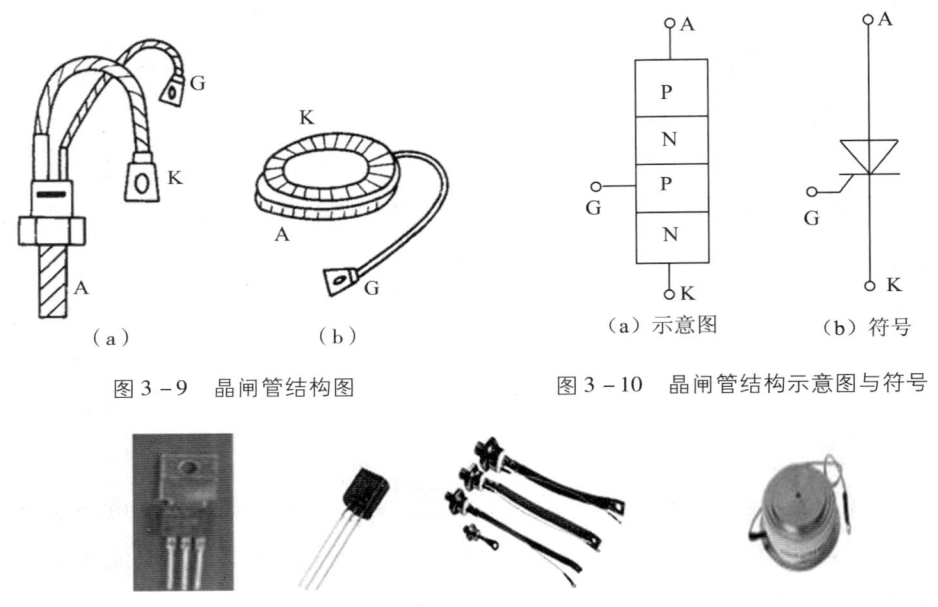

图 3-9　晶闸管结构图　　　　图 3-10　晶闸管结构示意图与符号

图 3-11　常见晶闸管外形图

2. 晶闸管的主要参数

（1）额定电压

断态重复峰值电压 $U_{DRM}$ 和反向重复峰值电压 $U_{RRM}$ 中较小的那个数值标作器件型号上的额定电压。通常选用晶闸管通常选用晶闸管时，电压选择应取 2~3 倍的安全裕量。

(2) 额定电流 $I_{T(AV)}$

在环境温度为 +40℃ 和规定冷却条件下，器件在电阻性负载的单相工频正弦半波电路中，管子全导通（导通角 >170°），在稳定的额定结温时所允许的最大通态平均电流。晶闸管流过正弦半波电流波形如图 3-12 所示。

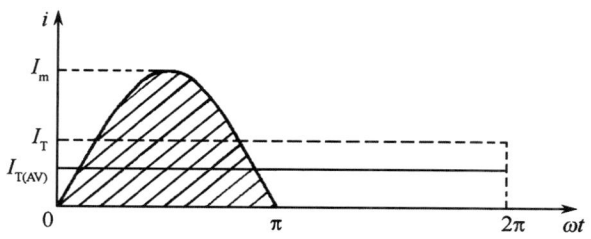

图 3-12 晶闸管流过正弦半波电流波形

它的通态平均电流 $I_{T(AV)}$ 和正弦电流最大值 $I_m$ 之间的关系表示为

$$I_{T(AV)} = \frac{1}{2\pi}\int_0^\pi I_m\sin\omega t \,\mathrm{d}(\omega t) = \frac{1}{\pi} \times I_m$$

正弦半波电流的有效值为

$$I_T = \sqrt{\frac{1}{2\pi}\int_0^\pi (I_m\sin\omega t)^2 \,\mathrm{d}(\omega t)} = \frac{1}{2}I_m$$

$$K_f = \frac{I_T}{I_{T(AV)}} = 1.57$$

式中 $K_f$ 中波形系数。

流过晶闸管的电流波形不同，其波形系数也不同，实际应用中，应根据电流有效值相同的原则进行换算，通常选用晶闸管时电流应取 1.5~2 倍的安全裕量。

(3) 维持电流 $I_H$

在规定的环境温度和控制极断开情况下，维持晶闸管导通状态的最小电流称为维持电流，用 $I_H$ 表示。在产品中，即使同一型号的晶闸管，维持电流也各不相同，通常由实测决定。当正向工作电流小于 $I_H$ 时，晶闸管自动关断。

(4) 正向重复峰值电压 $V_{FRM}$

在控制极断路和晶闸管正向阻断的条件下，可以重复加在晶闸管两端的正向峰值电压，称为正向重复峰值电压，用 $V_{FRM}$ 表示。按规定，此电压为正向转折电压 $V_{BO}$ 的 80%。

(5) 反向重复峰值电压 $V_{RRM}$

在额定结温和控制极断开时，可以重复加在晶闸管两端的反向峰值电压，称为反向重复峰值电压，用 $V_{RRM}$ 表示。按规定，此电压为反向转折电压 $V_{BR}$ 的 80%。

(6) 控制极触发电压 $V_G$ 和触发电流 $I_G$

在晶闸管的阳极和阴极之间加 6 V 直流正向电压后,能使晶闸管完全导通所必需的最小控制极电压和控制极电流,分别叫控制触发电压和触发电流。

(7) 浪涌电流 $I_{FSM}$

在规定时间内,晶闸管中允许通过的最大正向过载电流,叫浪涌电流。此电流应不致使晶闸管的结温过高而损坏。在元件的寿命期内,浪涌的次数有一定的限制。

3. 晶闸管的型号

3CT 系列和 KP 系列型号组成部分的含义分别如图 3-13(a)(b) 所示。

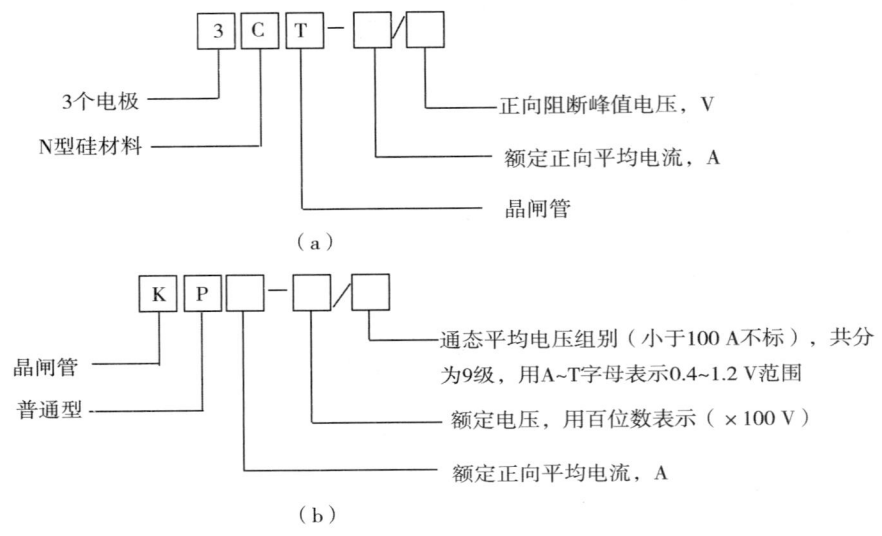

图 3-13 晶闸管型号含义

举例,3CT-5/500 表示额定电流为 5 A、额定电压为 500 V 的普通型单向晶闸管,KP200-18F 表示额定平均电流为 200 A、额定电压为 1800 V、管压降为 0.9 V 的普通晶闸管。

近年来,晶闸管制造技术已有很大提高。在电流、电压等指标上有了重大突破,已制造出千安以上、电压达到上万伏的晶闸管,使用频率也已高达几十千赫。

4. 单向晶闸管的导通和关断的规律

欲使晶闸管导通需具备两个条件:在晶闸管的阳极与阴极之间加上正向电压;在晶闸管的门极与阴极之间也加上正向电压和电流。

晶闸管一旦导通,门极即失去控制作用,故晶闸管为半控型器件。

为使晶闸管关断,必须使其阳极电流减小到一定数值以下,这只有使阳极电压减小到零或反向才能实现。

晶闸管具有以弱电控制强电的作用，即利用弱电信号（即触发信号）对门极的控制作用，就可使晶闸管导通去控制强电系统。

### 三、晶闸管的判别

1. 好坏判别步骤

用"$R×1k$"或"$R×10k$"挡测量阴极与阳极之间的正反向电阻（控制极不接电压），此两个阻值均应很大。电阻值越大，表明正反向漏电电流越小。如果测得的阻值很低，或近于无穷大，说明晶闸管已经击穿短路或已经开路，此晶闸管不能使用了。

用"$R×1k$"或"$R×10k$"挡测量阳极与控制极之间的电阻，电阻值很小表明晶闸管已经损坏。

用"$R×10$"或"$R×100$"挡，测量控制极和阴极之间PN结的正反向电阻，如出现正向阻值接近于零值或为无穷大，表明控制极与阴极之间的PN结已经损坏。反向阻值应很大，但不能为无穷大。正常情况是反向阻值明显大于正向阻值。

2. 引脚判别

将万用表置于"$R×1k$"或"$R×100$"挡，如果测得其中两个电极的正向电阻较小，而交换表笔后测得反向电阻很大，那么以阻值较小的一次为准，黑表笔所接的就是门极G，而红表笔所接的就是阴极K，剩下的电极便是阳极。如图3-14所示。

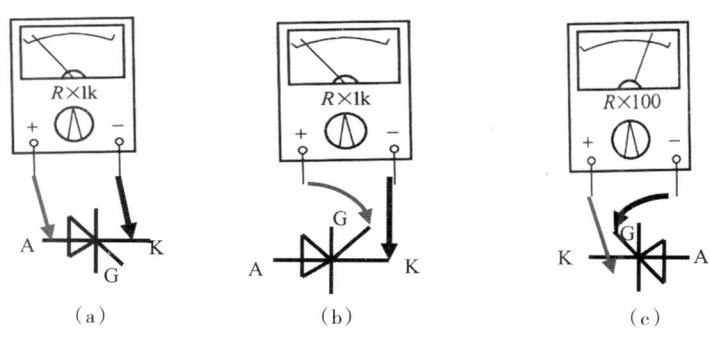

图3-14 引脚判定图

### 四、单结晶体管

1. 结构与符号

单结晶体管又称双基极管，其结构如图3-15（a）所示。它有3个电极，但不是三极管，而是具有3个电极的二极管，管内只有一个PN结，所以称为单结晶体管。3个电极中，一个是发射极，两个是基极，所以也称为双基极二极管。单结晶体管有发射极 E、第一基极 $B_1$ 和第二基极 $B_2$，其符号如图 3-15（b）所示，等效电路如图 3-15（c）所示，两基极间的电阻 $R_{BB}=R_{B1}+R_{B2}$，用 D 表示 PN 结。$R_{BB}$ 的阻值范围为 2~15 kΩ 之间。如果在 $B_1$、$B_2$ 两个基极间加上电压 $V_{BB}$，则 A 与 $B_1$ 之间即 $R_{B1}$ 两端得到的电压 $V_A=\dfrac{R_{B1}}{R_{B1}+R_{B2}}V_{BB}=\eta V_{BB}$。式中 $\eta$ 称为分压比，它与管子的结构有关，一般在 0.5~0.9 之间，$\eta$ 是单结晶体管的主要参数之一。

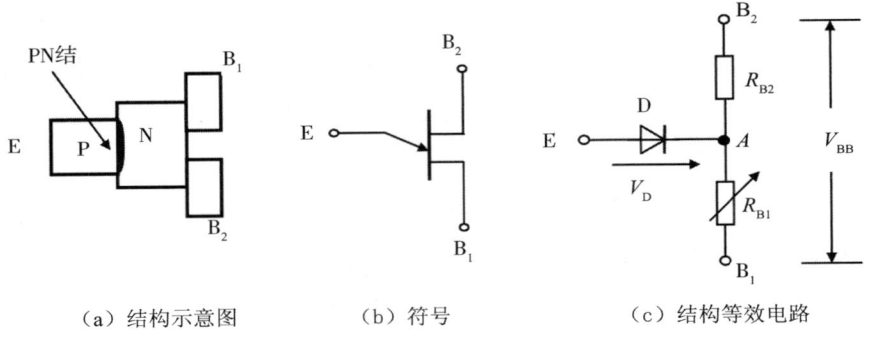

（a）结构示意图　　（b）符号　　（c）结构等效电路

图 3-15　单结晶体管

2. 伏安特性

单结晶体管的伏安特性是指它的发射极特性 $V_E=f(I_E)$。图 3-16（a）是测量伏安特性的实验电路，在 $B_2$、$B_1$ 间加上固定电源 $E_B$，获得正向电压 $V_{BB}$ 并将可调直流电源 $E_E$ 通过限流电阻 $R_E$ 接在 E 和 $B_1$ 之间。

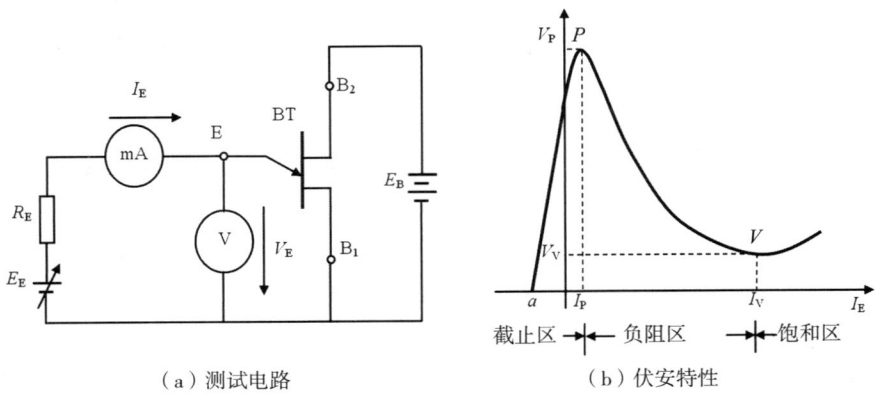

（a）测试电路　　　　　　　　（b）伏安特性

图 3-16　单结晶体管伏安特性

当外加电压 $V_E<\eta V_{BB}+V_D$ 时（$V_D$ 为 PN 结正向压降），PN 结承受反向电压而截止，故发射极回路只有微安级的反向电流，单结晶体管子处于截止区，如图 3-16（b）中 $aP$ 段。

在 $V_E = \eta V_{BB} + V_D$ 时，对应于图 3-16（b）中的 $P$ 点，该点的电压和电流分别称为峰点电压 $V_P$ 和峰点电流 $I_P$。由于 PN 结承受了正向电压而导通，此后 $R_{B1}$ 急剧减小，$V_E$ 随之下降，$I_E$ 迅速增大，单结晶体管呈现负阻特性，负阻区如图 3-16（b）中的 $PV$ 段。

$V$ 点的电压和电流分别称为谷点电压 $V_V$ 和谷点电流 $I_V$。过了谷点以后，$I_E$ 继续增大，$V_E$ 略有上升，但变化不大，此时单结晶体管进入饱状态，图中对应于谷点 V 以右的特性，称为饱和区。当发射极电压减小到 $V_E < V_V$ 时，单结晶体管由导通恢复到截止状态。

综上所述，峰点电压 $V_P$ 是单结晶体管由截止转向导通的临界点。

$$V_P = V_D + V_A \approx V_A = \eta V_{BB}$$

所以，$V_P$ 由分压比 $\eta$ 和电源电压 $V_{BB}$ 决定。

谷点电压 $V_V$ 是单结晶体管由导通转向截止的临界点。一般 $V_V =$（2～5）V（$V_{BB}$ =20 V）。

国产单结晶体管的型号有 BT31、BT32、BT33 等。BT 表示半导体特种管，数字 3 表示 3 个电极，第 4 个数字表示耗散功率分别为 100、200、300 mW。

3. 单结晶体管振荡电路

利用单结晶体管的负阻特性和 RC 电路的充放电特性，可组成单结晶体管振荡电路，基本电路如图 3-17 所示。

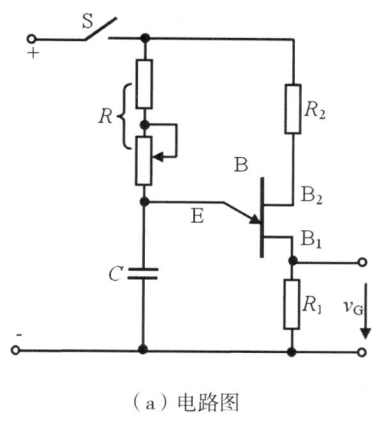
（a）电路图

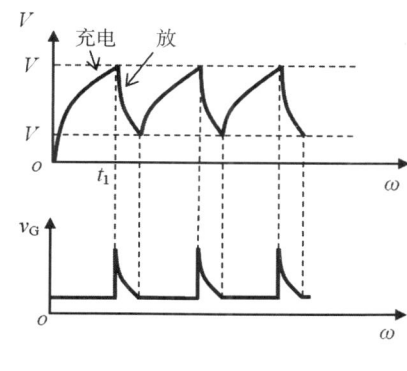
（b）波形图

图 3-17 单结晶体管振荡电路

当合上开关 S 接通电源后，将通过电阻 $R$ 向电容 $C$ 充电（设 $C$ 上的起始电压为零），电容两端电压 $v_C$ 按 $t = RC$ 的指数曲线逐渐增加。当 $v_C$ 升高至单结晶体管的峰点电压 $V_P$ 时，单结晶体管由截止变为导通，电容向电阻 $R_1$ 放电，由于单结晶体管的负阻特性和 $R_1$

又是一个 50～100 Ω 的小电阻，电容 C 的放电时间常数很小，放电速度很快，于是在 $R_1$ 上输出一个尖脉冲电压 $v_G$。在电容的放电过程中，$V_E$ 急剧下降，当 $V_E \leqslant V_V$（谷点电压）时，单结晶体管便跳变到截止区，输出电压 $v_G$ 降到零，即完成一次振荡。

放电一结束，电容又开始重新充电并重复上述过程，结果在 C 上形成锯齿波电压，而在 $R_1$ 上得到一个周期性的尖脉冲输出电压 $v_G$，如图 3-17（b）所示。

调节 R（或变换 C）以改变充电的速度，从而调节图 3-17（b）中的 $t_1$ 时刻，如果把 $v_G$ 接到晶闸管的控制极上，就可以改变控制角 α 的大小：

当 $R_P$ 增大时，电容充电时间延长，电压振荡频率较小，α 较大，灯泡变暗；当 $R_P$ 增小时，电容充电时间缩短，电压振荡频率较大，α 较小，灯泡变亮。

**五、单结晶体管的判别**

1. 单结晶体管发射极 E 的判断方法

把万用表置于 "$R \times 100$" 挡或 "$R \times 1\ k$" 挡，黑表笔接假设的发射极，红表笔接另外两极，当出现两次低电阻时，黑表笔接的就是单结晶体管的发射极。

2. 单结晶体管 $B_1$ 和 $B_2$ 的判断方法

把万用表置于 "$R \times 100$" 挡或 "$R \times 1\ k$" 挡，用黑表笔接发射极，红表笔分别接另外两极，两次测量中，电阻大的一次红表笔接的就是 $B_1$ 极。

## 技能训练

**一、晶闸管的判别**

根据表 3-4、表 3-5 中步骤检测晶闸管，并补充完整检测过程。

表 3-4　晶闸管管脚判别步骤

| 步骤序号 | 操作图示 | 看图操作步骤 | 现象结论 |
|---|---|---|---|
| 1 | | 将万用表拨至 R×_____挡，_____表笔接至晶闸管的某一引脚，_____表笔依次接另外两个引脚 | 一次约为_____，另一次为几千欧姆 |

（续表）

| 步骤序号 | 操作图示 | 看图操作步骤 | 现象结论 |
| --- | --- | --- | --- |
| 2 | 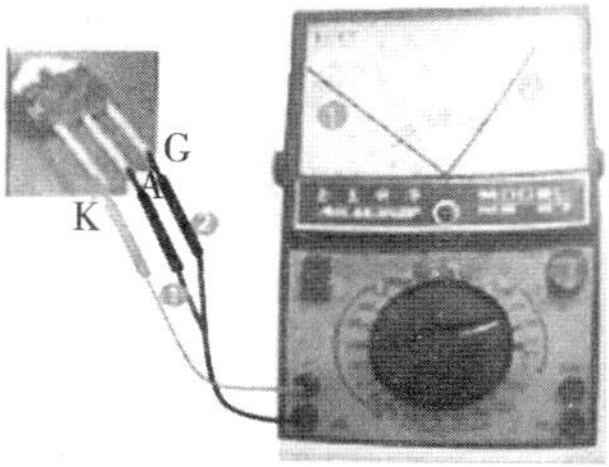  | 接法如图所示，将表笔_____测量 | 一次约为_____，另一次为几百欧姆 |
| 总结论 | 所测阻值两次都为_____的那个引脚为阳极，本次测量红表笔为阴极，黑表笔为阳极 | | |

表 3-5　晶闸管检测步骤

| 步骤序号 | 操作图示 | 看图操作步骤 | 现象结论 |
| --- | --- | --- | --- |
| 1. 判断控制极与阴极是否正常 | 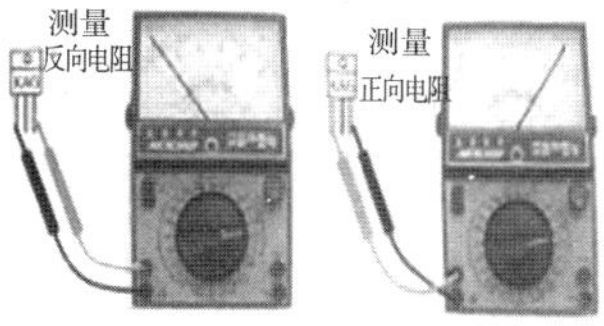  | 使用万用表 R×_____挡测量_____极与_____极之间的_____向电阻值 | 若两次所得的数值差别_____，基本上可以判断PN 结是好的 |
| 2. 判断控制极与阴极之间是否断路 | 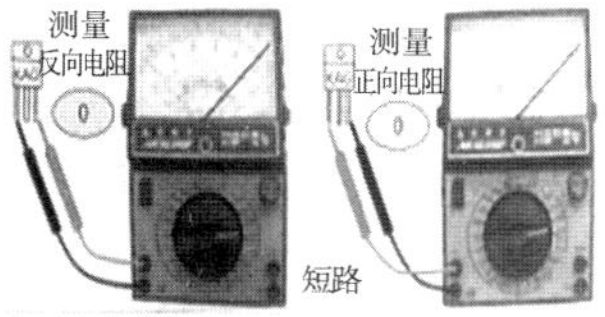  | 使用万用表 R×_____挡测量_____极与_____极之间的_____向电阻值 | 若两次所测电阻的阻值均为_____，说明控制极断路 |
| 3. 判断控制极与阴极之间是否短路 | 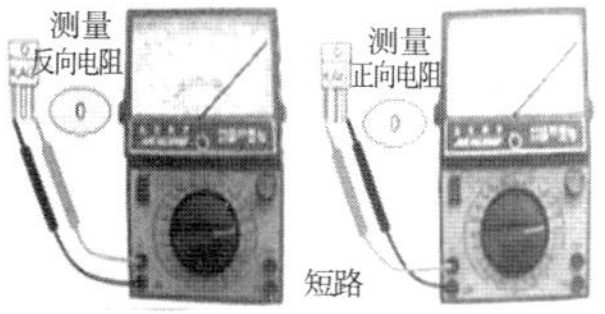  | 使用万用表 R×_____挡测量_____极与_____极之间的_____向电阻值 | 若两次所测电阻的阻值均为_____，说明控制极短路 |

（续表）

| 步骤序号 | 操作图示 | 看图操作步骤 | 现象结论 |
|---|---|---|---|
| 4. 判断阳极与阴极之间是否短路 | 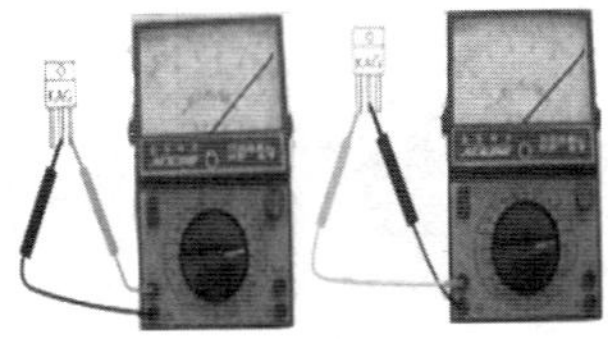 | 使用万用表 R× _____ 挡测量 _____ 与 _____、_____ 与 _____ 之间的电阻值 | 电阻值都 _____ _____，交换表笔再测，结果一样，基本正常。电阻值都 _____ _____ 或为 _____，交换表笔测量，结果一样，短路 |

## 二、单结晶体管的判别

根据表 3-6 中步骤检测单结晶体管、并补充完整检测过程。

表 3-6　单结晶体管管脚判别

| 步骤序号 | 操作步骤 | 现象结论 |
|---|---|---|
| 1. 判断单结晶体管发射极 E | 将万用表置于 _____ 挡或 _____ 挡，假设单结晶体管的任一引脚为发射极 E，_____ 接假设发射极，_____ 分别接触另外两引脚测其阻值 | 当出现两次低电阻时，_____ 所接的就是单结晶体管的发射极 |
| 2. 单结晶体管 $B_1$ 和 $B_2$ 的判断 | 将万用表置于 _____ 挡或 _____ 挡，_____ 接发射极，_____ 分别接另外两引脚测其阻值 | 两次测量中，电阻大的一次，红表笔接的就是 _____ 极 |
| 说明 | 上述判别 $B_1$、$B_2$ 的方法，不一定对所有的单结晶体管都适用，有个别管子的 E、$B_1$ 间的正向电阻值较小。即使 $B_1$、$B_2$ 用颠倒了，也不会使管子损坏，只影响输出脉冲的幅度（单结晶体管多在脉冲发生器中使用）。当发现输出的脉冲幅度偏小时，只要将原来假定的 $B_1$、$B_2$ 对调过来就可以了 | |

## 任务二 调光电路的安装与调试

### 学习目标

**知识目标**

了解调光台灯电路结构及工作过程。

**能力目标**

1. 能根据实物电路板测绘电路原理图。

2. 根据原理图,绘制元器件安装布置图。

3. 能根据电路原理图填写器件清单和所需工具,并根据器件清单采购或挑选所用元器件。

4. 能正确利用仪表识别相关电子元器件。

5. 能正确利用仪表对相关电子元器件好坏进行检测。

6. 能正确使用电子焊接常用工具,按图纸、工艺要求、安装规程要求正确完成调光台灯电子线路的安装;能正确使用万用表、示波器通电调试观察波形图,进行调试和检修。

7. 按电子焊接作业规程,作业完毕后能清点工具、人员,收集剩余材料,清理工程垃圾等。

**情感目标**

1. 培养学生养成严谨的工作态度。

2. 养成严格遵守规范的工作规程的习惯。

3. 培养学生解决问题的能力。

### 应用电子技术

 **学习过程**

1. 了解利用晶闸管调光电路的工作原理，请简单描述。

2. 4个二极管的作用分别是什么？

3. 可调电阻变化会影响什么？

4. 单结晶体管电路起什么作用？

 **知识储备**

**电路原理图**

1. 组成框图

如图3-18所示，各组成部分作用如下：

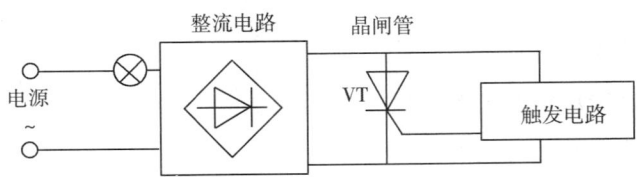

图3-18　电路组成框图

整流电路——将交流电变成单方向的脉动直流电。

触发电路——给晶闸管提供可控的触发脉冲信号。

晶闸管——根据触发信号出现的时刻（即触发延迟角 α 的大小），实现可控导通，改变触发信号到来的时刻，就可改变灯泡两端交流电压的大小，从而控制灯泡的亮度。

2. 调光灯电路结构及工作过程

电路原理如图 3-19 所示，试自行分析其工作过程。

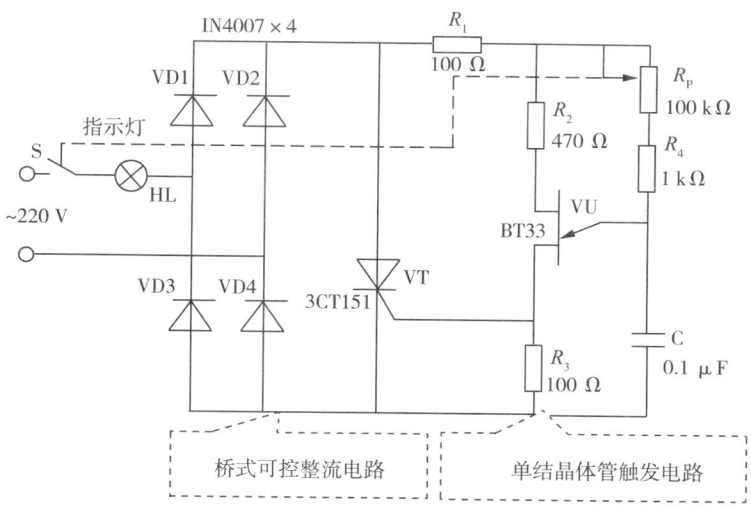

图 3-19 电路原理图

 技 能 训 练

1. 将收集到的调光台灯拆开，观察里面的电路板。或参考教师给的电路板（图 3-20），测绘电路原理图。

图 3-20 台灯电路板

2. 根据原理图（图3-21），绘制出元器件安装布置图

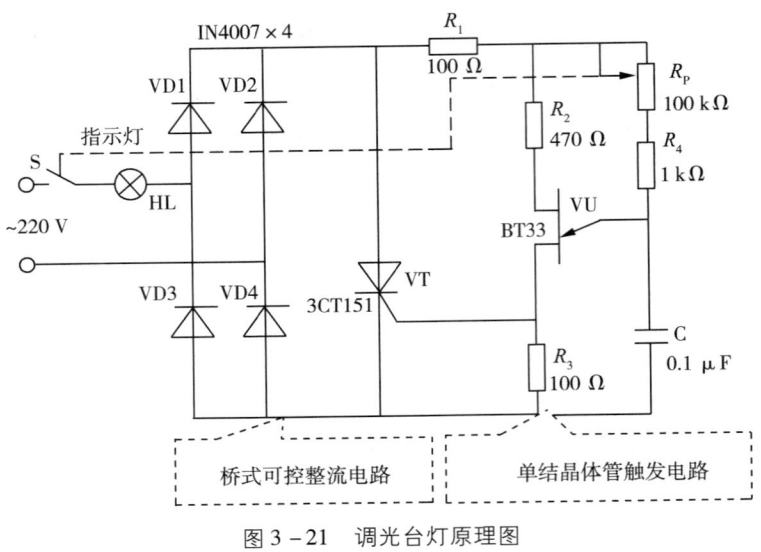

图3-21 调光台灯原理图

3. 准备器材

填写仓库借用仪器仪表清单（表3-7）和元器件清单（表3-8）。

表3-7 晶闸管调光电路装调仪器仪表清单

生产单号：_____ 领料部门：_____ 管理员签名：_____ 年 月 日

| 序号 | 名称 | 数量 | 规格 | 单位 | 借出时间 | 借用人签名 | 归还时间 | 归还人签名 | 备注 |
|---|---|---|---|---|---|---|---|---|---|
|  |  |  |  |  |  |  |  |  |  |
|  |  |  |  |  |  |  |  |  |  |
|  |  |  |  |  |  |  |  |  |  |

表3-8 晶闸管调光电路装调元器件清单

生产单号：_____ 领料部门：_____ 管理员签名：_____ 年 月 日

| 序号 | 名称 | 规格型号 | 单位 | 申领数量 | 实发数量 | 备注 |
|---|---|---|---|---|---|---|
|  |  |  |  |  |  |  |
|  |  |  |  |  |  |  |
|  |  |  |  |  |  |  |
|  |  |  |  |  |  |  |
|  |  |  |  |  |  |  |
|  |  |  |  |  |  |  |

**4. 焊接与连线**

（1）合理设计电路，插装元件及焊接。

（2）电路连线，注意电源线的连接并做好绝缘处理。

**5. 调试与检测电路**

根据步骤要求操作，并完成调试记录单（表3-9）。

表3-9 调试记录单

| 项目 | 内容 | 完成情况 |
|---|---|---|
| （1）通电前检查 | 对照电路原理图检查整流二极管、晶闸管、单结晶体管的连接极性及电路的连线 | |
| （2）试通电 | 闭合开关，调节$R_P$，观察电路的工作情况 | |
| （3）通电检测 | 调节$R_P$的值，观察灯泡亮度的变化，用万用表交流电压挡测灯泡两端的电压，并且断开交流电源，测出$R_P$的阻值，记入表3-10中 | |

表3-10 $R_P$ 测量值

| 状态 | 灯泡微亮时 | 灯泡最亮时 |
|---|---|---|
| 断开交流电源，测$R_P$阻值 | | |
| 调试中出现的故障及排除方法 | | |

# 项目四 防盗报警器的制作

## 工作情景描述

某电动车生产企业订购了一批振动式防盗报警器（图4-1）。要求采用水银开关作为传感器来检测盗情，电路部分使用分立元器件，结构简单，成本低廉。使用时安装在车体上，能够在检测到振动时发出警笛声。

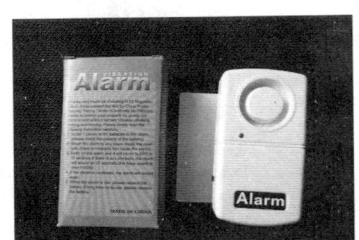

图4-1 防盗报警器

## 学习目标

**知识目标**

1. 能根据实际要求搜集相关资料。
2. 掌握数字电路基础知识。
3. 掌握基本逻辑运算及逻辑函数。
4. 掌握脉冲波形产生与整形电路的结构和应用。

**能力目标**

1. 能根据电路原理图填写器件清单，并根据器件清单采购或挑选所用元器件。

2. 能正确识别元器件，正确使用仪器仪表。

3. 能正确辨识各类电路符号，对电路图进行正确识读。

4. 能根据电路要求，正确绘制电路图和安装图。

5. 能正确完成防盗报警器线路的安装并通电调试。

**情感目标**

1. 提高学生学习专业的兴趣。

2. 培养学生养成严谨的工作态度。

3. 促进学生的逻辑思维能力。

4. 提高学生分析解决实际问题的能力。

## 建议课时

30 课时

## 工作流程与活动

任务一　认识防盗报警器

任务二　认识元器件

任务三　基本逻辑运算

任务四　脉冲波形的产生与整形

任务五　电路分析

任务六　成品制作

应用电子技术

## 任务一　认识防盗报警器

 学习目标

**知识目标**

1. 了解防盗报警器的作用，系统组成。
2. 掌握数字电路的基础知识。

**能力目标**

能根据实际要求，收集相关资料。

**情感目标**

1. 提高学生学习专业的兴趣
2. 提高学生分析解决实际问题的能力

 学习过程

查阅资料，完成以下问题，了解任务对象。

1. 防盗报警器的种类有哪些？都应用在哪些场合？

2. 防盗报警器的探测装置可以把哪些信号作为输入信号？

3. 防盗报警器的报警提示有哪些种类?

4. 图4-2是目前市场上销售的一种家用无线智能防盗报警器,请你说明它们各部件的名称和功能。

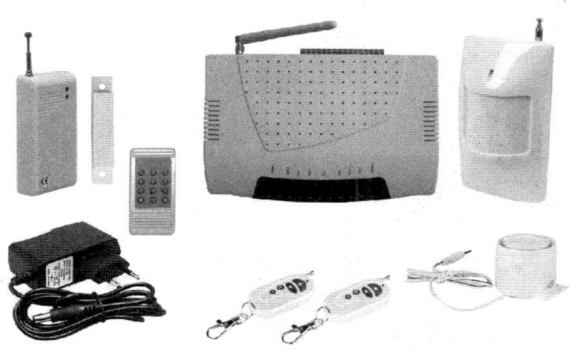

图4-2 家用无线智能防盗报警器

> **知识拓展**
>
> ## 防盗报警器
>
> 防盗报警系统是用物理方法或电子技术,自动探测发生在布防监测区域内的侵入行为,产生报警信号,并提示值班人员发生报警的区域部位,显示可能采取对策的系统。
>
> 防盗报警系统是预防抢劫、盗窃等意外事件的重要设施。一旦发生突发事件,就能通过声光报警信号在安保控制中心准确显示出事地点,使于迅速采取应急措施。防盗报警系统与出入口控制系统、闭路电视监控系统、访客对讲系统和电子巡更系统等一起,构成了安全防范系统。
>
> 报警探测器是由传感器和信号处理组成的、用来探测入侵者的入侵行为、由电子和机械部件组成的装置,是防盗报警系统的关键,而传感器又是报警探测器的核心元件。采用不同原理的传感器件,可以构成不同种类、不同用途、达到不同探测目的的报警探测装置。

### 知识拓展

图4-3是目前市场上销售的各类家用防盗报警装置的报警探测器及其安装区域指导。

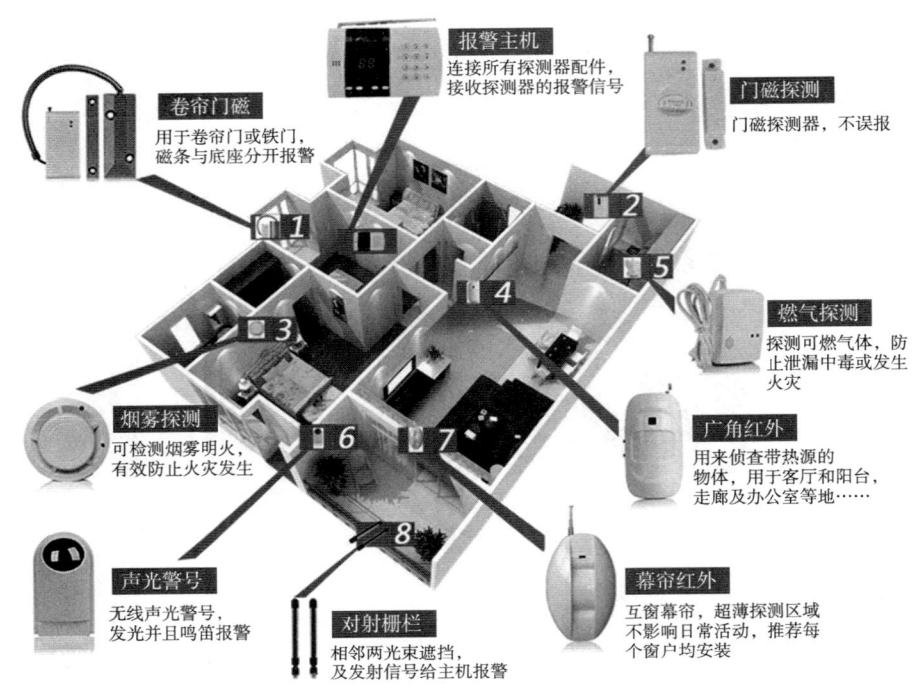

图4-3 家用防盗报警装置

家用和车载防盗报警器多需要在探测撬、钻、挖洞、打击、位移信号时进行报警，应用在如车辆锁具被撬开或破拆，车辆被移动以及门窗、墙上、屋顶、设备，文件柜、电动伸缩门这些需要用到振动感应探测的场合。

振动探测器主要是探测到从事破坏活动时所产生的振动信号时触发报警器。振动传感器是振动探测器的核心部件。常用的振动探测器有机械式位移传感器、电动式速度传感器、压电晶体式加速度传感器等。常见的机械式位移传感器有水银式、钢珠式。当受到冲击振动时，水银珠、钢珠会离开原来的位置而触发报警。这种传感器控制范围小，比较适合小范围使用，如门窗、保险柜、局部墙体。钢珠式比水银式的范围大一些。

**知识拓展**

速度传感器一般选用电动式传感器，基于电磁感应原理，由永久磁铁、线圈、弹簧、阻尼器和壳体组成。即当运动的导体在固定的磁场里切割磁感线时，导体两端就感生出电动势。这种传感器灵敏度高、探测范围大、稳定性好，但价格相对比较高。

加速度传感器一般是压电式加速度计，它利用压电材料因振动产生的机械形变而产生电荷，由此电荷的大小来判断振动的幅度，同时借此电路来调整灵敏度。

振动探测器在安装使用的时候应该与探测面安装牢固，否则不易感受到振动，不要将振动探测器靠近警号安装，以免产生探测响应频率范围内的泛音。不要靠近水管，若水管与保护物体接触，水流会产生干扰信号。不要靠近电动设备如风扇、空调等，否则有可能产生机械振动。

本项目的防盗报警器要求以探测到的外界振动作为输入信号，采用警笛声报警。完成后的设备内部电路如图4-4所示。

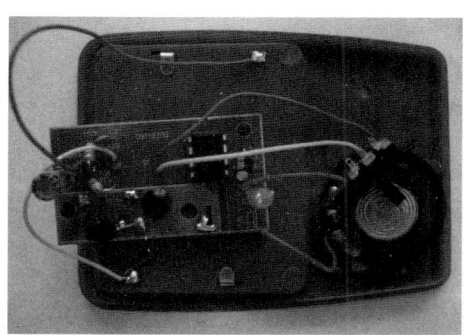

图4-4　电子防盗报警器

 **知识储备**

**一、数字电路的基本概念**

随着信息时代的到来，"数字"这两个字正以越来越高的频率出现在各个领域，数字手表、数字电视、数字通信、数字控制……数字化已成为当今电子技术的发展潮流。数字电路是数字电子技术的核心，是计算机和数字通信的硬件基础。

## 二、模拟信号和数字信号

电子电路中的信号可以分为两大类：模拟信号和数字信号。

模拟信号——时间连续、数值也连续的信号。

数字信号——时间上和数值上均是离散的信号。如电子表的秒信号、生产流水线上记录零件个数的计数信号等。这些信号的变化发生在一系列离散的瞬间，其值也是离散的。

数字信号只有两个离散值，常用数字 0 和 1 来表示，注意，这里的 0 和 1 没有大小之分，只代表两种对立的状态，称为逻辑 0 和逻辑 1，也称为二值数字逻辑。

数字信号在电路中往往表现为突变的电压或电流，如图 4-5 所示。该信号有两个特点：

（1）信号只有两个电压值，5 V 和 0 V。我们可以用 5 V 来表示逻辑 1，用 0 V 来表示逻辑 0；当然也可以用 0 V 来表示逻辑 1，用 5 V 来表示逻辑 0。因此，这两个电压值又常被称为逻辑电平。5 V 为高电平，0 V 为低电平。

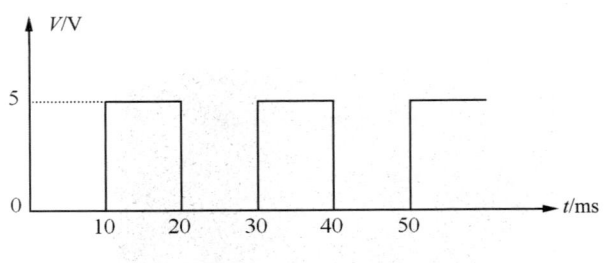

图 4-5 典型的数字信号

（2）信号从高电平变为低电平，或者从低电平变为高电平是一个突然变化的过程。因此，这种信号又称为脉冲信号。

## 三、正逻辑与负逻辑

如上所述，数字信号是一种二值信号，用两个电平（高电平和低电平）分别来表示两个逻辑值（逻辑 1 和逻辑 0）。那么，究竟是用哪个电平来表示哪个逻辑值呢？

正逻辑体制规定：高电平为逻辑 1，低电平为逻辑 0。

负逻辑体制规定：低电平为逻辑 1，高电平为逻辑 0。

如果采用正逻辑，图 4-5 所示的数字电压信号就成为如图 4-6 所示逻辑信号。

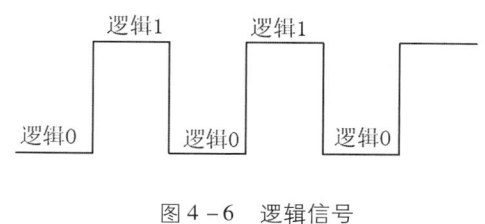

图4-6 逻辑信号

### 四、数字电路

传递与处理数字信号的电子电路称为数字电路。数字电路与模拟电路相比主要有下列优点：

（1）由于数字电路是以二值数字逻辑为基础的，只有0和1两个基本数字，易于用电路来实现，比如可用二极管、三极管的导通与截止这两个对立的状态来表示数字信号的逻辑0和逻辑1。

（2）由数字电路组成的数字系统工作可靠，精度较高，抗干扰能力强。它可以通过整形很方便地去除叠加于传输信号上的噪声与干扰，还可利用差错控制技术对传输信号进行查错和纠错。

（3）数字电路不仅能完成数值运算，而且能进行逻辑判断和运算，这在控制系统中是不可缺少的。

（4）数字信息便于长期保存，比如可将数字信息存入磁盘、光盘等长期保存。

（5）数字集成电路产品系列多、通用性强、成本低。

由于具有这一系列优点，数字电路在电子设备或电子系统中得到了越来越广泛的应用，计算机、计算器、电视机、音响系统、视频记录设备、光碟、长途电信及卫星系统等，无一不采用了数字系统。

### 五、数制和码制

1. 几种常用的计数体制

（1）十进制（Decimal）

（2）二进制（Binary）

（3）十六进制（Hexadecimal）与八进制（Octal）

2. 不同数制之间的相互转换

（1）二进制转换成十进制

**例1** 将二进制数 10011.101 转换成十进制数。

**解**：将每一位二进制数乘以位权，然后相加，可得

$(10011.101)_B = 1 \times 2^4 + 0 \times 2^3 + 0 \times 2^2 + 1 \times 2^1 + 1 \times 2^0 + 1 \times 2^{-1} + 0 \times 2^{-2} + 1 \times 2^{-3}$

$= (19.625)_D$

（2）十进制转换成二进制

可用"除2取余"法将十进制的整数部分转换成二进制。

**例2** 将十进制数 23 转换成二进制数。

**解**：根据"除2取余"法的原理，按如下步骤转换：

$$
\begin{array}{r}
2\underline{|23} \quad \cdots\cdots 余1 \quad b_0 \\
2\underline{|11} \quad \cdots\cdots 余1 \quad b_1 \\
2\underline{|5} \quad \cdots\cdots 余1 \quad b_2 \\
2\underline{|2} \quad \cdots\cdots 余0 \quad b_3 \\
2\underline{|1} \quad \cdots\cdots 余1 \quad b_4 \\
0
\end{array}
$$

（读取次序）

则　$(23)_D = (10111)_B$

可用"乘2取整"的方法将任何十进制数的纯小数部分转换成二进制数。

**例3** 将十进制数 $(0.562)_D$ 转换成误差 ε 不大于 $2^{-6}$ 的二进制数。

**解**：用"乘2取整"法，按如下步骤转换：

取整

$0.562 \times 2 = 1.124 \cdots\cdots 1 \cdots\cdots b_{-1}$

$0.124 \times 2 = 0.248 \cdots\cdots 0 \cdots\cdots b_{-2}$

$0.248 \times 2 = 0.496 \cdots\cdots 0 \cdots\cdots b_{-3}$

$0.496 \times 2 = 0.992 \cdots\cdots 0 \cdots\cdots b_{-4}$

$0.992 \times 2 = 1.984 \cdots\cdots 1 \cdots\cdots b_{-5}$

最后的小数 0.984 > 0.5，根据"四舍五入"的原则，$b_{-6}$ 应为1。因此

$(0.562)_D = (0.100011)_B$

其误差 $\varepsilon < 2^{-6}$。

（3）二进制转换成十六进制

由于十六进制基数为16，而 $16 = 2^4$，4位二进制数就相当于1位十六进制数。因此，可用"4位分组"法将二进制数化为十六进制数。

**例4** 将二进制数 1001101.100111 转换成十六进制数。

**解**：(1001101.100111)$_B$ = (01001101.10011100)$_B$ = (4D.9C)$_H$

同理，若将二进制数转换为八进制数，可将二进制数分为 3 位一组，再将每组的 3 位二进制数转换成一位 8 进制即可。

（4）十六进制转换成二进制

由于每位十六进制数对应于 4 位二进制数，十六进制数转换成二进制数，只要将每一位变成 4 位二进制数，按位的高低依次排列即可。

**例5** 将十六进制数 6E.3A5 转换成二进制数。

**解**：(6E.3A5)$_H$ = (110　1110.0011　1010　0101)$_B$

同理，若八进制数转换为二进制数，只须将每一位变成 3 位二进制数，按位的高低依次排列即可。

（5）十六进制转换成十进制

可由"按权相加"法将十六进制数转换为十进制数。

**例6** 将十六进制数 7A.58 转换成十进制数。

**解**：(7A.58)$_H$ = $7 \times 16^1 + 10 \times 16^0 + 5 \times 16^{-1} + 8 \times 16^{-2}$

$= 112 + 10 + 0.3125 + 0.03125 =$ (122.34375)$_D$

3. 二—十进制码

由于数字系统是以二值数字逻辑为基础的，数字系统中的信息（包括数值、文字、控制命令等）都是用一定位数的二进制码表示的，这个二进制码称为代码。

二进制编码方式有多种，二—十进制码又称 BCD 码（Binary - Coded - Decimal），是其中一种常用的码。

BCD 码是用二进制代码来表示十进制的 0~9 十个数。

要用二进制代码来表示十进制的 0~9 十个数，至少要用 4 位二进制数。4 位二进制数有 16 种组合，可从这 16 种组合中选择 10 种组合分别来表示十进制的 0~9 十个数。选哪 10 种组合，有多种方案，这就形成了不同的 BCD 码。具有一定规律的常用 BCD 码见表 4-1。

表 4-1 常用 BCD 码

| 十进制数 | 8421 码 | 2421 码 | 5421 码 | 余 3 码 |
|---|---|---|---|---|
| 0 | 0 0 0 0 | 0 0 0 0 | 0 0 0 0 | 0 0 1 1 |
| 1 | 0 0 0 1 | 0 0 0 1 | 0 0 0 1 | 0 1 0 0 |
| 2 | 0 0 1 0 | 0 0 1 0 | 0 0 1 0 | 0 1 0 1 |
| 3 | 0 0 1 1 | 0 0 1 1 | 0 0 1 1 | 0 1 1 0 |
| 4 | 0 1 0 0 | 0 1 0 0 | 0 1 0 0 | 0 1 1 1 |
| 5 | 0 1 0 1 | 1 0 1 1 | 1 0 0 0 | 1 0 0 0 |
| 6 | 0 1 1 0 | 1 1 0 0 | 1 0 0 1 | 1 0 0 1 |
| 7 | 0 1 1 1 | 1 1 0 1 | 1 0 1 0 | 1 0 1 0 |
| 8 | 1 0 0 0 | 1 1 1 0 | 1 0 1 1 | 1 0 1 1 |
| 9 | 1 0 0 1 | 1 1 1 1 | 1 1 0 0 | 1 1 0 0 |
| 位权 | 8 4 2 1<br>$b_3 b_2 b_1 b_0$ | 2 4 2 1<br>$b_3 b_2 b_1 b_0$ | 5 4 2 1<br>$b_3 b_2 b_1 b_0$ | 无权 |

注意，BCD 码用 4 位二进制码表示的只是十进制数的一位。如果是多位十进制数，应先将每一位用 BCD 码表示，然后组合起来。

**例 1** 将十进制数 83 分别用 8421 码、2421 码和余 3 码表示。

**解：** 由表 4-2 可得

$(83)_D = (10000011)_{8421}$

$(83)_D = (11100011)_{2421}$

$(83)_D = (10110110)_{余3}$

 技能训练

1. 数值最小的是（　　）?

A. 十进制数 55　　　　　　B. 二进制数 110101

C. 八进制数 101　　　　　　D. 十六进制数 42

2. 每组数据中第一个数为八进制，第二个数为二进制，第三个数为十六进制，三个数值相同的是（　　）?

A. 277，10111111，BF　　　B. 203，10000011，83

C. 247，1010011，A8　　　　D. 213，10010110，96

3. 十进制数 100 用十六进制表示为（　　）?

A. 100H　　　B. AOH　　　C. 64H　　　D. 10H

4. 将下列十进制数,转换成二进制数,再转换成八和十六进制。

(1) 67

(2) 253

(3) 1024

# 任务二 认识元器件

### 学习目标

**知识目标**

1. 掌握 NE555，CK9651，水银开关的结构和功能。
2. 理解脉冲波形的产生与整形电路的结构和工作原理。

**能力目标**

1. 能正确识别集成电路芯片，分辨管脚。
2. 能正确识别芯片 NE555、CK9651 和水银开关。

**情感目标**

1. 培养学生对专业的兴趣。
2. 提高学生分析解决问题的能力。

### 学习过程

1. 根据图 4-7，查阅相关资料，将该集成芯片的简介和特点填写完整。

图 4-7  NE555 芯片

555 定时器是 1972 年由西格尼蒂克斯（Signetics）公司研制的一种_____电路与_____电路巧妙地结合在一起的中规模集成电路，因集成电路内部含有 3 个_____Ω 电阻而得名。

555定时器只要外部配上少数几个阻容元件，就可以构成_____器、_____器、_____器等，因而在定时、检测、控制、报警等方面都有广泛的应用。

2. 请查阅资料，填写NE555电路的功能表（表4-2）。

表4-2 555定时器功能表

| 阈值输入（$v_{I1}$） | 触发输入（$v_{I2}$） | 复位（$R_D$） | 输出（$v_O$） | 放电管T |
|---|---|---|---|---|
| × | × | 0 | | |
| $<\dfrac{2}{3}V_{CC}$ | $<\dfrac{1}{3}V_{CC}$ | 1 | | |
| $>\dfrac{2}{3}V_{CC}$ | $>\dfrac{1}{3}V_{CC}$ | 1 | | |
| $<\dfrac{2}{3}V_{CC}$ | $>\dfrac{1}{3}V_{CC}$ | 1 | | |

3. 请对照原理图将NE555管脚的中文名称与图4-8中引脚对应并将其作用补充完整。

图4-8 NE555管脚排列

4. 查阅相关资料，将图4-9所示集成芯片的简介和特点填写完整。

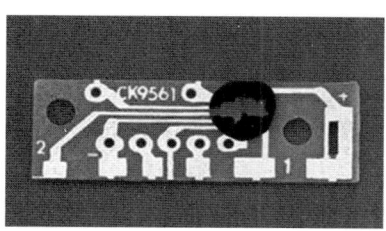

图4-9 CK9561集成语音电路

KD9561、CK9561、TQ9561、CW9561、CL9561、LX9561等音乐芯片大同小异，芯片内储存了_____种声音可供选用。CK9561模拟声集成电路是一种能发出警报声、汽笛声、警车声及机枪声的集成电路。

5. 请参考CW9561封装图及典型应用电路图，将9561芯片储存的声音及其对应接线填入表4-3中。

表4-3 储存的声音及其对应接线

| TR1 | TR2 | 模拟声音 |
| --- | --- | --- |
|  |  | 警车声 |
|  |  | 救护车声 |
|  |  | 消防车声 |
|  |  | 机枪声 |

在图4-10（a）所示电路中，当开关分别置于 $A$、$B$、$C$ 位置，电路可分别发出报警声、汽笛声和警车声；当 $S_1$ 开关闭合时，不论 $S_2$ 开关置于什么位置，它都会发出机枪声。在图4-10（b）所示电路中，$S_2$ 为双刀四掷开关，当 $S_2$ 分别置于各挡时，电路会分别发出警笛声、机枪声、救护车声及消防车声。

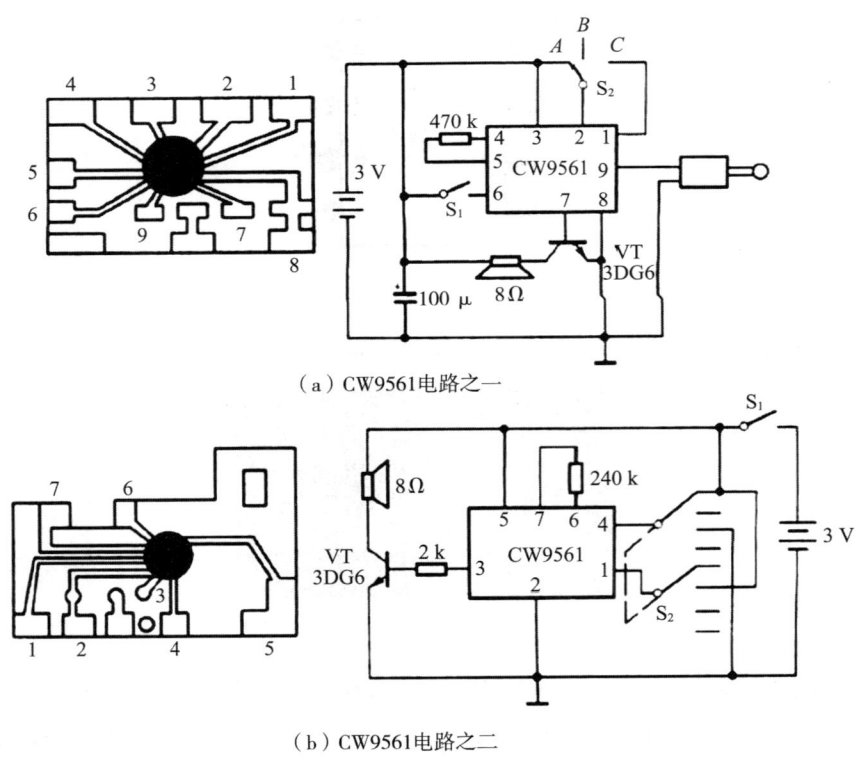

（a）CW9561电路之一

（b）CW9561电路之二

图4-10 CW9561封装图及典型应用电路图

6. 请对照封装图将 CK9561 管脚的中文名称与图 4-11 中的对应引脚补充完整。

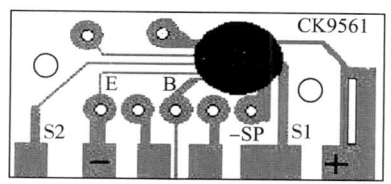

图 4-11 CK9561 管脚排列

7. 查阅相关资料，将图 4-12 所示集成芯片的简介和特点填写完整。

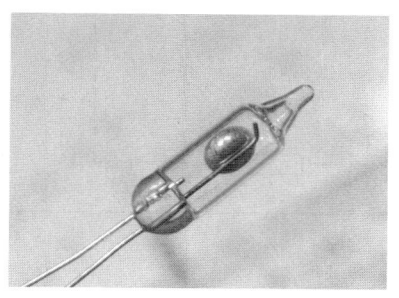

图 4-12 水银开关

水银开关又称倾侧开关，是电路开关的一种，以一接着电极的小巧容器储存着一小滴水银，容器中多数为_____。

图 4-12 所示为_____封装的水银开关，也是使用最多的一种形式。因为重力的关系，水银珠会向容器中较低的地方流去，如果同时接触到两个_____，开关便会将电路_____。

玻璃管封装式水银开关的优点是_____，缺点是_____。为使玻璃管封装式水银开关不易破碎，人们设计了具有塑料保护外壳和金属外壳的结构。

注意：水银对人体及环境均有毒害，使用水银开关时，请务必小心谨慎，以免水银洒出；不再使用也应该妥善处理。

知 识 储 备

**集成 555 定时器**

555 定时器是一种多用途的单片中规模集成电路。该电路使用灵活、方便，只需外接少量的阻容元件就可以构成单稳、多谐和施密特触发器，在波形的产生与变换、测量与控制、家用电器和电子玩具等许多领域中都得到了广泛的应用，其电气原理图和电路符号如图 4-13 所示，功能见表 4-4。

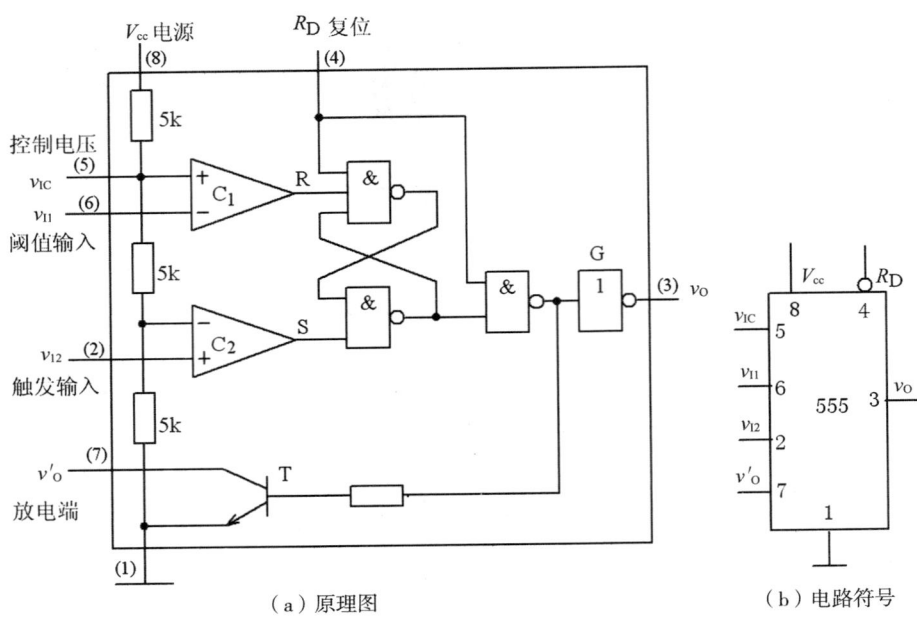

(a)原理图    (b)电路符号

图 4-13  555 定时器的电气原理图和电路符号

表 4-4  555 定时器功能表

| 阈值输入（$v_{I1}$） | 触发输入（$v_{I2}$） | 复位（$R_D$） | 输出（$v_O$） | 放电管 T |
|---|---|---|---|---|
| × | × | 0 | 0 | 导通 |
| $<\frac{2}{3}V_{CC}$ | $<\frac{1}{3}V_{CC}$ | 1 | 1 | 截止 |
| $>\frac{2}{3}V_{CC}$ | $>\frac{1}{3}V_{CC}$ | 1 | 0 | 导通 |
| $<\frac{2}{3}V_{CC}$ | $>\frac{1}{3}V_{CC}$ | 1 | 不变 | 不变 |

　　目前生产的定时器有双极型和 CMOS 两种类型，其型号分别有 NE555（或 5G555）和 C7555 等多种。通常，双极型产品型号最后的三位数码都是 555，CMOS 产品型号的最后四位数码都是 7555，它们的结构、工作原理以及外部引脚排列基本相同。

　　一般双极型定时器具有较大的驱动能力，而 CMOS 定时电路具有低功耗、输入阻抗高等优点。555 定时器工作的电源电压很宽，并可承受较大的负载电流。双极型定时器电源电压范围为 5～16 V，最大负载电流可达 200 mA；CMOS 定时器电源电压变化范围为 3～18 V，最大负载电流在 4 mA 以下。

1. 555 定时器内部结构

（1）由 3 个阻值为 5 kΩ 的电阻组成分压器；

（2）两个电压比较器 $C_1$ 和 $C_2$：

$v_+ > v_-$，$v_o = 1$；

$v_+ < v_-$，$v_o = 0$。

（3）基本 RS 触发器；

（4）放电三极管 T 及缓冲器 G。

2. 工作原理

当 5 脚悬空时，比较器 $C_1$ 和 $C_2$ 的比较电压分别为 $\frac{2}{3}V_{CC}$ 和 $\frac{1}{3}V_{CC}$。

（1）当 $v_{I1} > \frac{2}{3}V_{CC}$，$v_{I2} > \frac{1}{3}V_{CC}$ 时，比较器 $C_1$ 输出低电平，$C_2$ 输出高电平，基本 RS 触发器被置 0，放电三极管 T 导通，输出端 $v_o$ 为低电平。

（2）当 $v_{I1} < \frac{2}{3}V_{CC}$，$v_{I2} < \frac{1}{3}V_{CC}$ 时，比较器 $C_1$ 输出高电平，$C_2$ 输出低电平，基本 RS 触发器被置 1，放电三极管 T 截止，输出端 $v_o$ 为高电平。

（3）当 $v_{I1} < \frac{2}{3}V_{CC}$，$v_{I2} > \frac{1}{3}V_{CC}$ 时，比较器 $C_1$ 输出高电平，$C_2$ 也输出高电平，即基本 RS 触发器 $R=1$，$S=1$，触发器状态不变，电路亦保持原状态不变。

阈值输入端（$v_{I1}$）为高电平（$>\frac{2}{3}V_{CC}$）时，定时器输出低电平，因此也将该端称为高触发端（TH）。

触发输入端（$v_{I2}$）为低电平（$<\frac{1}{3}V_{CC}$）时，定时器输出高电平，因此也将该端称为低触发端（TL）。

如果在电压控制端（5 脚）施加一个外加电压（其值在 $0 \sim V_{CC}$ 之间），比较器的参考电压将发生变化，电路相应的阈值、触发电平也将随之变化，并进而影响电路的工作状态。

另外，$R_D$ 为复位输入端，当 $R_D$ 为低电平时，不管其他输入端的状态如何，输出 $v_o$ 为低电平，即 $R_D$ 的控制级别最高。正常工作时，一般应将其接高电平。

## 技能训练

观察防盗报警器的电路板,结合图 4-14,辨识各元器件名称。

图 4-14 防盗报警器电路板

# 任务三　基本逻辑运算

### 学习目标

**知识目标**

1. 理解逻辑、逻辑运算和逻辑函数的含义。
2. 掌握与、或、非三种基本逻辑运算的真值表、逻辑符号、逻辑功能。
3. 掌握与非、或非、异或等复合逻辑运算的真值表、逻辑符号、逻辑功能。
4. 掌握逻辑函数的表示方法，即真值表、函数表达式、逻辑图。

**能力目标**

1. 能够根据生活和生产中的实际问题，正确建立逻辑函数。
2. 能够掌握逻辑函数的真值表、函数表达式、逻辑图之间的转换方法。

**情感目标**

1. 提高学生理论联系实际的能力，培养对专业课的兴趣。
2. 促进学生形成严密的逻辑思维。

### 学习过程

查阅资料，完成以下问题。

1. 什么是逻辑关系？什么是逻辑代数？

2. 图4-15中灯L与开关A、B是什么逻辑关系？绘制其逻辑关系的真值表，逻辑符号，简述逻辑功能。

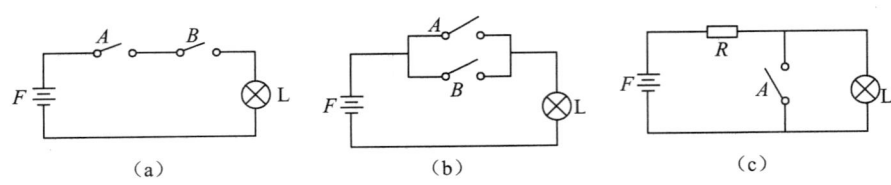

图 4-15 部分逻辑电路

3. 请至少举出 3 种复合逻辑运算，填入表 4-5 中。

表 4-5 复合逻辑运算举例

| 逻辑运算 | 真值表 | 逻辑图 | 逻辑功能 |
|---|---|---|---|
|  |  |  |  |
|  |  |  |  |
|  |  |  |  |

 **知识储备**

数字电路实现的是逻辑关系。逻辑关系是指某事物的条件（或原因）与结果之间的关系，常用逻辑函数来描述。

一、基本逻辑运算

逻辑代数中只有 3 种基本运算：与、或、非。

1. 与运算（图4-16）

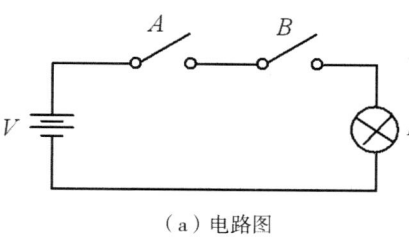

（a）电路图

| A | B | 灯L |
|---|---|---|
| 不闭合 | 不闭合 | 不亮 |
| 不闭合 | 闭合 | 不亮 |
| 闭合 | 不闭合 | 不亮 |
| 闭合 | 闭合 | 亮 |

（b）真值表

| A | B | L |
|---|---|---|
| 0 | 0 | 0 |
| 0 | 1 | 0 |
| 1 | 0 | 0 |
| 1 | 1 | 1 |

（c）逻辑真值表

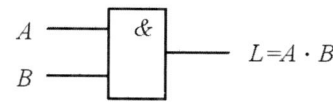

（d）逻辑符号

图4-16 与逻辑运算

只有当决定一件事情的条件全部具备之后，这件事情才会发生。我们把这种因果关系称为与逻辑。

（1）可以用列表的方式表示上述逻辑关系，称为真值表。

（2）如果用二值逻辑 0 和 1 来表示，并设 1 表示开关闭合或灯亮；0 表示开关不闭合或灯不亮，得到的表格称为逻辑真值表。

（3）若用逻辑表达式来描述，则可写为 $L = A \cdot B$

与运算的规则为："输入有 0，输出为 0；输入全 1，输出为 1"。

（4）在数字电路中能实现与运算的电路称为与门电路，其逻辑符号如图4-16（d）所示。

与运算可以推广到多变量：$L = A \cdot B \cdot C \cdots$

2. 或运算

当决定一件事情的几个条件中，只要有一个或一个以上条件具备，这件事情就会发生。我们把这种因果关系称为或逻辑。

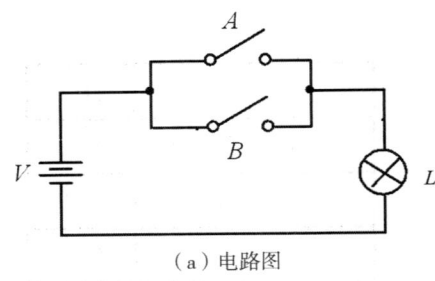

| 开关A | 开关B | 灯L |
|---|---|---|
| 不闭合 | 不闭合 | 不亮 |
| 不闭合 | 闭合 | 亮 |
| 闭合 | 不闭合 | 亮 |
| 闭合 | 闭合 | 亮 |

（a）电路图

（b）真值表

| A | B | L=A+B |
|---|---|---|
| 0 | 0 | 0 |
| 0 | 1 | 1 |
| 1 | 0 | 1 |
| 1 | 1 | 1 |

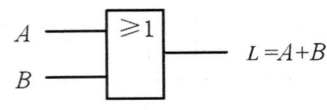

（c）逻辑真值表

（d）逻辑符号

图 4-17 或逻辑运算

或运算的真值表如图 4-17（b）所示，逻辑真值表如图 4-17（c）所示。若用逻辑表达式来描述，则可写为

$$L = A + B$$

或运算的规则为："输入有 1，输出为 1；输入全 0，输出为 0"。

在数字电路中能实现或运算的电路称为或门电路，其逻辑符号如图 4-17（d）所示。或运算也可以推广到多变量：$L = A + B + C + \cdots$

3. 非运算

某事情发生与否，仅取决于一个条件，而且是对该条件的否定。即条件具备时事情不发生；条件不具备时事情才发生，这种关系称为非逻辑。

例如图 4-18（a）所示的电路，当开关 A 闭合时，灯不亮；而当 A 不闭合时，灯亮，其真值表如图 4-18（b）所示，逻辑真值表如图 4-18（c）所示。若用逻辑表达式来描述，则可写为：$L = \overline{A}$

非运算的规则为：$\overline{0} = 1$；$\overline{1} = 0$。

在数字电路中实现非运算的电路称为非门电路，其逻辑符号如图 4-18（d）所示。

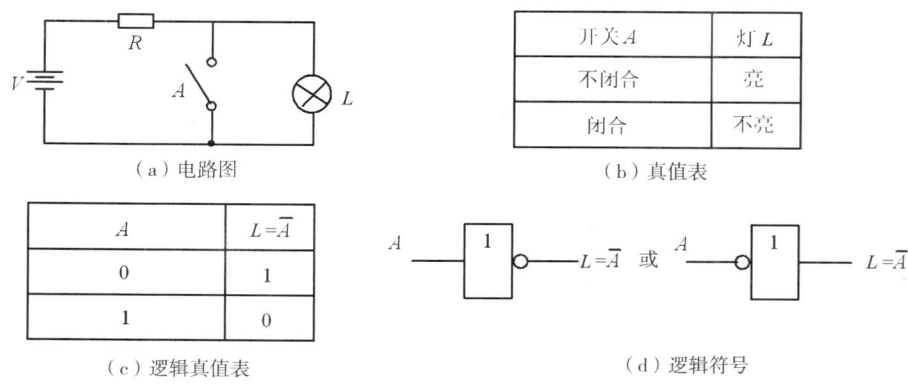

（a）电路图

| 开关 $A$ | 灯 $L$ |
|---|---|
| 不闭合 | 亮 |
| 闭合 | 不亮 |

（b）真值表

| $A$ | $L=\overline{A}$ |
|---|---|
| 0 | 1 |
| 1 | 0 |

（c）逻辑真值表

（d）逻辑符号

图 4－18　非逻辑运算

## 二、其他常用逻辑运算

任何复杂的逻辑运算都可以由这 3 种基本逻辑运算组合而成。在实际应用中为了减少逻辑门的数目，使数字电路的设计更方便，还常常使用其他几种常用逻辑运算。

1. 与非

与非是由与运算和非运算组合而成，如图 4－19 所示。

| $A$ | $B$ | $L=\overline{A\cdot B}$ |
|---|---|---|
| 0 | 0 | 1 |
| 0 | 1 | 1 |
| 1 | 0 | 1 |
| 1 | 1 | 0 |

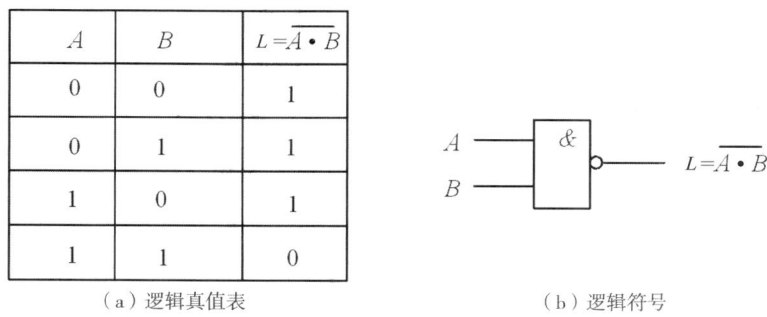

（a）逻辑真值表

（b）逻辑符号

图 4－19　与非逻辑运算

2. 或非

或非是由或运算和非运算组合而成，如图 4－20 所示。

| $A$ | $B$ | $L=\overline{A+B}$ |
|---|---|---|
| 0 | 0 | 1 |
| 0 | 1 | 0 |
| 1 | 0 | 0 |
| 1 | 1 | 0 |

（a）逻辑真值表

（b）逻辑符号

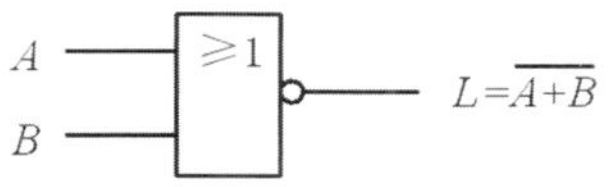

图 4－20　或非逻辑运算

### 3. 异或

异或是一种二变量逻辑运算，当两个变量取值相同时，逻辑函数值为 0；当两个变量取值不同时，逻辑函数值为 1。异或的逻辑真值表和相应逻辑门的符号如图 4-21 所示。

| $A$ | $B$ | $A \oplus B$ |
|---|---|---|
| 0 | 0 | 0 |
| 0 | 1 | 1 |
| 1 | 0 | 1 |
| 1 | 1 | 0 |

（a）逻辑真值表

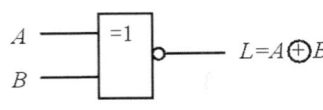

（b）逻辑符号

图 4-21 异或逻辑运算

### 三、逻辑函数及其表示方法

描述逻辑关系的函数称为逻辑函数，前面讨论的与、或、非、与非、或非、异或都是逻辑函数。逻辑函数是从生活和生产实践中抽象出来的，但是只有那些能明确地用"是"或"否"回答的事物，才能定义为逻辑函数。

1. 逻辑函数的建立

**例 1**　三个人表决一件事情，结果按"少数服从多数"的原则决定，试建立该逻辑函数。

**解**：第一步：设置自变量和因变量。将 3 人的意见设置为自变量 $A$、$B$、$C$，并规定只能有同意或不同意两种意见。将表决结果设置为因变量 $L$，显然也只有两个情况。

第二步：状态赋值。对于自变量 $A$、$B$、$C$，设同意为逻辑"1"，不同意为逻辑"0"。对于因变量 $L$ 设事情通过为逻辑"1"，没通过为逻辑"0"。

第三步：根据题义及上述规定列出函数的真值表见表 4-6。

由真值表可以看出，当自变量 $A$、$B$、$C$ 取确定值后，因变量 $L$ 的值就完全确定了。所以，$L$ 就是 $A$、$B$、$C$ 的函数。$A$、$B$、$C$ 常称为输入逻辑变量，$L$ 称为输出逻辑变量。

表 4-6 例 1 真值表

| A | B | C | L |
|---|---|---|---|
| 0 | 0 | 0 | 0 |
| 0 | 0 | 1 | 0 |
| 0 | 1 | 0 | 0 |
| 0 | 1 | 1 | 1 |
| 1 | 0 | 0 | 0 |
| 1 | 0 | 1 | 1 |
| 1 | 1 | 0 | 1 |
| 1 | 1 | 1 | 1 |

一般地说，若输入逻辑变量 $A$、$B$、$C$…的取值确定以后，输出逻辑变量 $L$ 的值也唯一地确定了，就称 $L$ 是 $A$、$B$、$C$…的逻辑函数，写作：

$$L = f(A, B, C \cdots)$$

逻辑函数与普通代数中的函数相比较，有两个突出的特点：逻辑变量和逻辑函数只能取两个值 0 和 1；函数和变量之间的关系是由"与""或""非"三种基本运算决定的。

2. 逻辑函数的表示方法

一个逻辑函数有 4 种表示方法，即真值表、函数表达式、逻辑图和卡诺图。这里先介绍前 3 种。

（1）真值表

真值表是将输入逻辑变量的各种可能取值和相应的函数值排列在一起而组成的表格。为避免遗漏，各变量的取值组合应按照二进制递增的次序排列。

真值表的特点是直观明了。输入变量取值一旦确定后，即可在真值表中查出相应的函数值。

把一个实际的逻辑问题抽象成一个逻辑函数时，使用真值表是最方便的。所以，在设计逻辑电路时，总是先根据设计要求列出真值表。

真值表的缺点是，当变量比较多时，表比较大，显得过于烦琐。

（2）函数表达式

函数表达式就是由逻辑变量和"与""或""非"三种运算符所构成的表达式。

由真值表可以转换为函数表达式，方法为：在真值表中依次找出函数值等于 1 的变量组合，变量值为 1 的写成原变量，变量值为 0 的写成反变量，把组合中各个变量相乘。这样，对应于函数值为 1 的每一个变量组合就可以写成一个乘积项。然后，把这些乘积项相加，就得到相应的函数表达式了。例如，用此方法可以直接由表 4 – 6 写出"三人表决"函数的逻辑表达式：

$$L = \overline{A}BC + A\overline{B}C + AB\overline{C} + ABC$$

反之，由表达式也可以转换成真值表，方法为：画出真值表的表格，将变量及变量的所有取值组合按照二进制递增的次序列入表格左边，然后按照表达式，依次对变量的各种取值组合进行运算，求出相应的函数值，填入表格右边对应的位置，即得真值表。

**例2** 列出函数 $L = A \cdot B + \overline{A} \cdot \overline{B}$ 的真值表。

**解**：该函数有两个变量，有 4 种的可能取值组合，将它们按顺序排列起来即得真值表，见表 4 – 7。

表 4 – 7  $L = A \cdot B + \overline{A} \cdot \overline{B}$ 的真值表

| A | B | L |
| --- | --- | --- |
| 0 | 0 | 1 |
| 0 | 1 | 0 |
| 1 | 0 | 0 |
| 1 | 1 | 1 |

3. 逻辑图

逻辑图就是由逻辑符号及它们之间的连线而构成的图形。由函数表达式可以画出其相应的逻辑图。

**例3** 画出逻辑函数 $L = A \cdot B + \overline{A} \cdot \overline{B}$ 的逻辑图。

**解**：如图 4 – 22 所示。

由逻辑图也可以写出其相应的函数表达式。

**例4** 写出如图 4 – 23 所示逻辑图的函数表达式。

**解**：该逻辑图是由基本的"与""或"逻辑符号组成的，可由输入至输出逐步写出逻辑表达式：$L = AB + BC + AC$。

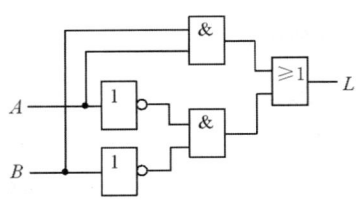
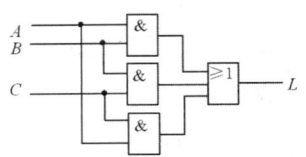

图 4 – 22  例 3 的逻辑图　　　　图 4 – 23  例 4 的逻辑图

# 技能训练

1. 根据题意建立一个逻辑函数：一个路灯控制电路（一盏灯），要求在 3 个不同地方都能独立地控制灯的亮灭。

2. 能对两个 1 位二进制数进行相加而求得和及进位的逻辑电路称为半加器。如在第 $i$ 位的两个加数 $A_i$ 和 $B_i$ 相加，它除产生本位和数 $S_i$ 之外，还有一个向高位的进位数。因此，输入信号：加数 $A_i$，被加数 $B_i$。

输出信号：本位和 $S_i$，向高位的进位 $C_i$。

请你根据半加器的真值表（表 4-8）写出其逻辑函数，画出逻辑函数的逻辑图。

表 4-8 半加器的真值表

| Ai | Bi | Si | Ci |
|---|---|---|---|
| 0 | 0 | 0 | 0 |
| 0 | 1 | 1 | 0 |
| 1 | 0 | 1 | 0 |
| 1 | 1 | 0 | 1 |

3. 写出如图 4-24 所示逻辑电路的输出表达式，并根据输入信号 $A$、$B$ 和 $C$ 的波形画出相应的输出 $Y$ 的波形。

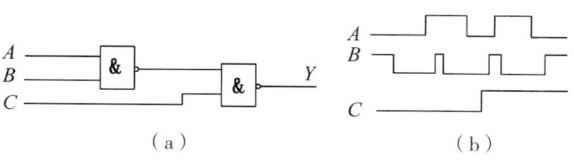

图 4-24 逻辑电路

## 任务四  脉冲波形的产生与整形

  **学习目标**

**知识目标**

1. 理解数字电路中脉冲的概念和意义。
2. 掌握由 555 定时器组成的施密特触发器的电路组成和工作原理。
3. 掌握由 555 定时器和石英晶体组成的多谐振荡器的电路组成和工作原理。
4. 掌握由 555 定时器组成的单稳态触发器的电路组成和工作原理。

**能力目标**

1. 能够对施密特触发器、多谐振荡器、单稳态触发器电路进行波形分析。
2. 能够理解多谐振荡器的振荡周期和占空比，并按要求对相应元件进行调节。

**情感目标**

1. 培养学生对专业课的兴趣。
2. 提高学生分析解决问题的能力。

  **学习过程**

查阅资料，完成以下问题。

1. 绘制一个完整标准的矩形波脉冲的波形图，标注波形的幅值和周期。

2. 绘制 555 定时器构成的施密特触发器的电路图，说明该电路作用。

3. 绘制 555 定时器构成的单稳态触发器的电路图，说明该电路作用。

4. 绘制 555 定时器构成的多谐振荡器的电路图，说明该电路作用。

5. 上题得出的电路中，输出波形的振荡周期、振荡频率、占空比都与哪些元件有关，请写出相应的计算公式。

知识储备

在数字电路或系统中，常常需要各种脉冲波形，如时钟脉冲、控制过程的定时信号等。这些脉冲波形的获取通常采用两种方法：一种是利用脉冲信号产生器直接产生；另一种则是通过对已有信号进行变换，使之满足系统的要求。

下面以中规模集成电路 555 定时器为典型电路，讨论 555 定时器构成的施密特触发器、单稳态触发器、多谐振荡器以及 555 定时器的典型应用。

一、施密特触发器

施密特触发器具有回差电压特性，能将边沿变化缓慢的电压波形整形为边沿陡峭的矩形脉冲。

1. 电路组成及工作原理

电路图如图 4-25（a）所示。

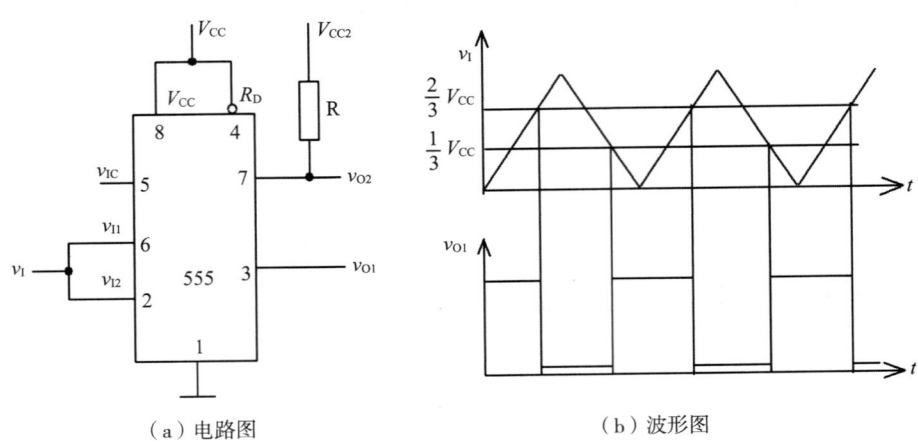

(a)电路图　　　　　　　　(b)波形图

图 4-25　555 定时器构成的施密特触发器

(1) $v_I = 0$ V 时，$v_{O1}$ 输出高电平。

(2) 当 $v_I$ 上升到 $\frac{2}{3}V_{CC}$ 时，$v_{O1}$ 输出低电平。当 $v_I$ 由 $\frac{2}{3}V_{CC}$ 继续上升，$v_{o1}$ 保持不变。

(3) 当 $v_I$ 下降到 $\frac{1}{3}V_{CC}$ 时，电路输出跳变为高电平。而且在 $v_I$ 继续下降到 0 V 时，电路的这种状态不变。

图中，$R$、$V_{cc2}$ 构成另一输出端 $v_{o2}$，其高电平可以通过改变 $V_{cc2}$ 进行调节。

2. 电压滞回特性和主要参数

(1) 电压滞回特性

施密特触发器电路符号和电压传输特性如图 4-26 所示。

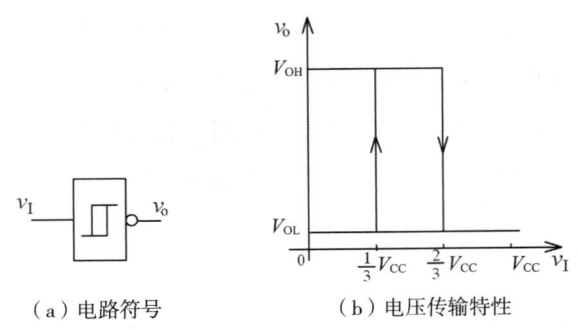

(a)电路符号　　　　　　(b)电压传输特性

图 4-26　施密特触发器的电路符号和电压传输特性

(2) 主要静态参数

①上限阈值电压 $V_{T+}$：$v_I$ 上升过程中，输出电压 $v_O$ 由高电平 $V_{OH}$ 跳变到低电平 $V_{OL}$

时，所对应的输入电压值。$V_{T+} = \dfrac{2}{3}V_{CC}$。

②下限阈值电压 $V_{T-}$：$v_I$ 下降过程中，$v_O$ 由低电平 $V_{OL}$ 跳变到高电平 $V_{OH}$ 时，所对应的输入电压值。$V_{T-} = \dfrac{1}{3}V_{CC}$。

③回差电压 $\Delta V_T$：又叫滞回电压，定义为

$$\Delta V_T = V_{T+} - V_{T-} = \dfrac{1}{3}V_{CC}$$

若在电压控制端 $V_{IC}$（5 脚）外加电压 $V_S$，则将有 $V_{T+} = V_S$、$V_{T-} = V_S/2$、$\Delta V_T = V_S/2$，而且当改变 $V_S$ 时，它们的值也随之改变。

3. 施密特触发器的应用举例

（1）用作接口电路

将缓慢变化的输入信号，转换成为符合 TTL 系统要求的脉冲波形（图 4 – 27）。

（2）用作整形电路

把不规则的输入信号整形成为矩形脉冲（图 4 – 28）。

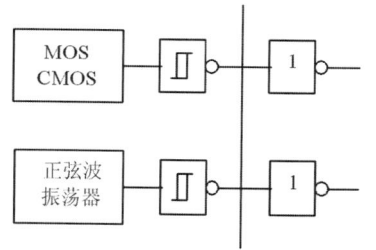

图 4 – 27　慢输入波形的 TTL 系统接口

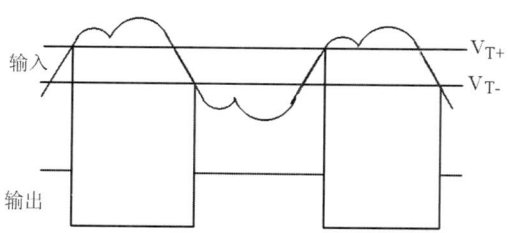

图 4 – 28　脉冲整形电路的输入输出波形

（3）用于脉冲鉴幅

将幅值大于 $V_{T+}$ 的脉冲选出（图 4 – 29）。

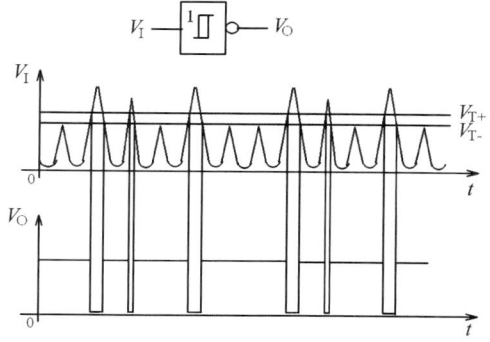

图 4 – 29　用施密特触发器鉴别脉冲幅度

### 二、多谐振荡器

多谐振荡器里能产生矩形脉冲波的自激振荡器。

多谐振荡器一旦起振之后，电路没有稳态，只有两个暂稳态交替变化，输出连续的矩形脉冲信号，因此又称作无稳态电路，常用来作为脉冲信号源。

1. 电路组成及工作原理

电路图和波形图分别如图4-30（a）、（b）所示。

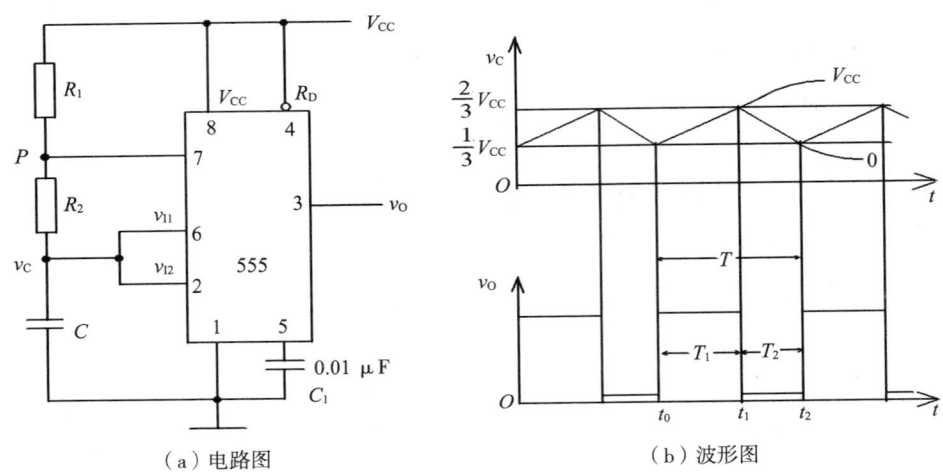

（a）电路图　　　　　　　　　　（b）波形图

图4-30 用施密特触发器构成的多谐振荡器

2. 振荡频率的估算

（1）电容充电时间 $T_1$

电容充电时，时间常数 $\tau_1 = (R_1 + R_2)C$，起始值 $v_C(0^+) = \frac{1}{3}V_{CC}$，终了值 $v_C(\infty) = V_{CC}$，转换值 $v_C(T_1) = \frac{2}{3}V_{CC}$，代入 $RC$ 过渡过程计算公式进行计算，得

$$T_1 = \tau_1 \ln \frac{v_C(\infty) - v_C(0^+)}{v_C(\infty) - v_C(T_1)}$$

$$= \tau_1 \ln \frac{V_{CC} - \frac{1}{3}V_{CC}}{V_{CC} - \frac{2}{3}V_{CC}}$$

$$= \tau_1 \ln 2$$

$$= 0.7(R_1 + R_2)C$$

（2）电容放电时间 $T_2$

电容放电时,时间常数 $t_2 = R_2C$,起始值 $v_C(0^+) = \frac{2}{3}V_{CC}$,终了值 $v_C(\infty) = 0$,转换值 $v_C(T_2) = \frac{1}{3}V_{CC}$,代入 RC 过渡过程计算公式进行计算,得

$$T_2 = 0.7R_2C$$

(3) 电路振荡周期 T

$$T = T_1 + T_2 = 0.7(R_1 + 2R_2)C$$

(4) 电路振荡频率 f

$$f = \frac{1}{T} \approx \frac{1.43}{(R_1 + 2R_2)C}$$

(5) 输出波形占空比 q

定义:$q = T_1/T$,即脉冲宽度与脉冲周期之比,称为占空比。

$$q = \frac{T_1}{T} = \frac{0.7(R_1 + R_2)C}{0.7(R_1 + 2R_2)C} = \frac{R_1 + R_2}{R_1 + 2R_2}$$

**3. 占空比可调的多谐振荡器电路**

在图 4-31 所示电路中,电容 C 的充电时间常数 $t_1 = (R_1 + R_2)C$,放电时间常数 $t_2 = R_2C$,所以 $T_1$ 总是大于 $T_2$,$v_O$ 的波形不仅不可能对称,而且占空比 q 不易调节。利用半导体二极管的单向导电特性,把电容 C 充电和放电回路隔离开来,再加上一个电位器,便可构成占空比可调的多谐振荡器。

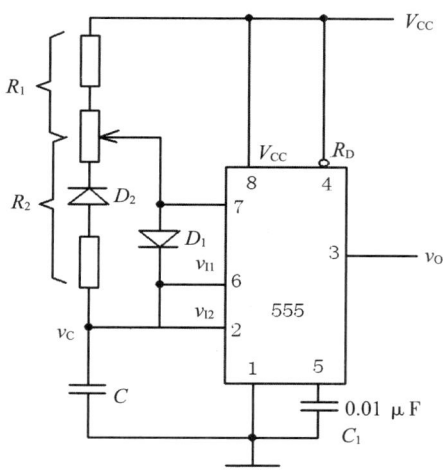

图 4-31 占空比可调的多谐振荡器电路

由于二极管的引导作用,电容 C 的充电时间常数 $\tau_1 = R_1C$,放电时间常数 $t_2 = R_2C$。通过与上面相同的分析计算过程可得

$$T_1 = 0.7R_1C$$
$$T_2 = 0.7R_2C$$

占空比 $q = \dfrac{T_1}{T} = \dfrac{T_1}{T_1 + T_2} = \dfrac{0.7R_1C}{0.7R_1C + 0.7R_2C} = \dfrac{R_1}{R_1 + R_2}$

只要改变电位器滑动端的位置，就可以方便地调节占空比 $q$，当 $R_1 = R_2$ 时，$q = 0.5$，$v_0$ 就成为对称的矩形波。

4. 石英晶体多谐振荡器

在许多数字系统中，都要求时钟脉冲频率十分稳定。例如在数字钟表里，计数脉冲频率的稳定性就直接决定着计时的精度。在上面介绍的多谐振荡器中，工作频率取决于电容 $C$ 充、放电过程中电压到达转换值的时间，因此稳定度不够高。这是因为转换电平易受温度变化和电源波动的影响，并且电路的工作方式易受干扰，从而使电路状态转换提前或滞后。另外，电路状态转换时，电容充、放电的过程已经比较缓慢，转换电平的微小变化或者干扰，对振荡周期影响都比较大。在对振荡器频率稳定度要求很高的场合，一般都需要采取稳频措施，其中最常用的一种方法就是利用石英谐振器（简称石英晶体或晶体）构成石英晶体多谐振荡器。

（1）石英晶体的选频特性

它有两个谐振频率。当 $f = f_s$ 时为串联谐振，石英晶体的电抗 $X = 0$；当 $f = f_p$ 时为并联谐振，石英晶体的电抗无穷大（图 4 – 32）。

由晶体本身的特性决定：$f_s \approx f_p \approx f_0$（晶体的标称频率）。

石英晶体的选频特性极好，$f_0$ 十分稳定，其稳定度可达 $10^{-10} \sim 10^{-11}$。

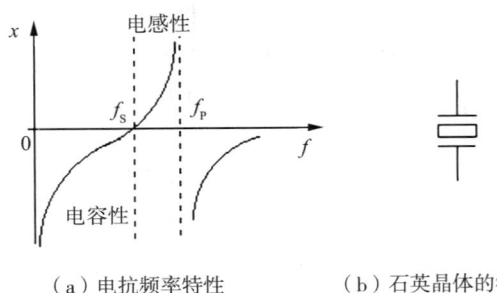

(a) 电抗频率特性　　　　(b) 石英晶体的符号

图 4 – 32　石英晶体的电抗频率特性和符号

（2）石英晶体多谐振荡器（图 4 – 33、4 – 34）

串联式振荡器中，$R_1$、$R_2$ 的作用是使两个反相器在静态时都工作在转折区，成为具有很强放大能力的放大电路。

对于 TTL 门常取 $R_1 = R_2 = 0.7 \sim 2$ kΩ，若是 CMOS 门则常取 $R_1 = R_2 = 10 \sim 100$ MΩ；

$C_1 = C_2$ 是耦合电容。

石英晶体工作在串联谐振频率 $f_0$ 下，只有频率为 $f_0$ 的信号才能通过，满足振荡条件。因此，电路的振荡频率 $=f_0$，与外接元件 $R$、$C$ 无关，所以，这种电路振荡频率的稳定度很高。

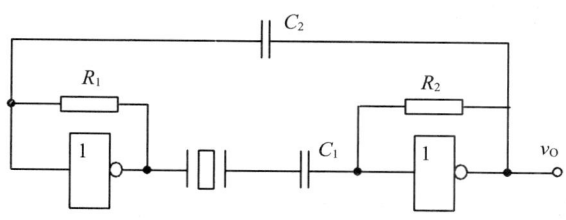

图 4-33　石英晶体多谐振荡器

并联式振荡器中，$R_F$ 是偏置电阻，保证在静态时使 $G_1$ 工作转折区，构成一个反相放大器。

晶体工作在 $f_S$ 与 $f_P$ 之间，等效一电感，与 $C_1$、$C_2$ 共同构成电容三点式振荡电路。电路的振荡频率等于 $f_0$。

反相器 $G_2$ 起整形缓冲作用，同时还可以隔离负载对振荡电路工作的影响。

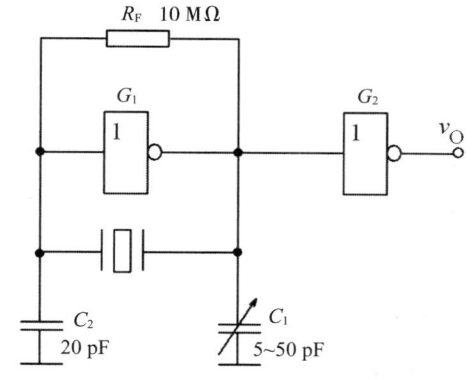

图 4-34　CMOS 石英晶体多谐振荡器

### 三、单稳态触发器

单稳态触发器具有下列特点：第一，它有一个稳定状态和一个暂稳状态；第二，在外来触发脉冲作用下，能够由稳定状态翻转到暂稳状态；第三，暂稳状态维持一段时间后，将自动返回到稳定状态。暂稳态时间的长短与触发脉冲无关，仅决定于电路本身的参数。

在数字系统和装置中，单稳态触发器一般用于定时（产生一定宽度的脉冲）、整形

（把不规则的波形转换成等宽、等幅的脉冲）以及延时（将输入信号延迟一定的时间之后输出）等。

用 555 定时器构成的单稳态触发器及工作波形如图 4-35 所示。

1. 电路组成及工作原理

（1）无触发信号输入时电路工作在稳定状态

当电路无触发信号时，$v_I$ 保持高电平，电路工作在稳定状态，即输出端 $v_O$ 保持低电平，555 内放电三极管 T 饱和导通，管脚 7 "接地"，电容电压 $v_C$ 为 0V。

（2）$v_I$ 下降沿触发

当 $v_I$ 下降沿到达时，555 触发输入端（2 脚）由高电平跳变为低电平，电路被触发，$v_O$ 由低电平跳变为高电平，电路由稳态转入暂稳态。

（3）暂稳态的维持时间

在暂稳态期间，555 内放电三极管 T 截止，$V_{CC}$ 经 $R$ 向 $C$ 充电，其充电回路为 $V_{CC} \to R \to C \to$ 地，时间常数 $t_1 = R_C$，电容电压 $v_C$ 由 0 V 开始增大，在电容电压 $v_C$ 上升到阈值电压 $\frac{2}{3}V_{CC}$ 之前，电路将保持暂稳态不变。

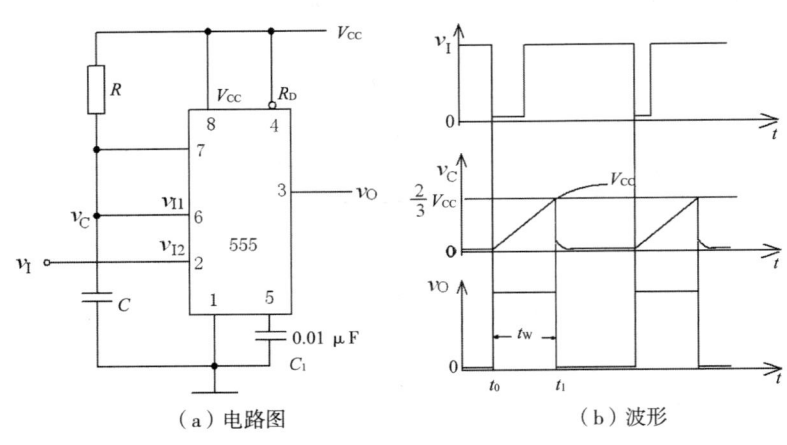

(a) 电路图　　　　(b) 波形

图 4-35　用 555 定时器构成的单稳态触发器及工作波形

（4）自动返回（暂稳态结束）时间

当 $v_C$ 上升至阈值电压 $\frac{2}{3}V_{CC}$ 时，输出电压 $v_O$ 由高电平跳变为低电平，555 内放电三极管 T 由截止转为饱和导通，管脚 7 "接地"，电容 $C$ 经放电三极管对地迅速放电，电压 $v_C$ 由 $\frac{2}{3}V_{CC}$ 迅速降至 0 V（放电三极管的饱和压降），电路由暂稳态重新转入稳态。

（5）恢复过程

当暂稳态结束后,电容 $C$ 通过饱和导通的三极管 T 放电,时间常数 $t_2 = R_{CES}C$,式中 $R_{CES}$ 是 T 的饱和导通电阻,其阻值非常小,因此 $t_2$ 之值亦非常小。经过 (3~5) $t_2$ 后,电容 $C$ 放电完毕,恢复过程结束。

恢复过程结束后,电路返回到稳定状态,单稳态触发器又可以接收新的触发信号。

2. 主要参数估算

(1) 输出脉冲宽度 $t_w$

输出脉冲宽度就是暂稳态维持时间,也就是定时电容的充电时间。由图 4-35 (b) 所示电容电压 $v_C$ 的工作波形不难看出 $v_C(0+) \approx 0$,$v_C(\infty) = V_{CC}$,$v_C(t_w) = \frac{2}{3}V_{CC}$,代入 $RC$ 过渡过程计算公式,可得

$$t_w = \tau_1 \ln \frac{v_C(\infty) - v_C(0^+)}{v_C(\infty) - v_C(t_w)}$$

$$= \tau_1 \ln \frac{V_{CC} - 0}{V_{CC} - \frac{2}{3}V_{CC}}$$

$$= \tau_1 \ln 3$$

$$= 1.1RC$$

上式说明,单稳态触发器输出脉冲宽度 $t_w$ 仅决定于定时元件 $R$、$C$ 的取值,与输入触发信号和电源电压无关,调节 $R$、$C$ 的取值,即可方便地调节 $t_w$。

(2) 恢复时间 $t_{re}$

一般取 $t_{re} = (3~5) t_2$,即认为经过 3~5 倍时间常数的时间电容就放电完毕。

(3) 最高工作频率 $f_{max}$

若输入触发信号 $v_I$ 是周期为 $T$ 的连续脉冲时,为保证单稳态触发器能够正常工作,应满足下列条件:

$$T > t_w + t_{re}$$

即 $v_I$ 周期的最小值 $T_{min}$ 应为 $t_w + t_{re}$,即

$$T_{min} = t_w + t_{re}$$

因此,单稳态触发器的最高工作频率应为

$$f_{max} = \frac{1}{T_{min}} = \frac{1}{t_w + t_{re}}$$

需要指出的是,在图 4-35 (a) 所示电路中,输入触发信号 $v_i$ 的脉冲宽度(低电平的保持时间),必须小于电路输出 $v_o$ 的脉冲宽度(暂稳态维持时间 $t_w$),否则电路将不能正常工作。因为当单稳态触发器被触发翻转到暂稳态后,如果 $v_i$ 端的低电平一直

保持不变，那么 555 定时器的输出端将一直保持高电平不变。

解决这一问题的一个简单方法就是在电路的输入端加一个 $RC$ 微分电路，即当 $v_i$ 为宽脉冲时，让 $v_i$ 经 $RC$ 微分电路之后再接到 $v_{I2}$ 端。不过微分电路的电阻应接到 $V_{CC}$，以保证在 $v_i$ 下降沿未到来时，$v_{I2}$ 端为高电平。

3. 单稳态触发器的应用

（1）延时与定时

在图 4-36 中，$v_O'$ 的下降沿比 $v_i$ 的下降沿滞后了时间 $t_w$，即延迟了时间 $t_w$。单稳态触发器的这种延时作用常被应用于时序控制中。

在图 4-36 中，单稳态触发器的输出电压 $v_O'$，用作与门的输入定时控制信号，当 $v_O'$ 为高电平时，与门打开，$v_O = v_F$，当 $v_O'$ 为低电平时，与门关闭，$v_O$ 为低电平。显然与门打开的时间是恒定不变的，就是单稳态触发器输出脉冲 $v_O'$ 的宽度 $t_W$。

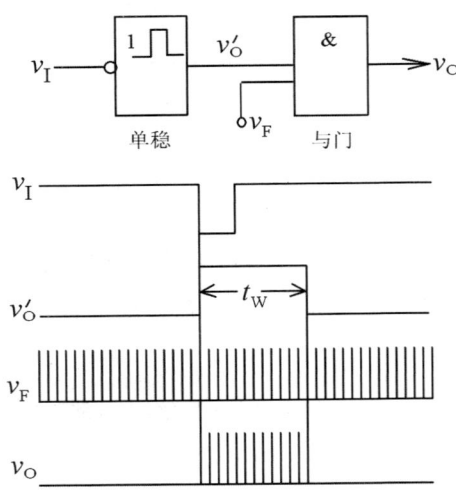

图 4-36 单稳态触发器用于脉冲的延时与定时选通

（2）整形

单稳态触发器能够把不规则的输入信号 $v_i$，整形成为幅度和宽度都相同的标准矩形脉冲 $v_O$。$v_O$ 的幅度取决于单稳态电路输出的高、低电平，宽度 $t_w$ 决定于暂稳态时间。图 4-37 是单稳态触发器用于波形整形的一个简单例子。

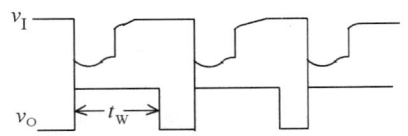

图 4-37 单稳态触发器用于波形的整形

## 一、单稳态触发器

用555集成定时器构成单稳态电路。

按图4-38（a）接线，当 C = 0.01 μF 时，选择合理输入信号 $V_i$ 的频率和脉宽，调节 $R_W$ 以保证 $t > t_W$，使每一个正倒置脉冲起作用。

加输入信号后，用示波器观察 $V_i$、$V_c$ 以及 $V_o$ 的电压波形，比较它们的时序关系，绘出波形，并在图中标出周期、幅值、脉宽等〔图4-38（b）〕。

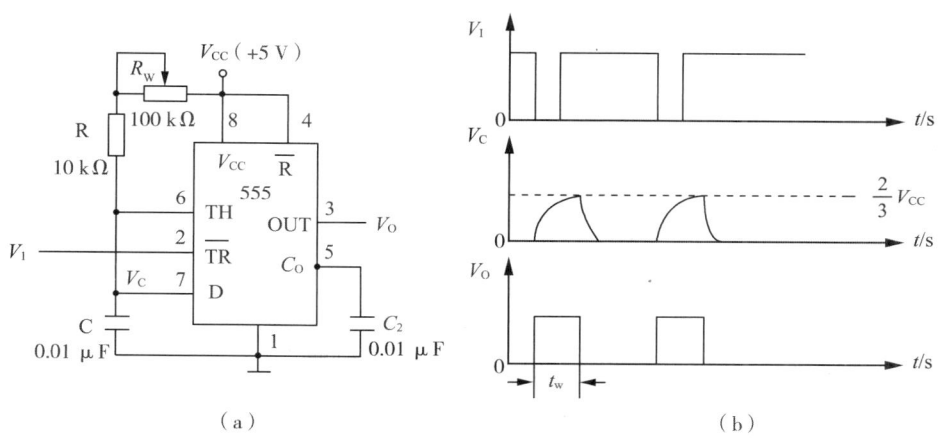

图4-38 555集成定时器组成的单稳态触发器

## 二、多谐振荡器

按图4-39（a）所示电路组装占空比可调的多谐振荡器。取 $R_1 = 5.1$ kΩ，$R_2 = 5.1$ kΩ，$R_W = 100$ kΩ（电位器），$C = 0.01$ μF，调节电位器 $R_W$，在示波器上观察输出波形占空比的变化情况。并观察占空比为1∶4、1∶2、3∶4时的输出波形。

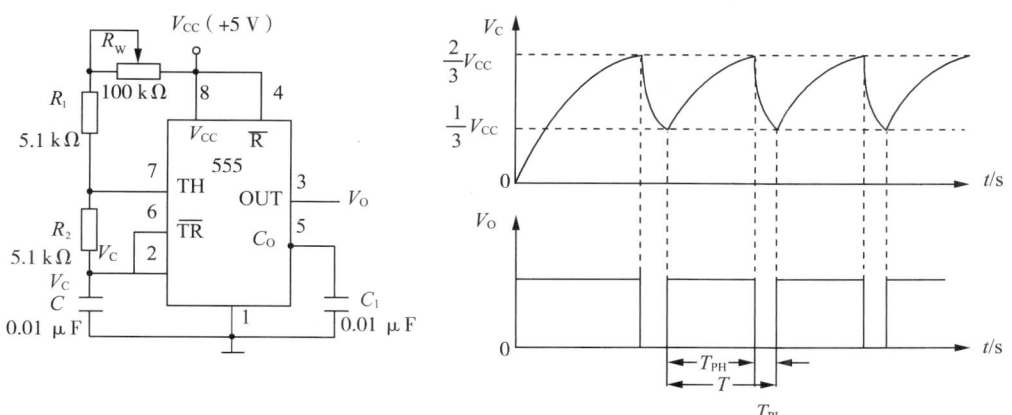

图4-39 555集成定时器组成的多谐振荡器

在图 4-39 中,若固定 $R_1 = 5.1 \text{ k}\Omega$,$R_2 = 5.1 \text{ k}\Omega$,$C = 0.1 \text{ μF}$ 时,用示波器观察并描绘 $V_O$ 和 $V_C$ 波形的幅值、周期以及 $t_{PH}$ 和 $t_{PL}$,标出 $V_C$ 各转折点的电平。

### 三、施密特触发器

按图 4-40 所示电路组装施密特触发器。输入电压 $V_I = 3 \text{ V}$,$f = 1 \text{ kHz}$ 的正弦波。用示波器观察并描绘 $V_I$ 和 $V_O$ 波形,注明周期和幅值,并在图上直接标出上限触发电平、下限触发电平,算出回差电压。

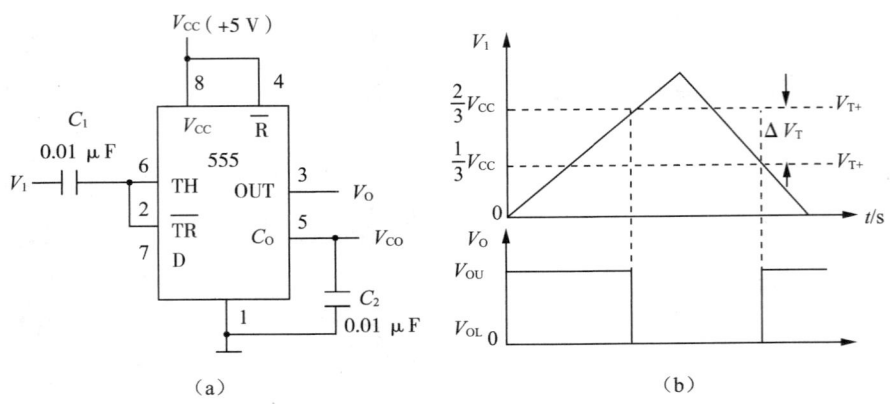

图 4-40 555 集成定时器组成的施密特触发器

如图 4-40 所示电路中,在电压控制端⑤分别外接 2 V、4 V 电压,在示波器上观察该电压对输出波形的脉宽、上、下限触发电平以及回差电压的影响。

### 四、变音信号发生器

用两片 555 定时器构成变音信号发生器,电路如图 4-41 所示,它能按一定规律发出两种不同的声音。这种变音信号发生器是由两个多谐振荡器组成,一个振荡频率较低,另一个振荡频率受其控制。适当调整电路参数,可使声音达到满意的效果。

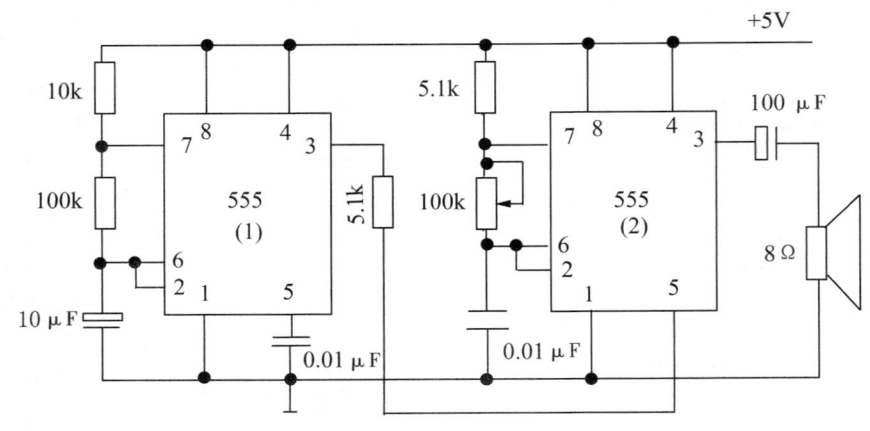

图 4-41 变音信号发生器

## 任务五　电路分析

### 学习目标

**知识目标**

1. 理解防盗报警器中振动探测电路、报警延时电路、音频产生放大等单元电路的结构和原理。

2. 能理解防盗报警器电路的设计方法，比较各种方案优劣，制定电路设计方案。

**能力目标**

1. 能根据任务要求分析、制定电路框图。

2. 能根据实物电路板测绘电路原理图。

3. 能理解防盗报警器电路的工作原理。

**情感目标**

1. 提高学生学习专业的兴趣。

2. 提高学生分析解决实际问题的能力。

查阅资料，完成以下问题。

1. 分析项目要求，描述电路应该具有的功能。

2. 绘制防盗报警器电路的原理框图。

3. 试述一般防盗报警器的振动探测电路的解决方案。

4. 试述一般防盗报警器的报警延时电路的解决方案。

5. 试述一般防盗报警器的音频产生放大电路的解决方案。

6. 查阅资料了解振动式防盗报警器电路的工作原理，请完整描述工作原理。

 知识储备

一、项目要求

设计制作一个防盗报警器，该电子电路应当实现以下功能：
1. 当被保护物品发生振动时，报警电路发出警报声音。
2. 警报声音一段时间后自动恢复。
3. 报警电路具有手动复位功能，可以手动停止警报声音。
4. 尽量做到待机功耗小，成本低。
5. 可根据实际情况扩展报警器功能。

二、电路分析

根据任务要求，可知防盗报警电路原理框图如图 4-42 所示。

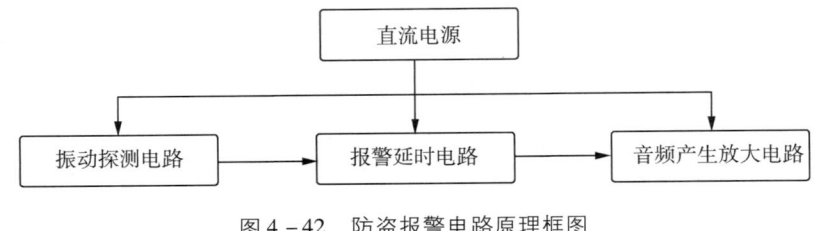

图 4-42 防盗报警电路原理框图

1. 电路设计方案一

(1) 振动探测电路

振动探测电路的主要功能是采集机械振动并转变为电信号。综合考虑本任务要求，弹簧开关、滚珠开关、水银开关、压电陶瓷等均可以实现该功能。为降低成本，同时提高导通的稳定性，这里选用水银开关。

图4-43中直流电源、电阻$R_2$和水银开关$U_2$组成了振动探测电路。当没有振动时，水银开关处于分断状态，使水银开关上端即振动探测电路的输出呈高电平；当有振动时，水银开关内的水银也发生振动接通开关，电源经过电阻直接接地使振动探测电路的输出为低电平，从而实现了电路将振动信号转变为高低电平的电信号。

(2) 报警延时电路

报警延时电路是防盗报警器的核心器件，负责处理振动探测电路送来的报警信号，驱动音频报警电路工作，同时负责报警信号的复位。

图4-43所示$U_3$是555时基电路，这款电路应用非常广泛，使用简单方便，根据不同的接法，可形成多谐振荡器、单稳电路、双稳电路等。电阻$R_1$、电容器$C_1$、$C_2$与555定时器组成了单稳态触发器。当2脚为高电平时，电路处于稳定状态，3脚输出低电平；当2脚出现负脉冲触发信号时，电路状态发生翻转处于暂稳态，3脚输出高电平；经过$T_w$时间后，电路由暂稳态返回稳定状态，3脚输出低电平，$T_w$时间取决于$R_1$和$C_1$的取值。

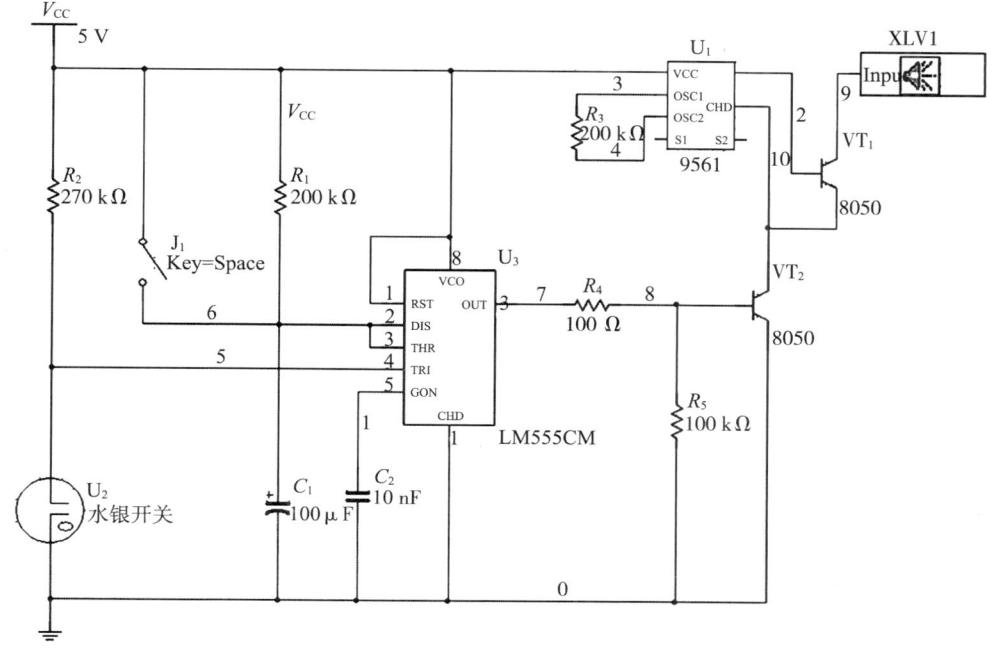

图4-43 防盗报警器原理图

开关 $J_1$ 接在直流电源与 6、7 脚之间，作为防盗报警器的复位开关。当单稳态触发器处于暂稳态时，3 脚输出高电平。按下开关 $J_1$，6 脚经过开关直接与电源连接呈高电平，迫使电路没有经过 $T_w$ 时间即发生翻转，由暂稳态返回稳定状态，3 脚输出低电平。

电阻 $R_4$、$R_5$ 和三极管 $VT_2$ 组成了输出驱动电路。当 555 定时器的 3 脚输出为低电平时，三极管 $VT_2$ 处于截止状态；当 555 定时器的 3 脚输出为高电平时，三极管 $VT_2$ 处于导通状态。三极管 $VT_2$ 在这里处于开关状态，相当于一只受单稳态触发器控制的开关。

（3）音频产生放大电路

9561 为四声报警音乐集成电路，当 $VT_2$ 导通时，9561 芯片 GND 引脚接地，便可产生四种不同的报警音频信号，在这里 S1 和 S2 两脚均为悬空，设定成警车声。

输出音频信号加在 $VT_1$ 基极上，经 $VT_1$ 放大后，驱动扬声器发出警报声音。

综合以上得到整个防盗报警电路的工作原理：平时水银开关断开，555 定时器的 2 脚为高电平，3 脚输出为低电平，$VT_2$ 截止，报警电路不工作；当报警器有振动时，水银开关里的水银也一起振动，当把开关接通时，2 脚便为低电平，这时 555 定时器的输出状态发生变化，输出为高电平，$VT_2$ 导通，报警电路工作。与此同时，$C_1$ 经 7 脚进行放电，使得 $IC_2$ 的 6 脚电压低于 5 脚，这时就算水银开关又断开，电路的输出状态也被锁定，直到 $IC_2$ 的 6 脚电压高于 5 脚时，电路才恢复到原来状态。这个过程的长短决定于 $R_1$ 和 $C_1$ 值，同时也决定了每次触发后报警时间的长短。报警后若要取消，只须按下开关 $J_1$，这时 6 脚的电压变成接近电源电压，报警停止。

2. 电路设计方案二

如图 4-44 所示，该电路由由振动传感器与电信号转换电路、信号放大电路、单稳态延时控制电路、报警声响发生器组成。

微小振动会使 HTD 产生电信号输出。晶体管 $Q_1$ 单级放大电路。$R_{p1}$ 用来调节电路的负反馈量，使电路既能有很高的放大倍数，又有较高的工作稳定性。NE555 与 $R_7$、$C_1$ 组成单稳态延时控制电路，用来控制发声延续时间。调节 $R_7$ 就可以调节报警时间的长短，CK9561 组成报警声响发声电路，它的工作电压仅为 5 V，NE555 的输出电压既作为工作电源，又作为触发信号。

电路工作原理分析：当接通电源后，使 NE555 复位。稳态时，2 脚加高电平，6、7 脚由于 NE555 电路内放电管的导通，当有微小振动时，会使 HTD 产生电信号输出，加至触发端 2 脚，单稳态电路被触发翻转，输出端 3 脚由低电平变为高电平。与此同时，555 电路内的放电管截止，电源通过 $R_7$ 向 $C_1$ 充电，电路进入暂稳态。3 脚的高电平作为 CK9561 的工作电源加在它的电源端 VD，同时作为它的触发信号，使其被触发发出报警声。

随着时间的推移，电容 $C_1$ 上的电压逐渐上升，当电压上升到 $\frac{2}{3}V_{cc}$ 以上时，电路翻转。

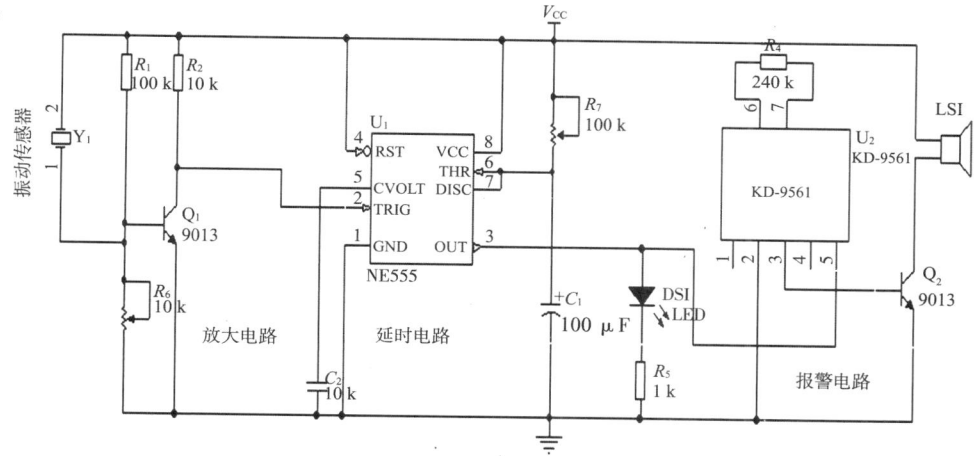

图 4-44 电路原理图

 技 能 训 练

拆开观察收集到的防盗报警器里面的电路板或参考教师给的电路板测绘电路原理图。

参考电路板图如图 4-45、图 4-46 所示。

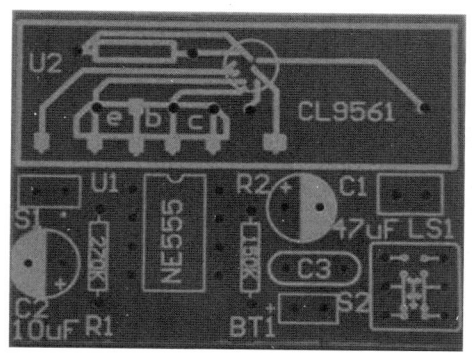

图 4-45 元件面

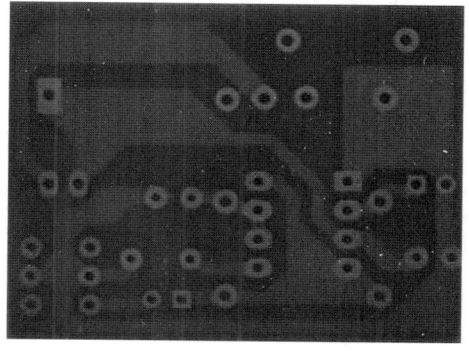

图 4-46 焊接面

请将电路原理图绘制到此处。

## 任务六　成品制作

### 学习目标

**知识目标**

根据原理图，绘制元器件安装布置图。

**能力目标**

1. 能根据电路原理图填写器件清单和所需工具，并根据器件清单采购或挑选所用元器件。

2. 能正确利用仪表识别相关电子元器件。

3. 能正确利用仪表对相关电子元器件好坏进行检测。

4. 能正确使用电子焊接常用工具，按图纸、工艺要求、安装规程要求正确完成防盗报警器电子线路的安装，并正确使用万用表通电进行调试。

**情感目标**

1. 提高学生学习专业的兴趣。

2. 培养学生养成严谨的工作态度。

3. 提高学生分析解决实际问题的能力。

### 学习过程

1. 根据原理图（图4-47）绘制出元器件安装布置图。

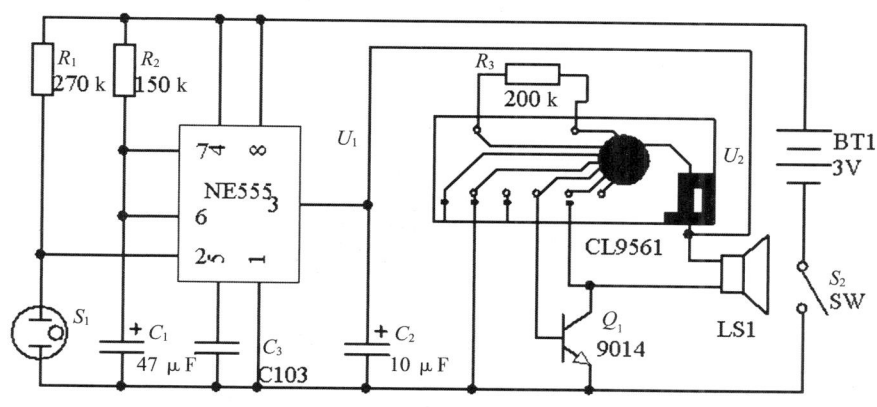

图 4-47 防盗报警器原理图

2. 准备器材

组员需要填写仓库借用仪器仪表清单（表 4-9）和元器件清单（表 4-10）。

表 4-9 防盗报警器电路装调仪器仪表清单

生产单号：_____ 领料部门：_____ 管理员签名：_____ 年 月 日

| 序号 | 名称 | 数量 | 规格 | 单位 | 借出时间 | 借用人签名 | 归还时间 | 归还人签名 | 备注 |
|---|---|---|---|---|---|---|---|---|---|
| | | | | | | | | | |
| | | | | | | | | | |
| | | | | | | | | | |
| | | | | | | | | | |

表 4-10 防盗报警器电路装调元器件清单

生产单号：_____ 领料部门：_____ 管理员签名：_____ 年 月 日

| 序号 | 名称 | 规格型号 | 单位 | 申领数量 | 实发数量 | 备注 |
|---|---|---|---|---|---|---|
| | | | | | | |
| | | | | | | |
| | | | | | | |
| | | | | | | |
| | | | | | | |
| | | | | | | |
| | | | | | | |

3. 识别元器件

分辨清楚所需元器件，将图 4-48 所示元器件名称补充完整。

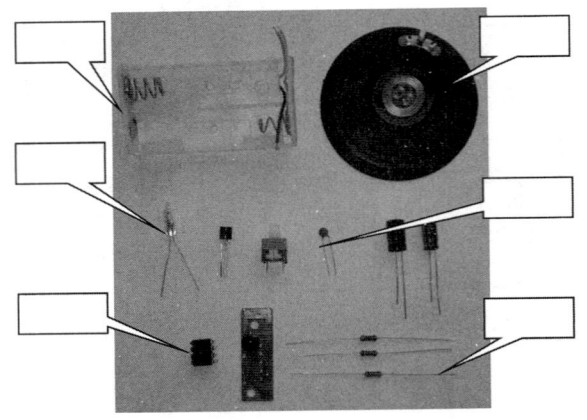

图 4-48 防盗报警器元器件

 **知识储备**

一、电路安装

元件焊接时，为了方便调试，可先不装水银开关，等单稳电路调试正常后，再焊上水银开关。

复位开关安装时，把 4 个引脚往上搬，然后焊上引线，4 个脚中有 2 个里面是连在一起的，因此只需焊两个脚就可以了，具体是哪两个脚，可用万用表电阻挡进行测量，按下时接通、松开时断开的一组引脚就是所要焊引线的脚。

由于 9561 报警音发生电路没有引脚引出，制作者在制作时必须用管脚将其引出方能安装于电路板上，9561 与线路板的连接可以用 9013 三极管的管脚来完成。

将三极管的基极（中间的脚）剪断后直接焊于音乐片 9561 上，然后将另外两脚穿出音乐电路，另一边也在 9561 上焊牢。两根穿出的引脚用于焊于线路板上。R3 也直接焊于音乐片上，这样 VT3 和 R3 便与音乐电路 9561 装于一体，只需将报警电路与主电路板相连便可完成电路制作。

由于要将线路板装于外壳内，空间有限，在焊接两只电解电容时需要平放，否则可能装不下。在安装水银开关时动作轻些，因为它是一个玻璃器件，碰到硬物容易碎。

语音芯片为软封装，电烙铁长时间焊接会烫坏语音芯片。

## 二、系统调试

报警部分调试时,将 VT2 的 C、E 极间短路一下,若有正常的报警声发出,说明报警电路工作正常。若不正常,应重点检查 9561 上的振荡电阻是否安装可靠。

555 单稳态电路调试时,只要按线路板上的标识进行焊接,基本不用调试。开始调试时用短接水银开关两焊点的办法来模拟,工作正常后再焊上水银开关。

水银开关的状态平时应为断开,而有振动时开关里面的水银应能可靠接通开关,这主要看开关的水平角度,具体调到什么程度由制作者实际安装时确定。

 技 能 训 练

### 一、防盗报警器电路焊接

按照表 4-11 要求步骤及方法焊接电路、安装产品,并将注意事项补充完整。

表 4-11 防盗报警器电路焊接步骤

| 步骤名称 | 焊接示意图(请在图中标出元件) | 注意事项 |
|---|---|---|
| 1. 焊接电阻器(R1、R2) | 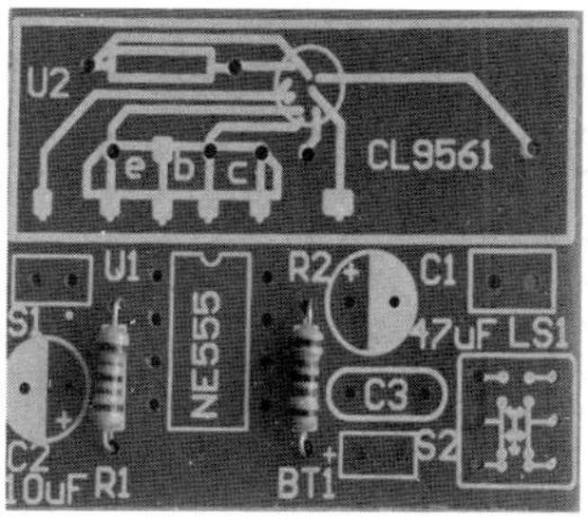 元件面 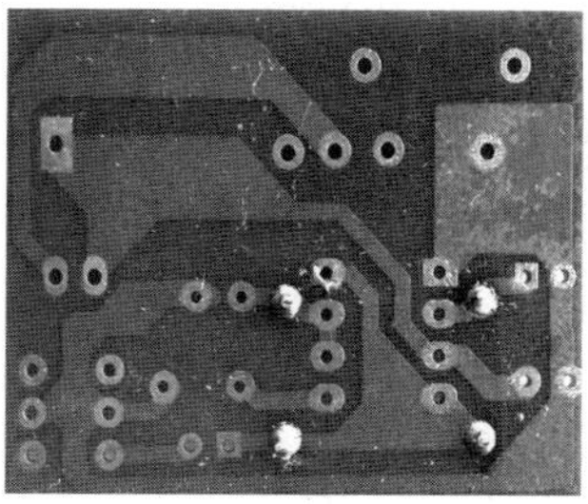<br>焊接面 | 卧式插装,焊接时应注意: |

（续表）

| 步骤名称 | 焊接示意图（请在图中标出元件） | 注意事项 |
|---|---|---|
| 2. 焊接集成电路 NE555（U1） | 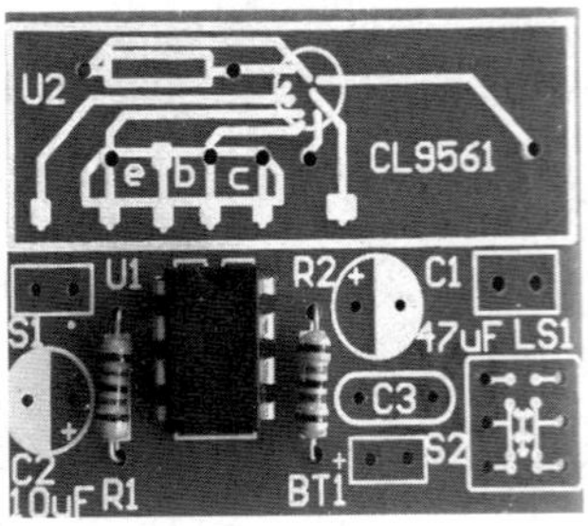 元件面 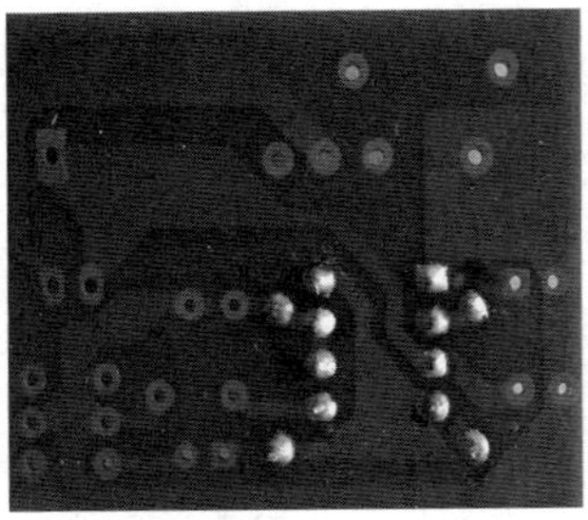<br>焊接面 | NE555 采用_____封装形式。焊接时应注意： |
| 3. 焊接103瓷介电容器（C3） |  元件面 <br>焊接面 | 瓷介电容属于_____极性电容，采用立式插装。焊接时注意： |

（续表）

| 步骤名称 | 焊接示意图（请在图中标出元件） | 注意事项 |
| --- | --- | --- |
| 4. 焊接电阻（R3）、三极管（Q1）、9561 芯片（U2）电源线 |  元件面 <br><br>焊接面 | 语音芯片为_____封装。<br>焊接时应注意：电烙铁长时间焊接会_____。<br>9561 没有引出管脚，可以利用_____和_____的管脚进行两面焊接，固定在电路板上。<br>电源线可利用剪下的元件管脚进行焊接 |
| 5. 焊接电解电容器（C1，C2） |  元件面 <br><br>焊接面 | 焊接时注意：电解电容极性：<br>管脚：长_____，短_____，外观有灰色标记的管脚是_____ |

（续表）

| 步骤名称 | 焊接示意图（请在图中标出元件） | 注意事项 |
|---|---|---|
| 6. 焊接电源开关（S2） |  元件面 <br><br>焊接面 | 具体安装方向可在安装前用万用表检查判断，数字万用表用_____挡。按下时接通，松开时断开的一组引脚就是所要焊引线的脚。<br>焊接时应注意： |
| 7. 焊接扬声器（LS1） |  | 焊接时应注意： |
| 8. 焊接电源线（BT1） |  | 焊接时应注意： |

（续表）

| 步骤名称 | 焊接示意图（请在图中标出元件） | 注意事项 |
|---|---|---|
| 9. 焊接水银开关（S1） |  | 水银开关焊接时，元件面管脚预留长一些，便于后期调试。<br>水银开关是_____封装。<br>安装水银开关时应注意： |
| 10. 整体效果图 |  | |

## 二、防盗报警器的调试步骤及方法

请将电路调试步骤与方法补全。

1. 报警部分调试

2. 555 单稳态电路调试

3. 水银开关的调试

4. 系统总调

# 总结与评价

## 一、本项目学生能力考核表（表4-12）

表4-12 学生能力考核表

| 主项目及配分 | 序号 | 子项目 | 配分 | 得分 |
|---|---|---|---|---|
| 理论知识 | 1 | 能根据实物电路板测绘电路原理图 | 10 | |
| | 2 | 能理解电路原理 | 5 | |
| | 3 | 能根据电路原理图填写器件清单 | 5 | |
| 实操能力 | 4 | 能认识集成芯片的封装 | 10 | |
| | 5 | 能正确识别NE555，CK9561 | 15 | |
| | 6 | 能正确完成防盗报警器线路的安装并通电调试 | 25 | |
| | 7 | 能正确利用仪表对防盗报警器电子线路成品进行检修 | 15 | |
| 综合素养 | 8 | 出勤、纪律 | 5 | |
| | 9 | 符合安全生产规范 | 5 | |
| | 10 | 团队合作意识 | 5 | |

## 二、实操评价标准表（表4-13）

表4-13 实际操作评价标准表

| 考核项目 | 考核要求 | 配分 | 评分标准 | 扣分 | 得分 | 备注 |
|---|---|---|---|---|---|---|
| 准备工作 | 15min内完成所有元器件的清点、检测及调换 | 10 | 规定时间以外更换元件，每个扣5分 | | | |
| 元器件检测 | 完成材料清单中元器件检测 | 15 | 监测数据不正确，每处扣2分 | | | |
| 组装焊接 | 元器件按要求整形；正确安装元器件；焊点美观、走线合理、布局漂亮 | 35 | 整形、安装或焊点不规范，每处扣1分 元器件安装错误或损伤件，每处扣2分 少线、错线及布局不美观，每处扣1分 | | | |
| 通电调试 | 输出电压正常可调 | 20 | 检修一次后电路才正常，扣2分 检修两次后电路才正常，扣4分 | | | |

（续表）

| 考核项目 | 考核要求 | 配分 | 评分标准 | 扣分 | 得分 | 备注 |
|---|---|---|---|---|---|---|
| 安全文明操作 | 严格遵守电业安全操作规程，工作台工具、器件摆放整齐 | 10 | 违反安全操作规程，扣1~10分<br>工具、器件不整齐，扣1~5分 | | | |
| 时间 | 90 min | 10 | 提前正确完成每5 min加2分<br>超过定额时间每5 min扣2分 | | | |
| 开始时间： | | 结束时间： | | 实际用时： | | |

# 项目五　数字秒表的制作

## 工作情景描述

某企业承接了一批简易数字秒表电路的组装与调试任务，请按照相应的企业生产标准完成该产品的组装与调试，实现该产品的基本功能，满足相应的技术指标，并正确填写相关技术文件或测试报告。图5-1所示为数字式秒表。

图 5-1　数字式秒表

## 学习目标

**知识目标**

1. 能根据实际要求，搜集相关资料。
2. 掌握数组合逻辑电路的分析方法。
3. 掌握编码器和译码器的结构、分类、逻辑功能及其应用。
4. 掌握触发器和时序逻辑电路的分析方法。
5. 掌握计数器的结构、分类、逻辑功能及其应用。
6. 掌握数字秒表的的电路结构和工作原理。

**能力目标**

1. 能根据电路原理图填写器件清单,并根据器件清单采购或挑选所用元器件。
2. 能正确识别元器件,正确使用仪器仪表。
3. 能正确辨识各类电路符号,对电路图进行正确识读。
4. 能根据电路要求,正确绘制电路图和安装图。
5. 能正确完成防盗报警器线路的安装并通电调试。

**情感目标**

1. 提高学生学习专业的兴趣。
2. 培养学生养成严谨的工作态度。
3. 促进学生的逻辑思维能力。
4. 提高学生分析解决实际问题的能力。

### 建议课时

50 课时

### 工作流程与活动

任务一　认识数字秒表

任务二　认识元器件

任务三　组合逻辑电路

任务四　触发器及时序逻辑电路

任务五　电路分析

任务六　成品制作

# 任务一　认识数字秒表

 **学习目标**

**知识目标**

1. 了解数字秒表的作用，系统组成。
2. 掌握数字集成电路基础知识。

**能力目标**

能根据实际要求，收集相关资料。

**情感目标**

1. 提高学生学习专业的兴趣。
2. 提高学生分析解决实际问题的能力。

 **学习过程**

查阅资料，完成以下问题，了解任务对象。

1. 了解秒表的分类、数字秒表的优点和应用场合。

2. 数字秒表主要由哪些电路组成。

3. 图 5-2 是目前常见的计时秒表，把它与图 5-1 所示秒表进行比较，说明两种秒表显示器的名称及它们的优劣和适用场合。

知识储备

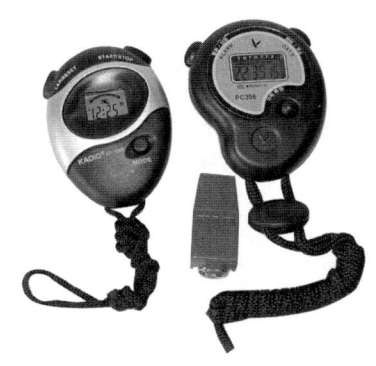

图 5-2　数字秒表

一、数字秒表

数字秒表是一种较先进的电子计时器，其使用功能比机械秒表要多，它不仅能显示分、秒，还能显示时、日、月及星期，并且有 0.01 s 的功能。一般的数字秒表连续累计时间为 59 min 59.99 s，可读到 0.01 s，平均日差 ±0.5 s。数字秒表采用了数字电路和数码显示，具有直观、准确性高的特点，广泛应用于科学研究、体育运动及国防等。目前国产的数字秒表一般都是利用石英振荡器的振荡频率作为时间基准，采用液晶数字显示器或发光二极管显示器显示时间。

数字秒表还广泛应用于各种继电器、电磁开关、控制器、定时器的各种时间参数的测试，是电器制造、电力、工业自动化控制、石化及国防科研理想的精密计时仪器。

二、数字集成电路

数字集成电路有双极型（如 TTL、ECL）和单极型（如 CMOS）两大类，每类中各包含不同的品种系列。

1. TTL 数字集成电路

TTL 数字集成电路是双极型三极管—三极管逻辑电路的简称，具有结构简单、开关速度快、抗干扰能力强、负载能力强及功耗适中等优点，应用较广泛。

TTL 数字集成电路为正逻辑系列，即高电平"1"约为 3.6 V 的正电压，低电平"0"约为 0.2~0.35 V。它有军用的 54 系列和民用的 74 系列两种。54 系列的电源电压范围为 4.5~5.5 V，工作温度范围为 -55~+125℃；74 系列的电源电压范围为 4.75~5.25 V，工作温度范围为 0~+70℃。注意：TTL 数字集成电路采用 +5 V 电源供电。

TTL 数字集成电路又分为以下几类：①在 54/74 系列后不加字母，表示标准 TTL 数字集成电路；②加字母 L，表示低功耗；③加字母 H，表示高速；④加字母 s，表示是肖特基数字集成电路；⑤加字母 LS，表示是低功耗肖特基。对于各类 TTL 数字集成电路，若尾数相同，则它们的逻辑功能完全相同。例如，74LS02、7402、54LS02 都是四 2 输入或非门。

## 2. CMOS 数字集成电路

CMOS 数字集成电路是 NMOS 和 PMOS 管组成的逻辑电路,是一种微功耗的数字集成电路。

## 3. CMOS 数字集成电路与高速 CMOS 数字集成电路的区分

CMOS 数字集成电路电源电压范围为 3~18 V,高速 CMOS 数字集成电路电源电压范围为 2~6 V。这可为两类数字集成电路的区分提供依据。

给待测电路加上 2~2.5 V 电源电压,若集成电路能正常工作,则是 QCMOS 数字集成电路;否则,待测集成电路是 CMOS 数字集成电路。

技 能 训 练

**TTL 数字集成电路性能粗测**

在用万用表粗测 TTL 数字集成电路之前,应知道待测 TTL 数字集成电路的型号,查技术参数手册或产品样本,找出该集成电路的接地引脚,最好能查出它的内部电路图。

TTL 数字集成电路的性能粗测可按以下步骤进行:

(1) 将万用表拨至 "$R \times 1$ k" 挡,黑表笔接待测集成电路的接地端,红表笔依次测试各输入端和输出端对地的直流电阻值。正常情况下各引脚对地电阻应为 3~10 kΩ,若某一引脚对地电阻小于 1 kΩ 或大于 12 kΩ,则说明该集成电路已损坏。

(2) 将万用表红表笔接待测集成电路的接地端,黑表笔依次测试各输入端和输出端对地的直流电阻值。正常情况下各引脚对地电阻应大于 40 kΩ,而损坏的集成电路的各引脚对地电阻则低于 1 kΩ。

(3) 一个好的 TTL 数字集成电路的电源正、负极引脚的对地正、反向直流电阻值均小于其他引脚的对地电阻值,最大不超过 10 kΩ。若测得此值为零或无穷大,则说明此集成电路电源引脚已损坏,该集成芯片应报废。据此,可检测出 TTL 数字集成电路芯片的电源引脚和接地引脚。

## 任务二  认识元器件

### 学习目标

**知识目标**

掌握 LED 数码管、CD4011、CD4511、CD4518 的结构和功能。

**能力目标**

3. 能正确识别集成电路芯片，分辨管脚。

4. 能正确识别 LED 数码管、CD4011、CD4511、CD4518。

**情感目标**

1. 培养学生对专业的兴趣。

2. 提高学生分析解决问题的能力。

### 学习过程

一、认识 LED 数码管

1. 请根据图 5-3，查阅相关资料，将该集成芯片的特点和型号意义填写完整。

该集成芯片型号的意义是_____。

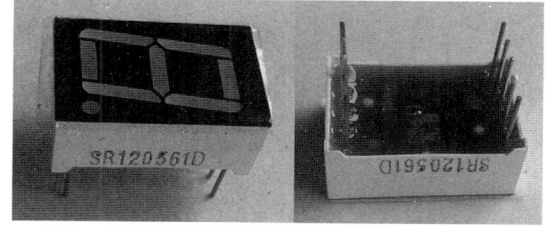

图 5-3  LED 数码管

LED 数码管就是将 7 个_____（加小数点为 8 个）按一定的方式排列起来，7 段 a、b、c、d、e、f、g（小数点 DP）各对应一个_____，利用不同发光段的组合，显示不同的阿拉伯数字。

LED 数码管的优点是工作电压_____、体积_____、寿命_____、亮度_____、响应速度_____、工作可靠性高，缺点是_____。

2. 按内部连接方式不同,七段数字显示器分为共_____和共_____两种。试根据图 5-4 填写 LED 数码管代码表(表 5-1)。

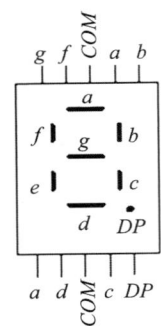
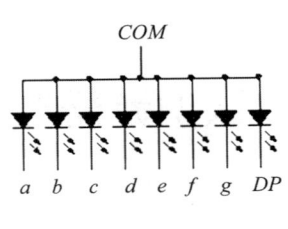
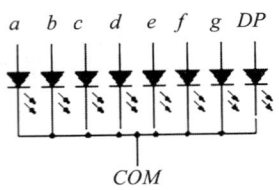

图 5-4 LED 数码管管脚

表 5-1 LED 数码管代码表

| 显示字符 | 段符号 | | | | | | | | 十六进制 | | BCD 码 | | | |
|---|---|---|---|---|---|---|---|---|---|---|---|---|---|---|
| | H | G | F | E | D | C | B | A | 共阴极 | 共阳极 | D | C | B | A |
| 0 | | | | | | | | | | | | | | |
| 1 | | | | | | | | | | | | | | |
| 2 | | | | | | | | | | | | | | |
| 3 | | | | | | | | | | | | | | |
| 4 | | | | | | | | | | | | | | |
| 5 | | | | | | | | | | | | | | |
| 6 | | | | | | | | | | | | | | |
| 7 | | | | | | | | | | | | | | |
| 8 | | | | | | | | | | | | | | |
| 9 | | | | | | | | | | | | | | |
| A | | | | | | | | | | | | | | |
| B | | | | | | | | | | | | | | |
| C | | | | | | | | | | | | | | |
| D | | | | | | | | | | | | | | |
| E | | | | | | | | | | | | | | |
| F | | | | | | | | | | | | | | |

## 二、认识集成电路 CD4011

1. 请根据图 5-5，查阅相关资料，将集成芯片电路 CD4011 的作用和特点填写完整。

图 5-5　集成芯片 CD4011

该型号集成芯片的作用是_____；电源电压范围：_____；功耗：_____；工作温度范围：_____。

2. 试根据图 5-6 查阅资料，写出与非逻辑的真值表（表 5-2）和 CD4011 的逻辑功能。

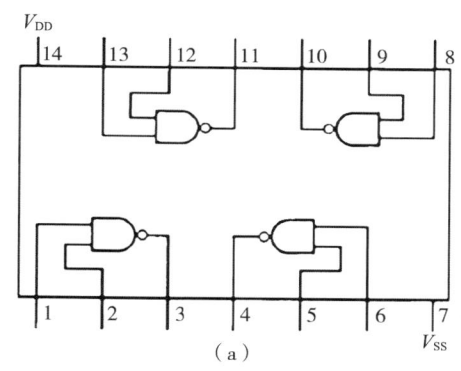
（a）

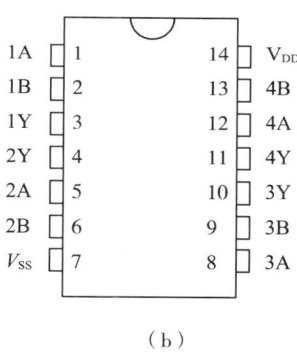
（b）

图 5-6　CD4011 内部结构框图及管脚排列

表 5-2　与非逻辑真值表

| A | B | Y |
| --- | --- | --- |
| 0 | 0 |  |
| 0 | 1 |  |
| 1 | 0 |  |
| 1 | 1 |  |

CD4011 逻辑功能表达式分别是：1Y = _____；2Y = _____；3Y = _____；4Y = _____

### 三、认识集成电路 CD4511

1. 请根据图 5-7，查阅相关资料，将集成芯片 CD45-11 的作用和特点填写完整。

图 5-7 集成电路 CD4511

该型号集成芯片型号的作用是_____；电源电压范围：_____；输入电压范围：_____；工作温度范围：_____。

2. 试根据图 5-8 查阅资料，填写 CD4511 的管脚功能和逻辑功能表（表 5-3）。

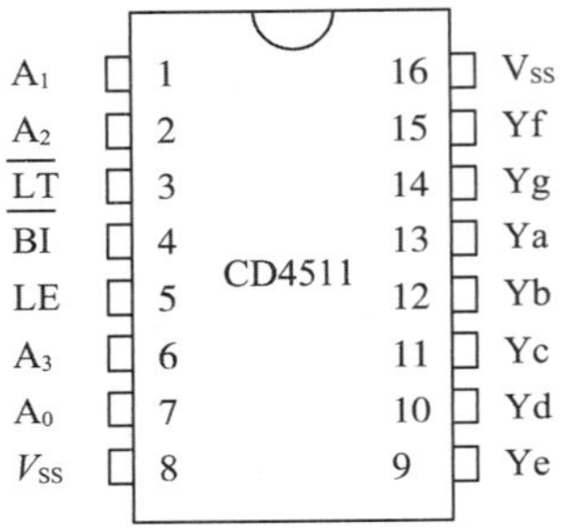

```
A₁  [ 1      16 ] Vss
A₂  [ 2      15 ] Yf
LT  [ 3      14 ] Yg
BI  [ 4  CD4511  13 ] Ya
LE  [ 5      12 ] Yb
A₃  [ 6      11 ] Yc
A₀  [ 7      10 ] Yd
Vss [ 8       9 ] Ye
```

图 5-8 CD4518 引脚图

CD4511 的管脚功能：

A0～A3：_____；BI：_____；LE：_____；LT：_____；Ya～Yg：_____；V$_{DD}$：_____；V$_{SS}$：_____

表 5-3 CD4511 逻辑功能表

| 输入 | | | | | | | 输出 | | | | | | | |
|---|---|---|---|---|---|---|---|---|---|---|---|---|---|---|
| LE | BI | LI | D | C | B | A | a | b | c | d | e | f | g | 显示 |
| X | X | 0 | X | X | X | X | | | | | | | | |
| X | 0 | 1 | X | X | X | X | | | | | | | | |
| 0 | 1 | 1 | 0 | 0 | 0 | 0 | | | | | | | | |
| 0 | 1 | 1 | 0 | 0 | 0 | 1 | | | | | | | | |

（续表）

| 输入 | | | | | | | 输出 | | | | | | | 显示 |
|---|---|---|---|---|---|---|---|---|---|---|---|---|---|---|
| LE | BI | LI | D | C | B | A | a | b | c | d | e | f | g | |
| 0 | 1 | 1 | 0 | 0 | 1 | 0 | | | | | | | | |
| 0 | 1 | 1 | 0 | 0 | 1 | 1 | | | | | | | | |
| 0 | 1 | 1 | 0 | 1 | 0 | 0 | | | | | | | | |
| 0 | 1 | 1 | 0 | 1 | 0 | 1 | | | | | | | | |
| 0 | 1 | 1 | 0 | 1 | 1 | 0 | | | | | | | | |
| 0 | 1 | 1 | 0 | 1 | 1 | 1 | | | | | | | | |
| 0 | 1 | 1 | 1 | 0 | 0 | 0 | | | | | | | | |
| 0 | 1 | 1 | 1 | 0 | 0 | 1 | | | | | | | | |
| 0 | 1 | 1 | 1 | 0 | 1 | 0 | | | | | | | | |
| 0 | 1 | 1 | 1 | 0 | 1 | 1 | | | | | | | | |
| 0 | 1 | 1 | 1 | 1 | 0 | 0 | | | | | | | | |
| 0 | 1 | 1 | 1 | 1 | 0 | 1 | | | | | | | | |
| 0 | 1 | 1 | 1 | 1 | 1 | 0 | | | | | | | | |
| 0 | 1 | 1 | 1 | 1 | 1 | 1 | | | | | | | | |
| 1 | 1 | 1 | X | X | X | X | | | | | | | | |

### 四、认识集成电路 CD4518

1. 请根据图 5-9，查阅相关资料，将集成芯片 CD4518 的作用和特点填写完整。

图 5-9 集成电路 CD4518

该型号集成芯片型号的作用是_____。

2. 试根据图 5-10 查阅资料，填写 CD4511 的管脚功能和逻辑功能表（表 5-4）。

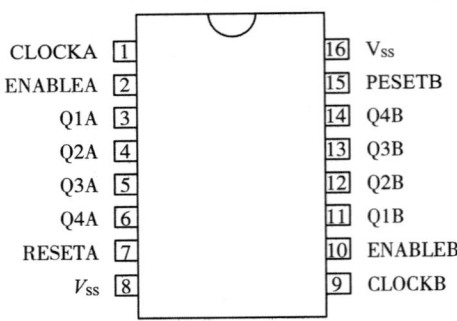

图 5-10　CD45618 引脚图

CD4518 管脚功能：

1CP、2CP：_____；1CR、2CR：_____；1EN、2EN：_____；1Q0 ~ 1Q3：_____；2Q0 ~ 2Q3：_____；$V_{DD}$：_____；$V_{CC}$：_____。

表 5-4　CD4518 逻辑功能表

| CLOCK | ENABLE | RESET | ACTION |
| --- | --- | --- | --- |
| 上升沿 | 1 | 0 | |
| 0 | 下降沿 | 0 | |
| 下降沿 | X | 0 | |
| X | 上升沿 | 0 | |
| 上升沿 | 0 | 0 | |
| 1 | 下降沿 | 0 | |
| X | X | 1 | |

3. 根据下述资料，尝试进行计数器的级联，绘制芯片的接线图。

若将第一个加计数器的输出端 Q4A 作为第二个加计数器的输入端 ENB 的时钟脉冲信号，便可组成两位 8421 编码计数器，依次下去可以进行多位串行计数。

 知 识 储 备

一、组合逻辑电路的测试

组合逻辑电路的功能，由真值表可完全表示出来，测试工作就是验证电路的功能是否符合真值表。

1. 组合逻辑电路的静态测试

组合逻辑电路的静态测试可按图 5-11 所示电路进行。

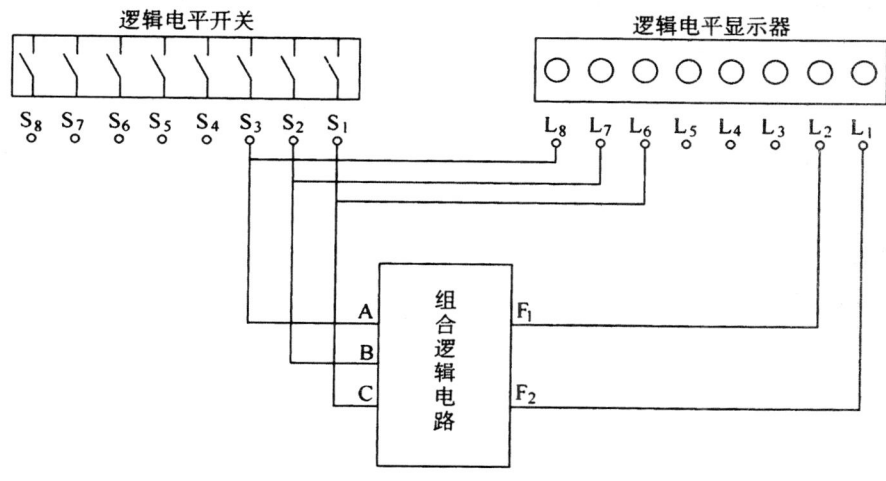

图 5-11  组合逻辑电路的静态测试

将电路的输入端分别接到逻辑电平开关上,注意按真值表中的输入信号高、低位顺序排列。

将电路的输入端和输出端分别连至"0—1"电平显示器,分别显示电路的输入状态和输出状态。注意:输入信号的显示也按真值表中高、低位的顺序排列,不要颠倒。

根据真值表,用逻辑电平开关给出所有组合状态,观察输出端的电平显示是否满足所规定的逻辑功能。

对于译码器,可在上述测试电路基础上加接数字显示器予以测试。在输入规定信号时,显示器上应按真值表显示规定的数码。

2. 组合逻辑电路的动态测试

动态测试是根据要求,在组合逻辑电路输入端分别输入合适信号,用脉冲示波器测试电路的输出响应。输入信号可由脉冲信号发生器或脉冲序列发生器产生,测试时,用脉冲示波器观察输出信号是否跟得上输入信号的变化,输出波形是否稳定并且是否符合输入、输出逻辑关系。

### 二、时序逻辑电路的测试

时序逻辑电路的特点是任意时刻的输出不仅取决于该时刻输入逻辑变量的状态,而且还和电路原来的状态有关,具有记忆功能。时序逻辑电路的构成有两类,一类是由触发器单独组成或由触发器和门电路共同组成;另一类由中规模集成电路构成,如各类计数器、移位寄存器等。

1. 集成触发器的测试

集成触发器是组成时序电路的主要器件。静态测试主要测试触发器的复位、置位、翻转功能。动态测试是测试触发器在时钟脉冲作用下的计数功能，用示波器观测电路各处波形的变化情况，并根据波形测定输入、输出信号之间的分频关系，输出脉冲上升和下降时间，触发灵敏度和抗干扰能力以及接入不同性质负载时对输出波形参数的影响。测试时，输入触发脉冲的宽度一般要大于数微秒，且脉冲的上升沿和下降沿要陡。

2. 时序逻辑电路的静态测试

时序逻辑电路的静态测试主要测试电路的复位、置位功能，它的静态测试应称为"半动态测试"。因测试时序逻辑电路的逻辑功能时必须有动态的时钟脉冲加入，输入信号既有电平信号又有脉冲信号，所以称为"半动态测试"。测试框图如图 5-12 所示，测试步骤如下。

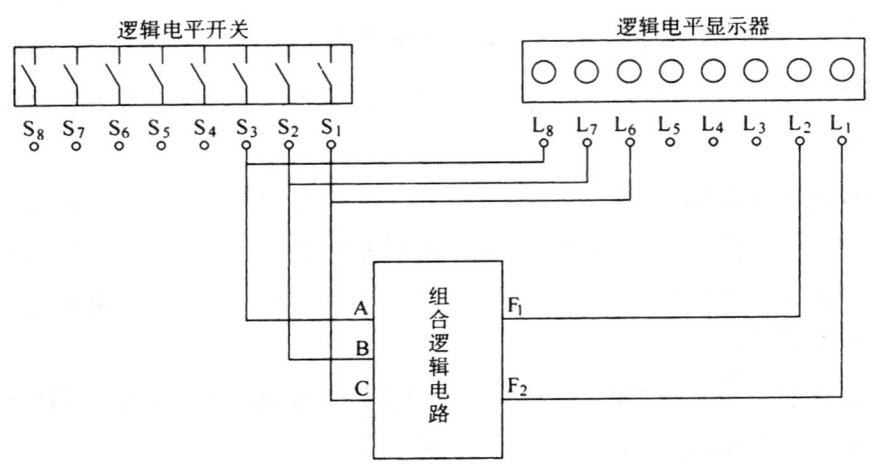

图 5-12 时序逻辑电路的静态测试

（1）把输入端分别接到逻辑电平开关上，输入信号由逻辑电平开关提供，把时钟脉冲输入端 CP 接到手动单次脉冲输出端，时钟脉冲由能消除抖动的单次脉冲发生器提供。

（2）把输入端、时钟脉冲 CP 端与输出端分别连接到逻辑电平显示器，连接时注意输出信号高、低位的排列顺序。

（3）测试时，依次按动逻辑电平开关和手动单次脉冲按钮，从显示器上观察输入、输出状态的变化和转换情况。若全部转换情况都符合状态转换表（图）的规定，则该电路的逻辑功能符合要求。

3. 时序逻辑电路的动态测试

时序逻辑电路的动态测试是指在时钟脉冲作用下，测试各输出端的状态是否满足功能表（图）的要求，用示波器观测各输入、输出端的波形，并记录分析这些波形与时钟脉冲之间的关系。

动态测试通常用示波器进行观测。若所有输入端都接入适当的脉冲信号，则称为"全动态测试"，一般情况下多数属于半动态测试。全动态与半动态测试的区别在于时钟脉冲改由连续时钟脉冲信号源提供，输出由示波器进行观测，连接如图 5 – 13 所示。

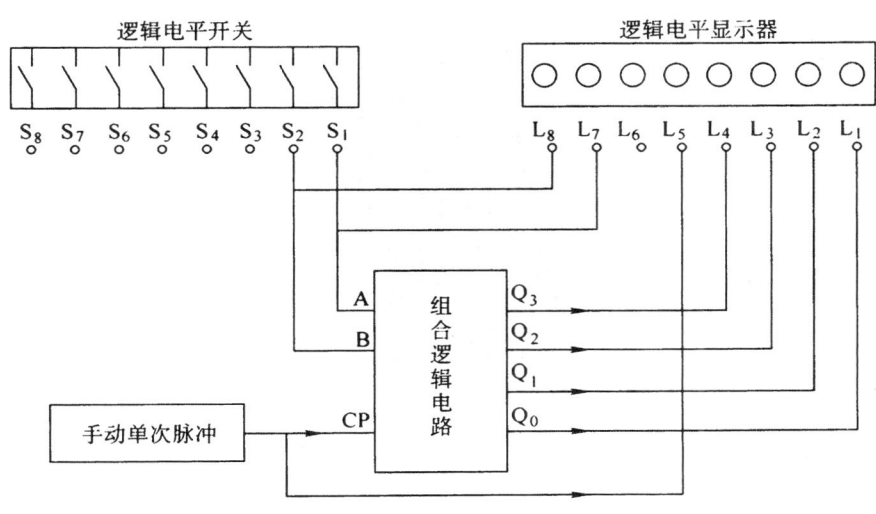

图 5 – 13  时序逻辑电路的动态测试

测试步骤如下：

（1）把时序脉冲发生器接时序逻辑电路的 CP 端同时连接到双踪示波器的 YB 通道和外触发输入端，使示波器的触发信号为时钟脉冲信号。这样在示波器屏幕观察到的两个信号波形都具有同一触发源——时钟脉冲 CP，使两个波形在时间关系上相对应。另一种方法是：时钟脉冲信号仅接 $Y_a$ 通道输入端，而把"内触发拉 $Y_a$"开关拉出，使示波器的触发信号以内触发方式取自于 $Y_a$ 通道的信号。

（2）将输出端依次接到 $Y_b$，分别观察各输出端信号与时钟脉冲 CP 所对应的波形。由于 Y 通道内触发源取自 CP，依次记录下的输出波形可保证与 CP 的波形在时间上完全对应。

（3）对记录下来的波形进行分析，判断被测电路功能是否正确，状态转换能否跟上时钟频率的变化。

全动态测试一般需用多踪示波器进行观测，把输入、输出端和 CP 接在同一示波器上。用双踪示波器观测时，则需注意整个测试过程均应以时钟脉冲 CP 作为触发源，使观测的波形具有准确的时间关系，以得到正确的分析判断。

应用逻辑分析仪进行动态测试最为方便准确，它可对波形进行存储，并具有多种数制显示数据等功能。它是复杂数字电路分析、检测、调试及故障寻找十分有用的智能仪器，但它的价格较高。

观察数字秒表的电路板实物，结合图 5-14，辨识各元器件。

图 5-14 数字秒表整体效果图

## 任务三　组合逻辑电路

### 学习目标

**知识目标**

1. 理解组合逻辑电路的特点和含义。
2. 掌握组合逻辑电路的分析和设计方法。
3. 掌握编码器和译码器的分类、结构、逻辑功能。

**能力目标**

能够根据生活和生产中的实际问题，设计和分析组合逻辑电路。

**情感目标**

1. 提高学生理论联系实际的能力，培养对专业课的兴趣。
2. 促进学生形成严密的逻辑思维。

### 学习过程

查阅资料，完成以下问题。

1. 组合逻辑电路的概念和特点。

2. 组合如图 5 – 15 所示电路，分析该电路的逻辑功能。

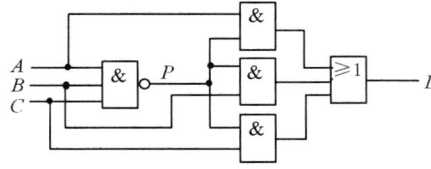

图 5 – 15　电路图

3. 了解编码器的基本概念及其分类。

4. 列写 8 线—3 线编码器的功能真值表

5. 编码器的基本概念及其分类。

6. 列写 3 线—8 线译码器的功能真值表。

 知识储备

一、组合逻辑电路

逻辑电路按功能分为组合逻辑电路和时序逻辑电路两大类。将基本逻辑门电路组合起来，就构成组合逻辑电路，简称组合电路。组合逻辑电路可以实现一定的逻辑功能，它的特点是：任意时刻输出状态仅取决于该时刻输入信号的状态，而与前一时刻电路的状态无关。也就是说，组合逻辑电路不具有记忆功能。

1. 组合逻辑电路的分析方法

分析流程如图 5 – 16 所示。

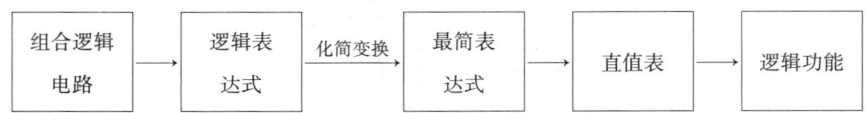

图 5 – 16　组合逻辑电路的分析方法

**例1** 组合电路如图 5-17 所示，分析该电路的逻辑功能。

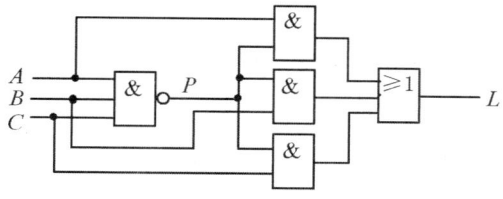

图 5-17 例 1 电路图

**解：**（1）由逻辑图逐级写出逻辑表达式。为了写表达式方便，借助中间变量 $P$。

$P = \overline{ABC}$

$L = AP + BP + CP$
$\phantom{L} = A\overline{ABC} + B\overline{ABC} + C\overline{ABC}$

（2）化简与变换。因为下一步要列真值表，所以要通过化简与变换，使表达式有利于列真值表，一般应变换成与或式或最小项表达式。

$L = \overline{ABC}\,(A+B+C) = \overline{\overline{ABC} + \overline{A+B+C}}$
$\phantom{L} = \overline{ABC + \overline{ABC}}$

表 5-5 真值表

| A | B | C | L |
|---|---|---|---|
| 0 | 0 | 0 | 0 |
| 0 | 0 | 1 | 1 |
| 0 | 1 | 0 | 1 |
| 0 | 1 | 1 | 1 |
| 1 | 0 | 0 | 1 |
| 1 | 0 | 1 | 1 |
| 1 | 1 | 0 | 1 |
| 1 | 1 | 1 | 0 |

（3）由表达式列出真值表。经过化简与变换的表达式为两个最小项之和的非，所以很容易列出真值表，见表 5-5。

（4）分析逻辑功能：由真值表可知，当 $A$、$B$、$C$ 三个变量不一致时，电路输出为"1"，所以这个电路称为"不一致电路"。

上例中输出变量只有一个，对于多输出变量的组合逻辑电路，分析方法完全相同。

2. 组合逻辑电路的设计方法

组合逻辑电路的设计方法如图 5-18 所示。

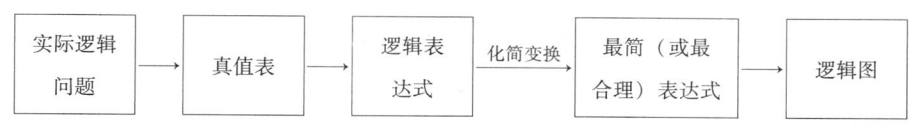

图 5-18 组合逻辑电路的设计方法

组合逻辑电路的设计一般应以电路简单、所用器件最少为目标，并尽量减少所用集成器件的种类，因此在设计过程中要用到代数法或卡诺图法来化简或转换逻辑函数。

**例2** 设计一个三人表决电路，结果按"少数服从多数"的原则决定。

**解**：(1) 根据设计要求建立该逻辑函数的真值表。

设三人的意见为变量 $A$、$B$、$C$，表决结果为函数 $L$。对变量及函数进行如下状态赋值：对于变量 $A$、$B$、$C$，设同意为逻辑"1"；不同意为逻辑"0"。对于函数 $L$，设事情通过为逻辑"1"；没通过为逻辑"0"。

列出真值表，见表5-6。

(2) 由真值表写出逻辑表达式：$L = \overline{A}BC + A\overline{B}C + AB\overline{C} + ABC$。该逻辑式不是最简。

(3) 化简，得最简与或表达式：$L = AB + BC + AC$。

(4) 画出逻辑图，如图5-19所示。

如果要求用与非门实现该逻辑电路，就应将表达式转换成与非—与非表达式：

$$L = AB + BC + AC = \overline{\overline{AB} \cdot \overline{BC} \cdot \overline{AC}}$$

画出逻辑图如图5-20所示。

表5-6 例2真值表

| A | B | C | L |
|---|---|---|---|
| 0 | 0 | 0 | 0 |
| 0 | 0 | 1 | 0 |
| 0 | 1 | 0 | 0 |
| 0 | 1 | 1 | 1 |
| 1 | 0 | 0 | 0 |
| 1 | 0 | 1 | 1 |
| 1 | 1 | 0 | 1 |
| 1 | 1 | 1 | 1 |

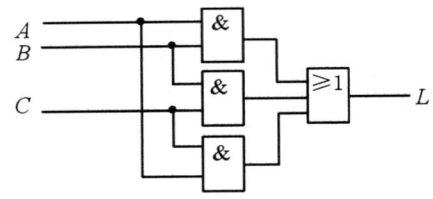

图5-19 例2逻辑图

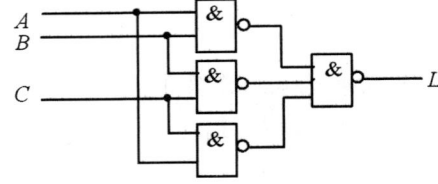

图5-20 例2用与非门实现的逻辑图

**二、编码器**

1. 编码器的基本概念及工作原理

编码是将字母、数字、符号等信息编成一组二进制代码。

例如，键控8421BCD码编码器电路中、左端的10个按键 $S_0 \sim S_9$ 代表输入的10个十进制数符号 $0 \sim 9$，输入为低电平有效，即某一按键按下，对应的输入信号为0。输出对应的8421码，为4位码，所以有4个输出端 $A$、$B$、$C$、$D$。

由真值表（表5-7）写出各输出的逻辑表达式为：

$A = \overline{S_8} + \overline{S_9} = \overline{S_8 S_9}$

$B = \overline{S_4} + \overline{S_5} + \overline{S_6} + \overline{S_7} = \overline{S_4 S_5 S_6 S_7}$

$C = \overline{S_2} + \overline{S_3} + \overline{S_6} + \overline{S_7} = \overline{S_2 S_3 S_6 S_7}$

$D = \overline{S_1} + \overline{S_3} + \overline{S_5} + \overline{S_7} + \overline{S_9} = \overline{S_1 S_3 S_5 S_7 S_9}$

表 5-7 键控 8421BCD 码编码器真值表

| 输入 | | | | | | | | | | 输出 | | | | |
|---|---|---|---|---|---|---|---|---|---|---|---|---|---|---|
| $S_9$ | $S_8$ | $S_7$ | $S_6$ | $S_5$ | $S_4$ | $S_3$ | $S_2$ | $S_1$ | $S_0$ | A | B | C | D | GS |
| 1 | 1 | 1 | 1 | 1 | 1 | 1 | 1 | 1 | 1 | 0 | 0 | 0 | 0 | 0 |
| 1 | 1 | 1 | 1 | 1 | 1 | 1 | 1 | 1 | 0 | 0 | 0 | 0 | 0 | 1 |
| 1 | 1 | 1 | 1 | 1 | 1 | 1 | 1 | 0 | 1 | 0 | 0 | 0 | 1 | 1 |
| 1 | 1 | 1 | 1 | 1 | 1 | 1 | 0 | 1 | 1 | 0 | 0 | 1 | 0 | 1 |
| 1 | 1 | 1 | 1 | 1 | 1 | 0 | 1 | 1 | 1 | 0 | 0 | 1 | 1 | 1 |
| 1 | 1 | 1 | 1 | 1 | 0 | 1 | 1 | 1 | 1 | 0 | 1 | 0 | 0 | 1 |
| 1 | 1 | 1 | 1 | 0 | 1 | 1 | 1 | 1 | 1 | 0 | 1 | 0 | 1 | 1 |
| 1 | 1 | 1 | 0 | 1 | 1 | 1 | 1 | 1 | 1 | 0 | 1 | 1 | 0 | 1 |
| 1 | 1 | 0 | 1 | 1 | 1 | 1 | 1 | 1 | 1 | 0 | 1 | 1 | 1 | 1 |
| 1 | 0 | 1 | 1 | 1 | 1 | 1 | 1 | 1 | 1 | 1 | 0 | 0 | 0 | 1 |
| 0 | 1 | 1 | 1 | 1 | 1 | 1 | 1 | 1 | 1 | 1 | 0 | 0 | 1 | 1 |

画出逻辑电路图，如图 5-21 所示。

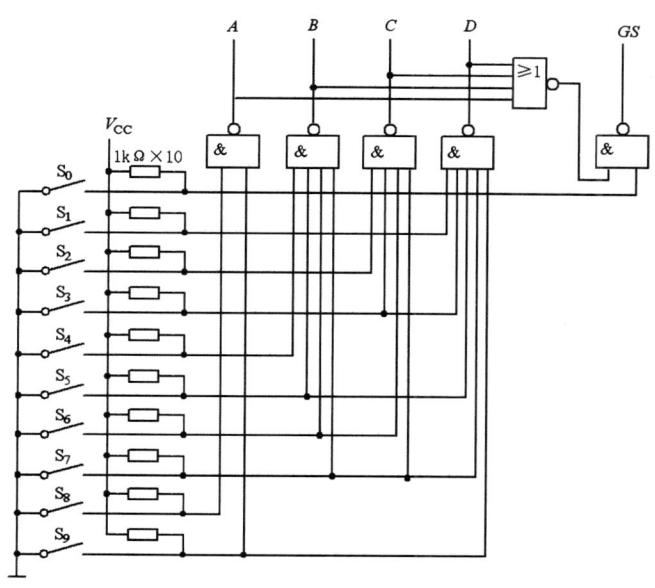

图 5-21 键控 8421BCD 码编码器

其中 GS 为控制使能标志，按下 $S_0 \sim S_9$ 任意一个键时，$GS = 1$，表示有信号输入；$S_0 \sim S_9$ 均没按下时，$GS = 0$，表示没有信号输入，此时的输出代码 0000 为无效代码。

2. 二进制编码器

用 $n$ 位二进制代码对 $2n$ 个信号进行编码的电路称为二进制编码器。

3位二进制编码器有8个输入端3个输出端,所以常称为8线—3线编码器,其功能真值表见表5-8,输入为高电平有效。

表5-8 编码器真值表

| 输入 | | | | | | | | 输出 | | |
|---|---|---|---|---|---|---|---|---|---|---|
| $I_0$ | $I_1$ | $I_2$ | $I_3$ | $I_4$ | $I_5$ | $I_6$ | $I_7$ | $A_2$ | $A_1$ | $A_0$ |
| 1 | 0 | 0 | 0 | 0 | 0 | 0 | 0 | 0 | 0 | 0 |
| 0 | 1 | 0 | 0 | 0 | 0 | 0 | 0 | 0 | 0 | 1 |
| 0 | 0 | 1 | 0 | 0 | 0 | 0 | 0 | 0 | 1 | 0 |
| 0 | 0 | 0 | 1 | 0 | 0 | 0 | 0 | 0 | 1 | 1 |
| 0 | 0 | 0 | 0 | 1 | 0 | 0 | 0 | 1 | 0 | 0 |
| 0 | 0 | 0 | 0 | 0 | 1 | 0 | 0 | 1 | 0 | 1 |
| 0 | 0 | 0 | 0 | 0 | 0 | 1 | 0 | 1 | 1 | 0 |
| 0 | 0 | 0 | 0 | 0 | 0 | 0 | 1 | 1 | 1 | 1 |

由真值表写出各输出的逻辑表达式为:

$A_2 = \overline{\overline{I_4 I_5 I_6 I_7}}$

$A_1 = \overline{\overline{I_2 I_3 I_6 I_7}}$

$A_0 = \overline{\overline{I_1 I_3 I_5 I_7}}$

用门电路实现逻辑电路,如图5-22所示。

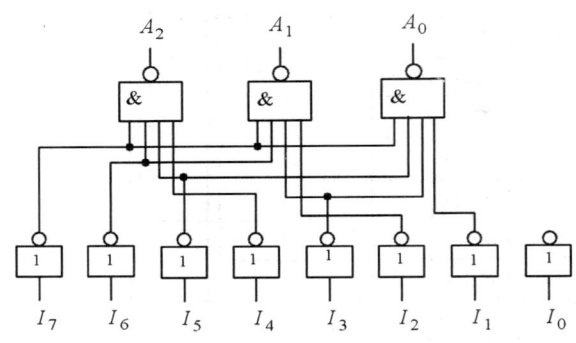

图5-22 3位二进制编码器的逻辑电路

3. 优先编码器

优先编码器中,允许同时输入两个以上的编码信号,编码器给所有的输入信号规定了优先顺序,当多个输入信号同时出现时,只对其中优先级最高的一个进行编码。

74148是一种常用的8线—3线优先编码器,其功能见表5-9,其中$I_0 \sim I_7$为编码输入端,低电平有效;$A_0 \sim A_2$为编码输出端,也为低电平有效,即反码输出。其他功能如下：

（1）$E_I$ 为使能输入端，低电平有效。

（2）优先顺序为 $I_7 \rightarrow I_0$，即 $I_7$ 的优先级最高，然后是 $I_6$、$I_5$、…、$I_0$。

（3）$GS$ 为编码器的工作标志，低电平有效。

（4）$EO$ 为使能输出端，高电平有效。

表 5-9  74148 优先编码器真值表

| | 输入 | | | | | | | | 输出 | | | |
|---|---|---|---|---|---|---|---|---|---|---|---|---|
| $E_I$ | $I_0$ | $I_1$ | $I_2$ | $I_3$ | $I_4$ | $I_5$ | $I_6$ | $I_7$ | $A_2$ | $A_1$ | $A_0$ | $GS$ | $EO$ |
| 1 | × | × | × | × | × | × | × | × | 1 | 1 | 1 | 1 | 1 |
| 0 | 1 | 1 | 1 | 1 | 1 | 1 | 1 | 1 | 1 | 1 | 1 | 1 | 0 |
| 0 | × | × | × | × | × | × | × | 0 | 0 | 0 | 0 | 0 | 1 |
| 0 | × | × | × | × | × | × | 0 | 1 | 0 | 0 | 1 | 0 | 1 |
| 0 | × | × | × | × | × | 0 | 1 | 1 | 0 | 1 | 0 | 0 | 1 |
| 0 | × | × | × | × | 0 | 1 | 1 | 1 | 0 | 1 | 1 | 0 | 1 |
| 0 | × | × | × | 0 | 1 | 1 | 1 | 1 | 1 | 0 | 0 | 0 | 1 |
| 0 | × | × | 0 | 1 | 1 | 1 | 1 | 1 | 1 | 0 | 1 | 0 | 1 |
| 0 | × | 0 | 1 | 1 | 1 | 1 | 1 | 1 | 1 | 1 | 0 | 0 | 1 |
| 0 | 0 | 1 | 1 | 1 | 1 | 1 | 1 | 1 | 1 | 1 | 1 | 0 | 1 |

其逻辑图如图 5-23 所示。

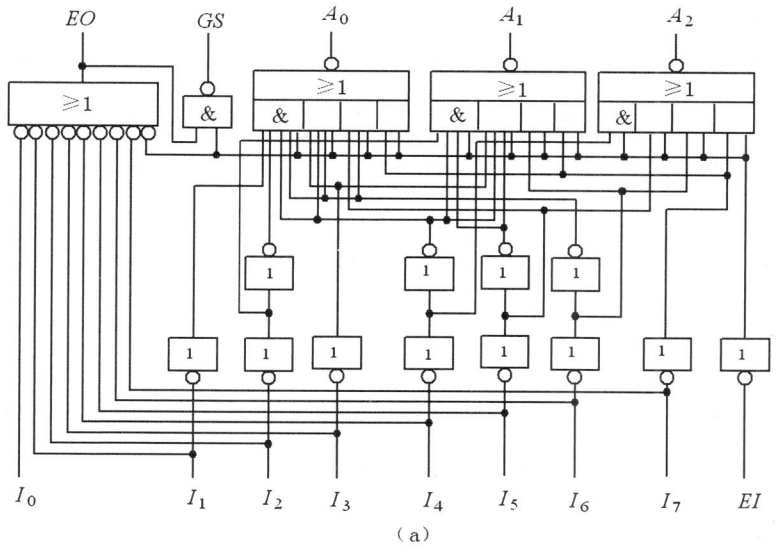

(a)

图 5-23  74148 优先编码器的逻辑图

4. 编码器的应用

（1）编码器的扩展

集成编码器的输入输出端的数目都是一定的，利用编码器的输入使能端 $EI$、输出使能端 $EO$ 和优先编码工作标志 $GS$，可以扩展编码器的输入输出端。

图 5-24 所示为用两片 74148 优先编码器串行扩展实现的 16 线—4 线优先编码器。

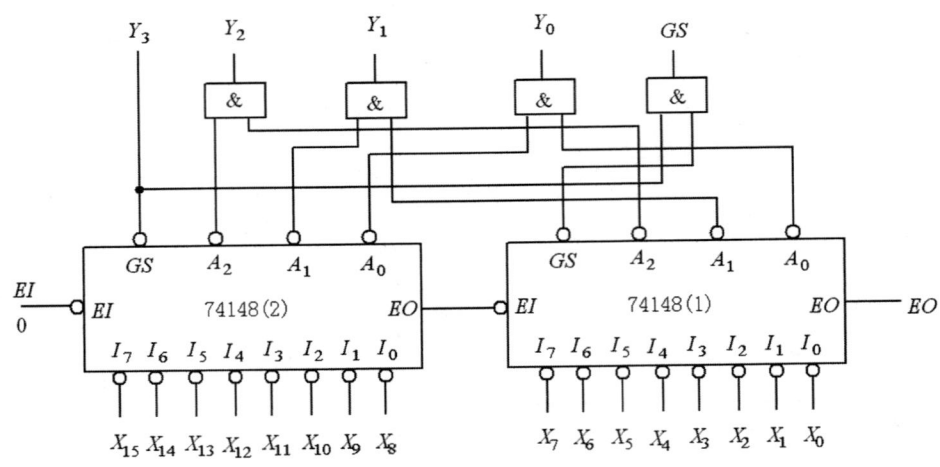

图 5-24　串行扩展实现的 16 线—4 线优先编码器

它共有 16 个编码输入端，用 $X_0 \sim X_{15}$ 表示；有 4 个编码输出端，用 $Y_0 \sim Y_3$ 表示。片 1 为低位片，其输入端 $I_0 \sim I_7$ 作为总输入端 $X_0 \sim X_7$；片 2 为高位片，其输入端 $I_0 \sim I_7$ 作为总输入端 $X_8 \sim X_{15}$。两片的输出端 $A_0$、$A_1$、$A_2$ 分别相与，作为总输出端 $Y_0$、$Y_1$、$Y_2$，片 2 的 $GS$ 端作为总输出端 $Y_3$。片 1 的输出使能端 $EO$ 作为电路总的输出使能端；片 2 的输入使能端 $EI$ 作为电路总的输入使能端，在本电路中接 0，处于允许编码状态。片 2 的输出使能端 $EO$ 接片的输入使能端 $EI$，控制片 1 工作。两片的工作标志 $GS$ 相与，作为总的工作标志 $GS$ 端。

电路的工作原理为：当片 2 的输入端没有信号输入，即 $X_8 \sim X_{15}$ 全为 1 时，$GS_2 = 1$（即 $Y_3 = 1$），$EO_2 = 0$（即 $EI_1 = 0$），片 1 处于允许编码状态。设此时 $X_5 = 0$，则片 1 的输出为 $A_2 A_1 A_0 = 010$，由于片 2 输出 $A_2 A_1 A_0 = 111$，所以总输出 $Y_3 Y_2 Y_1 Y_0 = 1010$。

当片 2 有信号输入，$EO_2 = 1$（即 $EI_1 = 1$），片 1 处于禁止编码状态。设此时 $X_{12} = 0$（即片 2 的 $I_4 = 0$），则片 2 的输出为 $A_2 A_1 A_0 = 011$，且 $GS_2 = 0$。由于片 1 输出 $A_2 A_1 A_0 = 111$，所以总输出 $Y_3 Y_2 Y_1 Y_0 = 0011$。

（2）组成 8421BCD 编码器

图 5-25 所示是用 74148 和门电路组成的 8421BCD 编码器，输入仍为低电平有效，

输出为 8421DCD 码。工作原理为：当 $I_9$、$I_8$ 无输入（即 $I_9$、$I_8$ 均为高平）时，与非门 $G_4$ 的输出 $Y_3 = 0$，同时使 74148 的 $E_I = 0$，允许 74148 工作，74148 对输入 $I_0 \sim I_7$ 进行编码。如 $I_5 = 0$，则 $A_2 A_1 A_0 = 010$，经门 $G_1$、$G_2$、$G_3$ 处理后，$Y_2 Y_1 Y_0 = 101$，所以总输出 $Y_3 Y_2 Y_1 Y_0 = 0101$。这正好是 5 的 8421BCD 码。

当 $I_9$ 或 $I_8$ 有输入（低电平）时，与非门 $G_4$ 的输出 $Y_3 = 1$，同时使 74148 的 $E_I = 1$，禁止 74148 工作，使 $A_2 A_1 A_0 = 111$。如果此时 $I_9 = 0$，总输出 $Y_3 Y_2 Y_1 Y_0 = 1001$。如果 $I_8 = 0$，总输出 $Y_3 Y_2 Y_1 Y_0 = 1000$。这正好是 9 和 8 的 8421BCD 码。

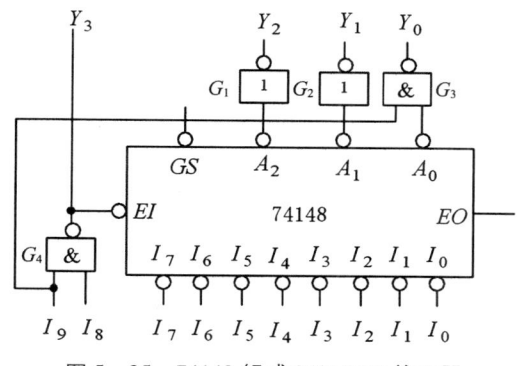

图 5-25 74148 组成 8421*BCD* 编码器

### 三、译码器

1. 译码器的基本概念及工作原理

译码器用来将输入代码转换成特定的输出信号。

假设译码器有 $n$ 个输入信号和 $N$ 个输出信号，如果 $N = 2^n$，就称为全译码器，常见的全译码器有 2 线—4 线译码器、3 线—8 线译码器、4 线—16 线译码器等。如果 $N < 2^n$，称为部分译码器，如二—十进制译码器（也称作 4 线—10 线译码器）等。

下面以 2 线—4 线译码器为例说明译码器的工作原理和电路结构。

2 线—4 线译码器的功能见表 5-10。

表 5-10  2 线—4 线译码器功能表

| 输入 | | | 输出 | | | |
|---|---|---|---|---|---|---|
| $EI$ | $A$ | $B$ | $Y_0$ | $Y_1$ | $Y_2$ | $Y_3$ |
| 1 | × | × | 1 | 1 | 1 | 1 |
| 0 | 0 | 0 | 0 | 1 | 1 | 1 |
| 0 | 0 | 1 | 1 | 0 | 1 | 1 |
| 0 | 1 | 0 | 1 | 1 | 0 | 1 |
| 0 | 1 | 1 | 1 | 1 | 1 | 0 |

由表5-10可写出各输出函数表达式：

$Y_0 = \overline{\overline{EI}\,\overline{A}\,\overline{B}}$ 　　 $Y_1 = \overline{\overline{EI}\,\overline{A}B}$ 　　 $Y_2 = \overline{\overline{EI}A\overline{B}}$ 　　 $Y_3 = \overline{\overline{EI}AB}$

用门电路实现2线—4线译码器的逻辑电路如图5-26所示。

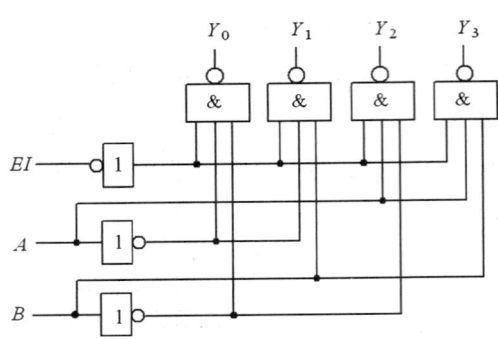

图5-26　2线—4线译码器逻辑图

2. 集成译码器

74138是一种典型的二进制译码器，其逻辑图如图5-27所示。它有3个输入端 $A_2$、$A_1$、$A_0$，8个输出端 $Y_0 \sim Y_7$，所以常称为3线—8线译码器，属于全译码器。输出为低电平有效，$G_1$、$G_{2A}$ 和 $G_{2B}$ 为使能输入端，其功能见表5-11。

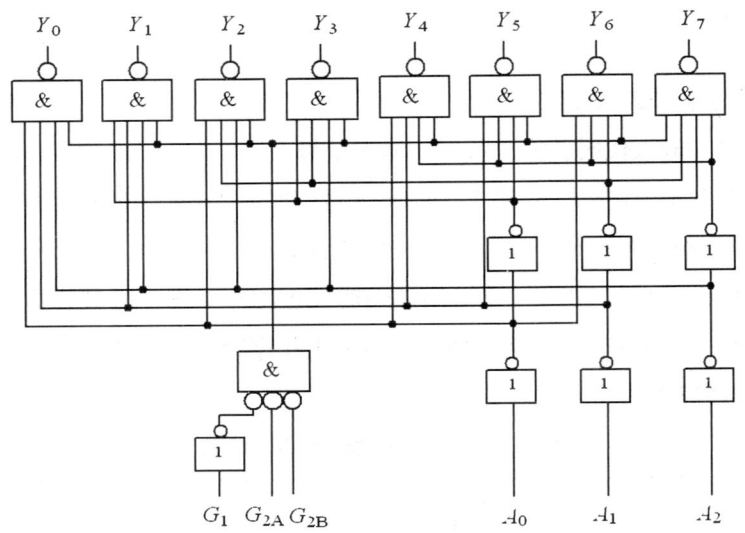

图5-27　74138集成译码器逻辑图

表 5-11 3 线—8 线译码器 74138 功能表

| 输入 | | | | | | 输出 | | | | | | | |
|---|---|---|---|---|---|---|---|---|---|---|---|---|---|
| $G_1$ | $G_{2A}$ | $G_{2B}$ | $A_2$ | $A_1$ | $A_0$ | $Y_0$ | $Y_1$ | $Y_2$ | $Y_3$ | $Y_4$ | $Y_5$ | $Y_6$ | $Y_7$ |
| × | 1 | × | × | × | × | 1 | 1 | 1 | 1 | 1 | 1 | 1 | 1 |
| × | × | 1 | × | × | × | 1 | 1 | 1 | 1 | 1 | 1 | 1 | 1 |
| 0 | × | × | × | × | × | 1 | 1 | 1 | 1 | 1 | 1 | 1 | 1 |
| 1 | 0 | 0 | 0 | 0 | 0 | 0 | 1 | 1 | 1 | 1 | 1 | 1 | 1 |
| 1 | 0 | 0 | 0 | 0 | 1 | 1 | 0 | 1 | 1 | 1 | 1 | 1 | 1 |
| 1 | 0 | 0 | 0 | 1 | 0 | 1 | 1 | 0 | 1 | 1 | 1 | 1 | 1 |
| 1 | 0 | 0 | 0 | 1 | 1 | 1 | 1 | 1 | 0 | 1 | 1 | 1 | 1 |
| 1 | 0 | 0 | 1 | 0 | 0 | 1 | 1 | 1 | 1 | 0 | 1 | 1 | 1 |
| 1 | 0 | 0 | 1 | 0 | 1 | 1 | 1 | 1 | 1 | 1 | 0 | 1 | 1 |
| 1 | 0 | 0 | 1 | 1 | 0 | 1 | 1 | 1 | 1 | 1 | 1 | 0 | 1 |
| 1 | 0 | 0 | 1 | 1 | 1 | 1 | 1 | 1 | 1 | 1 | 1 | 1 | 0 |

3. 译码器的应用

(1) 译码器的扩展

利用译码器的使能端可以方便地扩展译码器的容量。图 5-28 所示是将两片 74138 扩展为 4 线—16 线译码器。工作原理为：当 $E=1$ 时，两个译码器都禁止工作，输出全 1；当 $E=0$ 时，译码器工作。这时，如果 $A_3=0$，高位片禁止，低位片工作，输出 $Y_0 \sim Y_7$ 由输入二进制代码 $A_2A_1A_0$ 决定；如果 $A_3=1$，低位片禁止，高位片工作，输出 $Y_8 \sim Y_{15}$ 由输入二进制代码 $A_2A_1A_0$ 决定。从而实现了 4 线—16 线译码器功能。

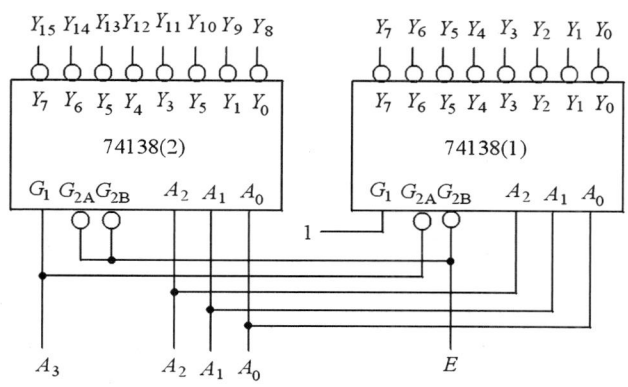

图 5-28 两片 74138 扩展为 4 线—16 线译码器

(2) 实现组合逻辑电路

由于译码器的每个输出端分别与一个最小项相对应，辅以适当的门电路便可实现任何组合逻辑函数。

可见，用译码器实现多输出逻辑函数时，优点更明显。

**例1** 试用译码器和门电路实现逻辑函数 $L = AB + BC + AC$。

**解**：（1）将逻辑函数转换成最小项表达式，再转换成与非—与非形式。

$$L = \overline{A}BC + A\overline{B}C + AB\overline{C} + ABC = m_3 + m_5 + m_6 + m_7$$
$$= \overline{\overline{m_3} \cdot \overline{m_5} \cdot \overline{m_6} \cdot \overline{m_7}}$$

（2）该函数有3个变量，所以选用3线—8线译码器74138。

用一片74138加一个与非门就可实现逻辑函数 $L$，逻辑图如图5-29所示。

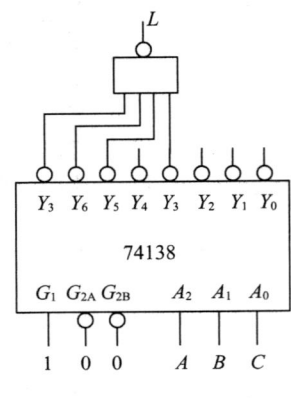

图5-29　例1逻辑图

（3）构成数据分配器

数据分配器用以将一路输入数据根据地址选择码分配给多路数据输出中的某一路输出。它的作用与图5-30所示的单刀多掷开关相似。

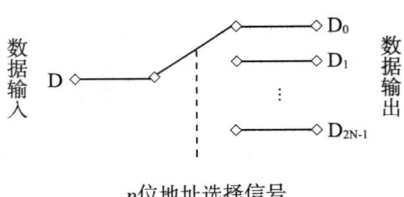

图5-30　数据分配器示意图

译码器和数据分配器的功能非常接近，所以译码器一个很重要的应用就是构成数据分配器。也正因为如此，市场上没有集成数据分配器产品，只有集成译码器产品。当需要数据分配器时，可以用译码器改接。

**例2** 用译码器设计一个"1线—8线"数据分配器。

**解**：其真值功能表见表5-12，逻辑电路如图5-31所示。

表 5-12 数据分配器功能表

| 地址选择信号 | | | 输出 |
|---|---|---|---|
| $A_2$ | $A_1$ | $A_0$ | $D$ |
| 0 | 0 | 0 | $D_0$ |
| 0 | 0 | 1 | $D_1$ |
| 0 | 1 | 0 | $D_2$ |
| 0 | 1 | 1 | $D_3$ |
| 1 | 0 | 0 | $D_4$ |
| 1 | 0 | 1 | $D_5$ |
| 1 | 1 | 0 | $D_6$ |
| 1 | 1 | 1 | $D_7$ |

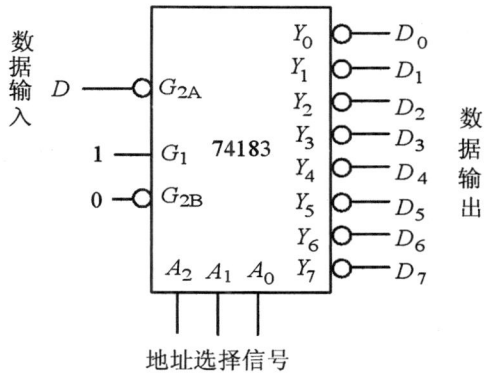

图 5-31 用译码器构成数据分配器

（4）显示译码器

在数字仪表、计算机和其他数字系统中，常常要把测量数据和运算结合用十进制数显示出来，这就要用显示译码器，它能够把"8421"二—十进制代码译成能用显示出器件显示出的十进制数。例如前面讲过的显示译码器 74LS48。

技能训练

某组合逻辑电路的真值表如表 5-13，试用译码器和门电路设计该逻辑电路。

表 5-13 真值表

| 输入 | | | 输出 | | |
|---|---|---|---|---|---|
| $A$ | $B$ | $C$ | $L$ | $F$ | $G$ |
| 0 | 0 | 0 | 0 | 0 | 1 |
| 0 | 0 | 1 | 1 | 0 | 0 |
| 0 | 1 | 0 | 1 | 0 | 1 |
| 0 | 1 | 1 | 0 | 1 | 0 |
| 1 | 0 | 0 | 1 | 0 | 1 |
| 1 | 0 | 1 | 0 | 1 | 0 |
| 1 | 1 | 0 | 0 | 1 | 1 |
| 1 | 1 | 1 | 1 | 0 | 0 |

# 任务四　触发器及时序逻辑电路

 **学习目标**

**知识目标**

1. 理解时序逻辑电路的特点和含义。
2. 掌握触发器的分类、触发器的逻辑功能及其表示方法。
3. 掌握计数器的分类、结构、逻辑功能。

**能力目标**

1. 学会利用时序图和状态转换图对时序逻辑电路进行分析。
2. 能够利用集成计数器组成任意进制计数器。

**情感目标**

1. 培养学生对专业课的兴趣。
2. 提高学生分析解决问题的能力。

 **学习过程**

查阅资料，完成以下问题。

1. 了解时序逻辑电路的概念和特点。

2. 了解什么是触发器"空翻"现象。

3. 已知同步 RS 触发器的 $S$、$R$、$CP$ 脉冲波形如图 5-32 所示，试画出 $Q$ 端的信号波形。（设触发器的初始状态为 0）

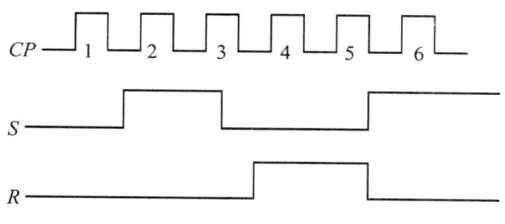

图 5-32　同步 RS 触发器的输入脉冲波形

4. 边沿 JK 触发器的输入波形如图 5-33 所示，试画出 $Q$ 和 $\overline{Q}$ 的波形。设触发器的初始状态为 0。

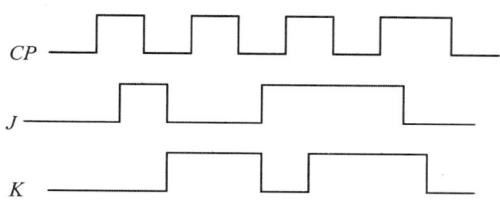

图 5-33　边沿 JK 触发器的输入波形

5. 请将对应触发器的逻辑符号、逻辑功能填入表 5-14。

表 5-14　触发器逻辑符号、逻辑功能对应表

| 名称 | 逻辑符号 | 逻辑功能 |
| --- | --- | --- |
| 基本 RS 触发器 | | |
| 同步 RS 触发器 | | |
| JK 触发器 | | |
| D 触发器 | | |
| T 触发器 | | |

6. 试述计数器的概念及分类。

 **知识储备**

时序逻辑电路简称时序电路，与组合逻辑电路并驾齐驱，是数字电路两大重要分支之一。本章首先介绍时序逻辑电路的基本概念、特点及时序逻辑电路的一般分析方法，然后重点讨论典型时序逻辑部件计数器和寄存器的工作原理、逻辑功能、集成芯片及其使用方法和典型应用，最后简要介绍同步时序逻辑电路的设计方法。

一、触发器

1. 基本 RS 触发器

（1）电路结构

由两个与非门的输入输出端交叉耦合，如图 5－34 所示。它与组合电路的根本区别在于，电路中有反馈线。

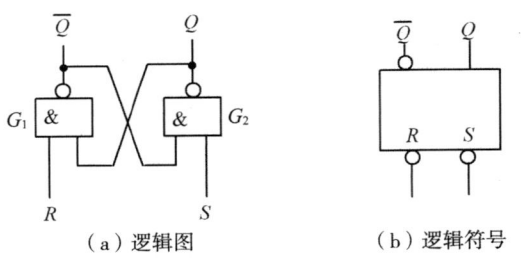

（a）逻辑图　　　　（b）逻辑符号

图 5－34　与非门组成的基本 RS 触发器

它有两个输入端 $R$、$S$，有两个输出端 $Q$、$\overline{Q}$。一般情况下，$Q$、$\overline{Q}$ 是互补的。

定义：当 $Q=1$，$\overline{Q}=0$ 时，称为触发器的 1 状态；当 $Q=0$，$\overline{Q}=1$ 时，称为触发器的 0 状态。

（2）逻辑功能表（表 5－15）。

表 5-15　基本 RS 触发器逻辑功能表

| $R$ | $S$ | $Q^n$ | $Q^{n+1}$ | 功能说明 |
|---|---|---|---|---|
| 0 | 0 | 0 | × | 不稳定状态 |
| 0 | 0 | 1 | × | |
| 0 | 1 | 0 | 0 | 置 0（复位） |
| 0 | 1 | 1 | 0 | |
| 1 | 0 | 1 | 1 | 置 1（置位） |
| 1 | 0 | 0 | 1 | |
| 1 | 1 | 1 | 0 | 保持原状态 |
| 1 | 1 | 0 | 1 | |

可见，触发器的新状态 $Q^{n+1}$（也称次态）不仅与输入状态有关，也与触发器原来的状态 $Q^n$（也称现态或初态）有关。

（3）触发器的特点

①有两个互补的输出端，有两个稳态。

②有复位（$Q=0$）、置位（$Q=1$）、保持原状态 3 种功能。

③$R$ 为复位输入端，$S$ 为置位输入端，该电路为低电平有效。

④由于反馈线的存在，无论是复位还是置位，有效信号只作用很短的一段时间。即"一触即发"。

（4）波形分析

**例 1**　用与非门组成的基本 RS 触发器如图 5-34（a）所示，设初始状态为 0，已知输入 $R$、$S$ 的波形图如图 5-35，画出输出 $Q$、$\overline{Q}$ 的波形图。

**解：** 由表 5-15 可画出输出 $Q$、$\overline{Q}$ 的波形如图 5-35 所示。

图中虚线所示为考虑门电路的延迟时间的情况。

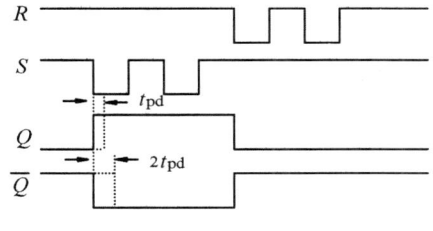

图 5-35　例 1 波形图

综上所述，基本 RS 触发器具有复位（$Q=0$）、置位（$Q=1$）、保持原状态 3 种功能，$R$ 为复位输入端，$S$ 为置位输入端，可以是低电平有效，也可以是高电平有效，取决于触发器的结构。

2. 同步 RS 触发器

(1) 同步 RS 触发器的电路结构

在实际应用中,触发器的工作状态不仅要由 $R$、$S$ 端的信号来决定,而且还希望触发器按一定的节拍翻转。为此,给触发器加一个时钟控制端 $CP$,只有在 $CP$ 端上出现时钟脉冲时,触发器的状态才能变化。具有时钟脉冲控制的触发器状态的改变与时钟脉冲同步,所以称为同步触发器。如图 5-36 所示。

当 $CP=0$ 时,控制门 $G_3$、$G_4$ 关闭,都输出 1。这时,不管 $R$ 端和 $S$ 端的信号如何变化,触发器的状态保持不变。

当 $CP=1$ 时,$G_3$、$G_4$ 打开,$R$、$S$ 端的输入信号才能通过这两个门,使基本 RS 触发器的状态翻转,其输出状态由 $R$、$S$ 端的输入信号决定。逻辑功能表见表 5-16。

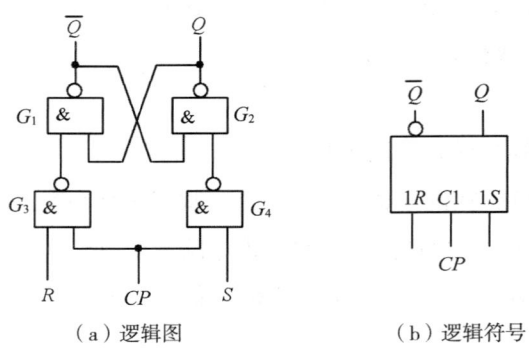

(a) 逻辑图　　　　(b) 逻辑符号

图 5-36　同步 RS 触发器

(2) 逻辑功能

表 5-16　同步 RS 触发器的逻辑功能表

| $R$ | $S$ | $Q^n$ | $Q^{n+1}$ | 功能说明 |
| --- | --- | --- | --- | --- |
| 0 | 0 | 0 | 0 | 保持原状态 |
| 0 | 0 | 1 | 1 | |
| 0 | 1 | 0 | 1 | 输出状态与 S 状态相同 |
| 0 | 1 | 1 | 1 | |
| 1 | 0 | 0 | 0 | 输出状态与 S 状态相同 |
| 1 | 0 | 1 | 0 | |
| 1 | 1 | 0 | × | 输出状态不稳定 |
| 1 | 1 | 1 | × | |

由此可以看出,同步 RS 触发器的状态转换分别由 $R$、$S$ 和 $CP$ 控制,其中,$R$、$S$ 控制状态转换的方向,即转换为何种次态;$CP$ 控制状态转换的时刻,即何时发生

转换。

（3）触发器功能的几种表示方法

①特性方程

触发器次态 $Q^{n+1}$ 与输入状态 $R$、$S$ 及现态 $Q^n$ 之间关系的逻辑表达式称为触发器的特性方程。根据表 5–16 可画出同步 RS 触发器 $Q^{n+1}$ 的卡诺图，如图 5–37 所示。由此可得同步 RS 触发器的特性方程为：

$$Q^{n+1} = S + \overline{R}Q^n$$

$$RS = 0 \text{（约束条件）}$$

②状态转换图

状态转换图表示触发器从一个状态变化到另一个状态或保持原状不变时对输入信号的要求，如图 5–18 所示。

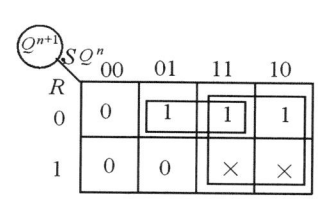

图 5–37  同步 RS 触发器 $Q^{n+1}$ 的卡诺图

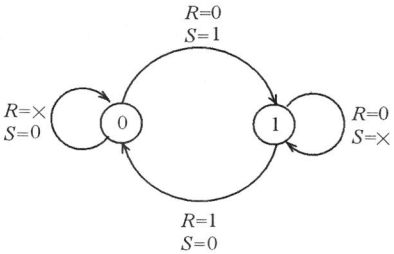

图 5–38  同步 RS 触发器的状态转换图

③驱动表

驱动表是用表格的方式表示触发器从一个状态变化到另一个状态或保持原状态不变时，对输入信号的要求。表 5–17 是根据表 5–16 画出的同步 RS 触发器的驱动表。驱动表对时序逻辑电路的设计是很有用的。

表 5–17  同步 RS 触发器的驱动表

| $Q^n$ | $Q^{n+1}$ | $R$ | $S$ |
|---|---|---|---|
| 0 | 0 | × | 0 |
| 0 | 1 | 0 | 1 |
| 1 | 0 | 1 | 0 |
| 1 | 1 | 0 | × |

④波形图

触发器的功能也可以用输入输出波形图直观地表示出来，图 5–39 所示为同步 RS 触发器的波形图。

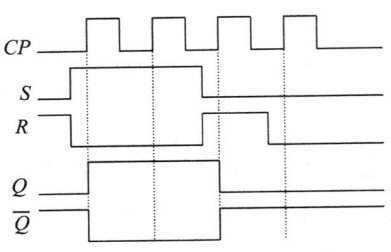

图 5-39　同步 RS 触发器的波形图

（4）同步触发器存在的问题——空翻

在一个时钟周期的整个高电平期间或整个低电平期间都能接收输入信号并改变状态的触发方式称为电平触发。由此引起的在一个时钟脉冲周期中，触发器发生多次翻转的现象叫作空翻，其波形如图 5-40 所示。空翻是一种有害的现象，它使得时序电路不能按时钟节拍工作，造成系统的误动作。

造成空翻现象的原因是同步触发器结构不完善，下面将讨论的几种无空翻的触发器，都是从结构上采取措施，从而克服了空翻现象。

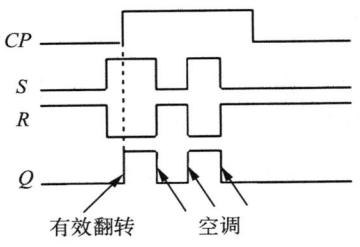

图 5-40　同步 RS 触发器的空翻波形

3. 其他类型的触发器

在基本 RS 触发器和同步 RS 触发器的基础上，还可用少许的门电路或通过简单连线，构成主从型的 RS、JK、D 和 T 等各种逻辑功能的触发器，但这种主从结构的触发器存在或多或少的缺点，目前大多采用性能优良的边沿触发器。

边沿触发器有个显著的优点，就是只有在时钟脉冲 CP 的上升沿或下降沿的瞬间，触发器的新状态取决于此时刻的输入信号的状态，而其他时刻触发器均保持原状态不变。这个特点大大提高了触发器的抗干扰能力。

表 5-18 列出了常用的 JK、D 和 T 等边沿触发器的逻辑符号和逻辑功能。在表中各触发器的逻辑功能除了用简化真值表来表达以外，还用逻辑表达式——特征方程来表示，并指出了 CP 有效的时刻是上升沿还是下降沿。

表 5-18 常用 JK、D 和 T 边沿触发器

| 触发器名称 | 逻辑符号 | 逻辑功能 | | |
|---|---|---|---|---|
| | | 真值表 | | 特征方程 |
| JK 触发器 | $\overline{R}_D$—R, R—1J, CP—C, 1K, $\overline{S}_D$—S, Q | J K $Q^{n+1}$ / 0 0 $Q^n$ / 0 1 0 / 1 0 1 / 1 1 | | $Q^{n+1}=J\overline{Q}+\overline{K}Q^n$ (CP 下降沿有效) |
| | $\overline{R}_D$—R, R—1J, CP—C, S—1K, $\overline{S}_D$—S, Q, $\overline{Q}$ | J K $Q^{n+1}$ / 0 0 $Q^n$ / 0 1 0 / 1 0 1 / 1 1 | | $Q^{n+1}=J\overline{Q}+\overline{K}Q^n$ (CP 上升沿有效) |
| D 触发器 | $\overline{R}_D$—R, R—1D, CP—C, $\overline{S}_D$—S, Q, $\overline{Q}$ | D $Q^{n+1}$ / 0 0 / 1 1 | | $Q^{n+1}=D$ (CP 上升沿有效) |
| T 触发器 | T—1T—Q, CP—C—$\overline{Q}$ | T $Q^{n+1}$ / 0 $Q^n$ / 1 | | $Q^{n+1}=T\overline{Q}+\overline{T}Q^n$ (CP 下降沿有效) |

可以看出，表中 JK 触发器的功能最齐全，既有置"0"、置"1"功能，还有"保持""计数"功能。计数，是记录时钟脉冲的个数，也可以叫"翻转"功能，因为每来一个 CP，触发器的新状态就与原状态相反。

D 触发器的新状态输出仅是延迟了的输入，换句话说，要让触发器置"0"，只需使输入信号 D = "0"即可，同理可使触发器置"1"。

T 触发器具有"保持"和"翻转"功能，即当 T = 0 时保持，当 T = 1 时翻转，新

状态总是原状态的相反状态,也称为计数触发器。可由 JK 触发器通过简单连线得到,如图 5-41 所示。

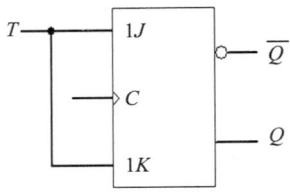

图 5-41　由 JK 触发器构成的 T 触发器

4. 集成触发器

像集成门电路一样,触发器也有 TTL 和 CMOS 两种,图 5-42 为集成边沿 D 触发器 74HC74 的引脚图,其中包含 2 个功能完全相同的 D 触发器,它们的逻辑功能与前述 D 触发器完全一样。

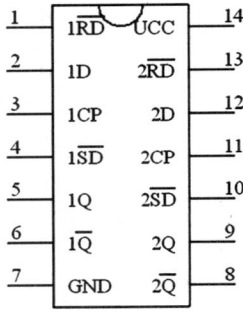

图 5-42　边沿 D 触发器 74HC74 的外引脚图

## 二、计数器

计数器用以统计输入脉冲 CP 个数的电路。

计数器按计数进制可分为二进制计数器和非二进制计数器,非二进制计数器中最典型的是十进制计数器;按数字的增减趋势可分为加法计数器、减法计数器和可逆计数器;按计数器中触发器翻转是否与计数脉冲同步分为同步计数器和异步计数器。

1. 二进制计数器

(1) 二进制异步计数器

①二进制异步加法计数器

图 5-43 所示为由 4 个下降沿触发的 JK 触发器组成的 4 位异步二进制加法计数器的逻辑图。图中 JK 触发器都接成 $T'$ 触发器(即 $J=K=1$)。最低位触发器 $FF_0$ 的时钟脉冲输入端接计数脉冲 CP,其他触发器的时钟脉冲输入端接相邻低位触发器的 Q 端。

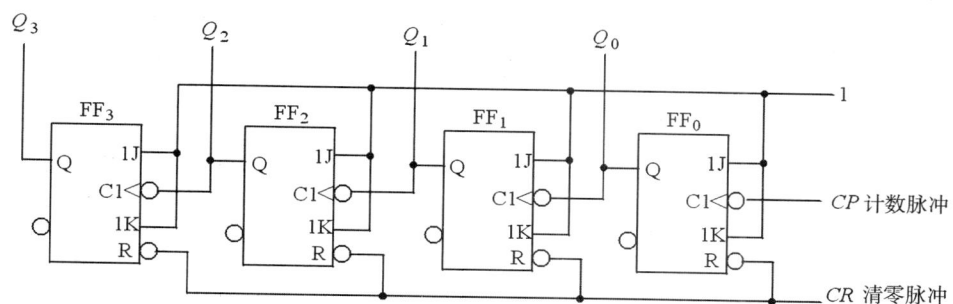

图 5-43　由 JK 触发器组成的 4 位异步二进制加法计数器的逻辑图

由于该电路的连线简单且规律性强，无须用前面介绍的分析步骤进行分析，只需简单观察与分析就可画出时序波形图或状态图，这种分析方法称为"观察法"。

用"观察法"作出该电路的时序波形图如图 5-44 所示，状态图如图 5-45 所示。由状态图可见，从初态 0000（由清零脉冲所置）开始，每输入一个计数脉冲，计数器的状态按二进制加法规律加 1，所以是二进制加法计数器（4 位）。又因为该计数器有 0000~1111 共 16 个状态，所以也称 16 进制（1 位）加法计数器或模 16（$M=16$）加法计数器。

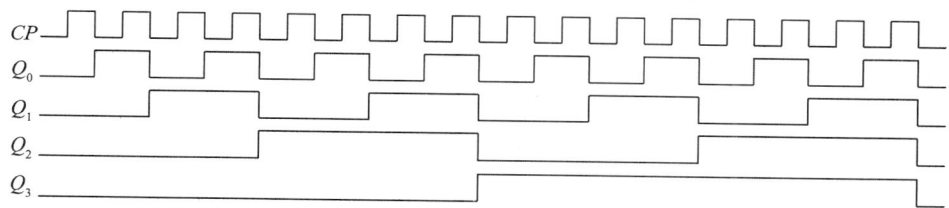

图 5-44　图 5-43 所示电路的时序图

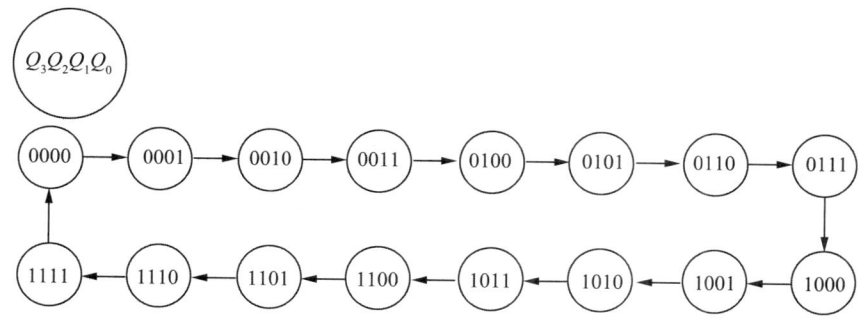

图 5-45　图 5-43 所示电路的状态图

另外，从时序图可以看出，$Q_0$、$Q_1$、$Q_2$、$Q_3$ 的周期分别是计数脉冲（$CP$）周期的 2 倍、4 倍、8 倍、16 倍，也就是说，$Q_0$、$Q_1$、$Q_2$、$Q_3$ 分别对 $CP$ 波形进行了二分频、四分频、八分频、十六分频，因而计数器也可作为分频器。

异步二进制计数器结构简单，改变级联触发器的个数，可以很方便地改变二进制计数器的位数，$n$ 个触发器构成 $n$ 位二进制计数器或模 $2^n$ 计数器，或 $2^n$ 分频器。

②二进制异步减法计数器

将图 5-44 所示电路中 $FF_1$、$FF_2$、$FF_3$ 的时钟脉冲输入端改接到相邻低位触发器的 $\overline{Q}$ 端就可构成二进制异步减法计数器，其工作原理请读者自行分析。

图 5-45 所示是用 4 个上升沿触发的 $D$ 触发器组成的 4 位异步二进制减法计数器的逻辑图。

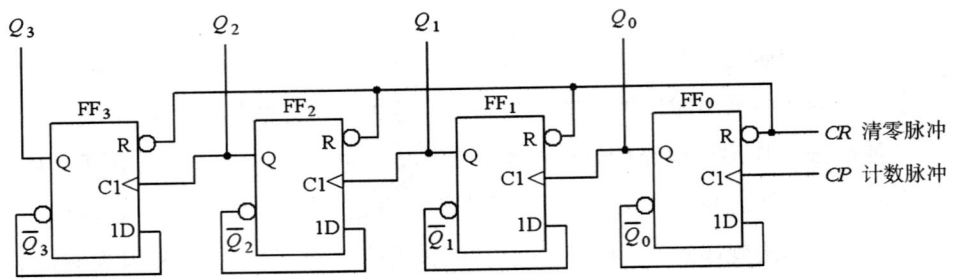

图 5-46　$D$ 触发器组成的 4 位异步二进制减法计数器的逻辑图

在二进制异步计数器中，高位触发器的状态翻转必须在相邻触发器产生进位信号（加计数）或借位信号（减计数）之后才能实现，所以异步计数器的工作速度较低。为了提高计数速度，可采用同步计数器。

(2) 二进制同步计数器

①二进制同步加法计数器

图 5-47 所示为由 4 个 $JK$ 触发器组成的 4 位同步二进制加法计数器的逻辑图。图中各触发器的时钟脉冲输入端接同一计数脉冲 $CP$。显然，这是一个同步时序电路。

各触发器的驱动方程分别为：

$$J_0 = K_0 = 1,$$
$$J_1 = K_1 = Q_0,$$
$$J_2 = K_2 = Q_0 Q_1,$$
$$J_3 = K_3 = Q_0 Q_1 Q_2$$

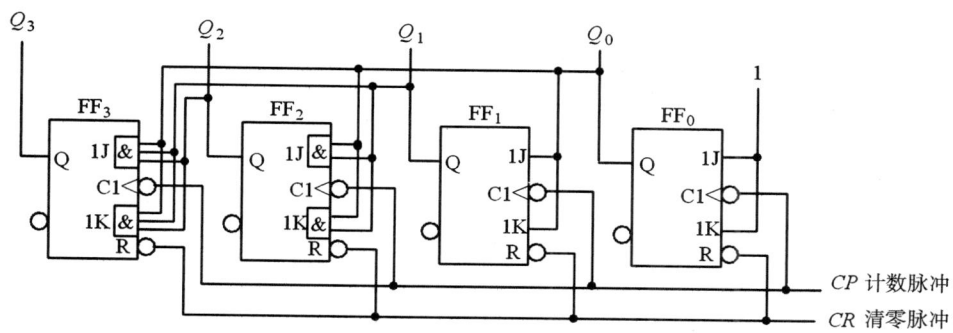

图 5-47　4 位同步二进制加法计数器的逻辑图

由于该电路的驱动方程规律性较强，也只需用"观察法"就可画出时序波形图或状态表（表 5-19）。

表 5-19　图 5-47 所示 4 位同步二进制加法计数器的状态表

| 计数脉冲序号 | 电路状态 | | | | 等效十进制数 |
| --- | --- | --- | --- | --- | --- |
| | $Q_3$ | $Q_2$ | $Q_1$ | $Q_0$ | |
| 0 | 0 | 0 | 0 | 0 | 0 |
| 1 | 0 | 0 | 0 | 1 | 1 |
| 2 | 0 | 0 | 1 | 0 | 2 |
| 3 | 0 | 0 | 1 | 1 | 3 |
| 4 | 0 | 1 | 0 | 0 | 4 |
| 5 | 0 | 1 | 0 | 1 | 5 |
| 6 | 0 | 1 | 1 | 0 | 6 |
| 7 | 0 | 1 | 1 | 1 | 7 |
| 8 | 1 | 0 | 0 | 0 | 8 |
| 9 | 1 | 0 | 0 | 1 | 9 |
| 10 | 1 | 0 | 1 | 0 | 10 |
| 11 | 1 | 0 | 1 | 1 | 11 |
| 12 | 1 | 1 | 0 | 0 | 12 |
| 13 | 1 | 1 | 0 | 1 | 13 |
| 14 | 1 | 1 | 1 | 0 | 14 |
| 15 | 1 | 1 | 1 | 1 | 15 |
| 16 | 0 | 0 | 0 | 0 | 0 |

同步计数器的计数脉冲 CP 同时接到各位触发器的时钟脉冲输入端，当计数脉冲到来时，应该翻转的触发器同时翻转，所以速度比异步计数器高，但电路结构比异步计数器复杂。

②二进制同步可逆计数器

既能作加计数又能作减计数的计数器称为可逆计数器。将前面介绍的 4 位二进制同步加法计数器和减法计数器合并起来，并引入一加/减控制信号 $X$ 便构成 4 位二进制

同步可逆计数器,如图5-48所示。由图可知,各触发器的驱动方程为:

$$J_0 = K_0 = 1$$

$$J_1 = K_1 = XQ_0 + \overline{X}\,\overline{Q_0}$$

$$J_2 = K_2 = XQ_0Q_1 + \overline{X}\,\overline{Q_0Q_1}$$

$$J_3 = K_3 = XQ_0Q_1Q_2 + \overline{X}\,\overline{Q_0Q_1Q_2}$$

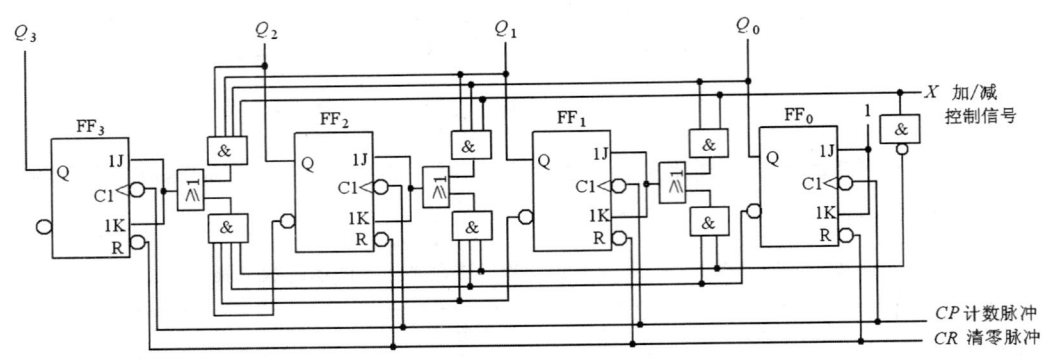

图5-48 二进制可逆计数器的逻辑图

当控制信号 $X=1$ 时,$FF_1 \sim FF_3$ 中各 $J$、$K$ 端分别与低位各触发器的 $Q$ 端相连,作加法计数;当控制信号 $X=0$ 时,$FF1 \sim FF3$ 中各 $J$、$K$ 端分别与低位各触发器的 $\overline{Q}$ 端相连,作减法计数,实现了可逆计数器的功能。

(3) 集成二进制计数器举例

① 4位二进制同步加法计数器74161

表5-20 74161的功能表

| 清零 | 预置 | 使能 | | 时钟 | 预置数据输入 | | | | 输出 | | | | 工作模式 |
|---|---|---|---|---|---|---|---|---|---|---|---|---|---|
| RD | LD | EP | ET | CP | $D_3$ | $D_2$ | $D_1$ | $D_0$ | $Q_3$ | $Q_2$ | $Q_1$ | $Q_0$ | |
| 0 | × | × | × | × | × | × | × | × | 0 | 0 | 0 | 0 | 异步清零 |
| 1 | 0 | × | × | ↑ | $d_3$ | $d_2$ | $d_1$ | $d_0$ | $d_3$ | $d_2$ | $d_1$ | $d_0$ | 同步置数 |
| 1 | 1 | 0 | × | × | × | × | × | × | 保 | | 持 | | 数据保持 |
| 1 | 1 | × | 0 | × | × | × | × | × | 保 | | 持 | | 数据保持 |
| 1 | 1 | 1 | 1 | ↑ | × | × | × | × | 计 | | 数 | | 加法计数 |

由表5-20可知,74161具有以下功能:

异步清零。当 $R_D=0$ 时,不管其他输入端的状态如何,不论有无时钟脉冲 $CP$,计数器输出将被直接置零($Q_3Q_2Q_1Q_0=0000$),称为异步清零(图5-49)。

同步并行预置数。当 $R_D=1$、$L_D=0$ 时,在输入时钟脉冲 $CP$ 上升沿的作用下,并

行输入端的数据 $d_3d_2d_1d_0$ 被置入计数器的输出端，即 $Q_3Q_2Q_1Q_0 = d_3d_2d_1d_0$。这个操作要与 CP 上升沿同步，所以称为同步预置数。

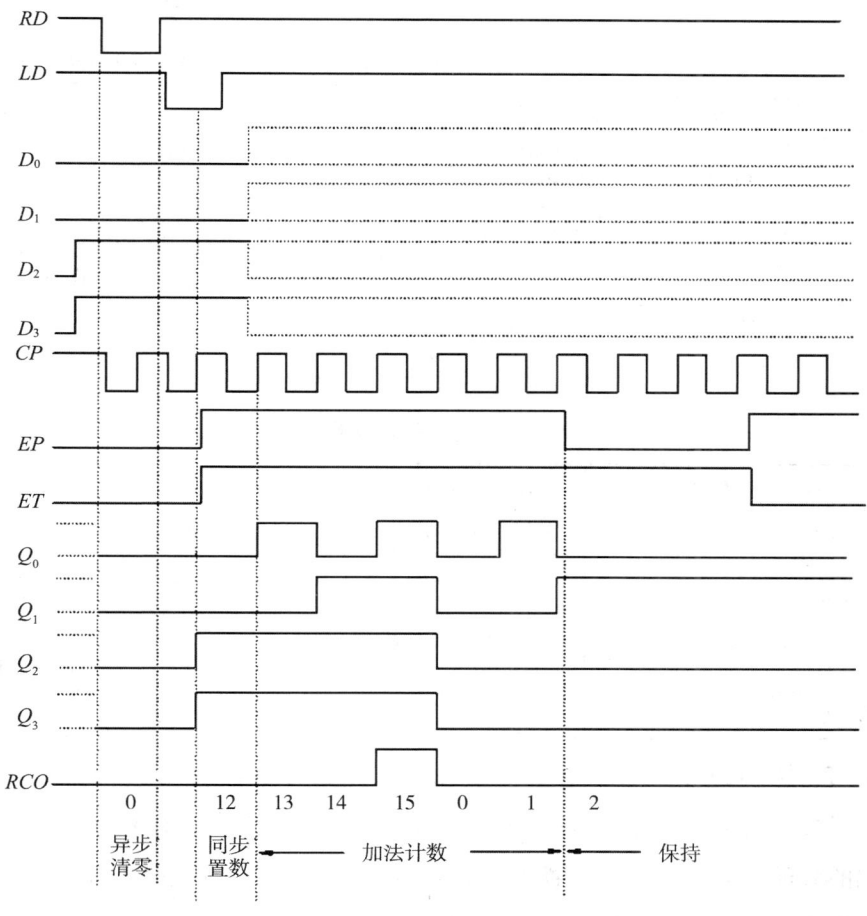

图 5-49　74161 的时序图

计数。当 $R_D = L_D = E_P = E_T = 1$ 时，在 CP 端输入计数脉冲，计数器进行二进制加法计数。

保持。当 $R_D = L_D = 1$，且 $EP \cdot ET = 0$，即两个使能端中有 0 时，则计数器保持原来的状态不变。这时，如 $EP = 0$、$ET = 1$，则进位输出信号 RCO 保持不变；如 $ET = 0$，则不管 EP 状态如何，进位输出信号 RCO 为低电平 0。

②4 位二进制同步可逆计数器 74191

图 5-50（a）是集成 4 位二进制同步可逆计数器 74191 的逻辑功能示意图，（b）是其引脚排列图。其中 $L_D$ 是异步预置数控制端，$D_3$、$D_2$、$D_1$、$D_0$ 是预置数据输入端；EN 是使能端，低电平有效；$D/\overline{U}$ 是加/减控制端，为 0 时作加法计数，为 1 时作减法

计数；MAX/MIN 是最大/最小输出端，RCO 是进位/借位输出端。

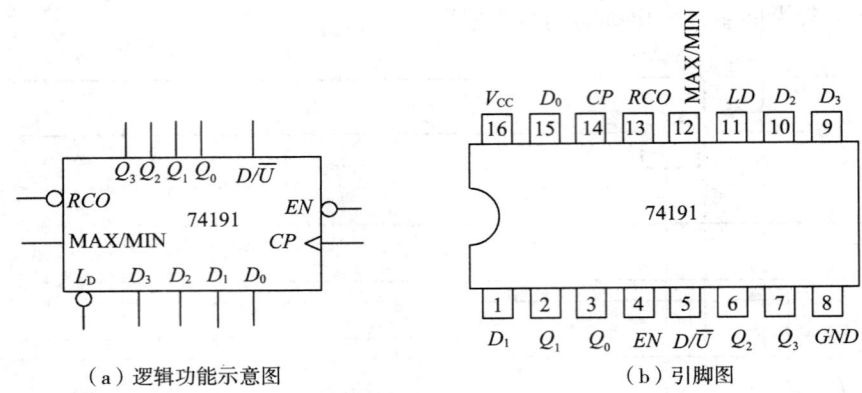

（a）逻辑功能示意图　　　　　（b）引脚图

图 5-50　74191 的逻辑功能示意图及引脚图

表 5-21　74191 的功能表

| 预置 | 使能 | 加/减控制 | 时钟 | 预置数据输入 | | | | 输出 | | | | 工作模式 |
|---|---|---|---|---|---|---|---|---|---|---|---|---|
| LD | EN | $D/\overline{U}$ | CP | $D_3$ | $D_2$ | $D_1$ | $D_0$ | $Q_3$ | $Q_2$ | $Q_1$ | $Q_0$ | |
| 0 | × | × | × | $d_3$ | $d_2$ | $d_1$ | $d_0$ | $d_3$ | $d_2$ | $d_1$ | $d_0$ | 异步置数 |
| 1 | 1 | × | × | × | × | × | × | 保　　持 | | | | 数据保持 |
| 1 | 0 | 0 | ↑ | × | × | × | × | 加法计数 | | | | 加法计数 |
| 1 | 0 | 1 | ↑ | × | × | × | × | 减法计数 | | | | 减法计数 |

表 5-21 是 74191 的功能表。由表可知，74191 具有以下功能：

异步置数。当 $L_D = 0$ 时，不管其他输入端的状态如何，不论有无时钟脉冲 CP，并行输入端的数据 $d_3d_2d_1d_0$ 被直接置入计数器的输出端，即 $Q_3Q_2Q_1Q_0 = d_3d_2d_1d_0$。由于该操作不受 CP 控制，称为异步置数。注意：该计数器无清零端，需清零时可用预置数的方法置零。

保持。当 $L_D = 1$ 且 $EN = 1$ 时，则计数器保持原来的状态不变。

计数。当 $L_D = 1$ 且 $EN = 0$ 时，在 CP 端输入计数脉冲，计数器进行二进制计数。当 $D/\overline{U} = 0$ 时作加法计数；当 $D/\overline{U} = 1$ 时作减法计数。

另外，该电路还有最大/最小控制端 MAX/MIN 和进位/借位输出端 RCO。它们的逻辑表达式为：

$$MAX/MIN = (D/\overline{U}) \cdot Q_3Q_2Q_1Q_0 + \overline{D/\overline{U}} \cdot \overline{Q_3Q_2Q_1Q_0}$$

$$RCO = \overline{\overline{EN} \cdot \overline{CP} \cdot MAX/MIN}$$

即当加法计数，计到最大值 1111 时，MAX/MIN 端输出 1，如果此时 $CP = 0$，则 $RCO = 0$，发一个进位信号；当减法计数，计到最小值 0000 时，MAX/MIN 端也输出 1。

如果此时 $CP=0$，则 $RCO=0$，发一个借位信号。

2. 非二进制计数器

$N$ 进制计数器又称模 $N$ 计数器，当 $N=2^n$ 时，就是前面讨论的 $n$ 位二进制计数器；当 $N \neq 2^n$ 时，为非二进制计数器。非二进制计数器中最常用的是十进制计数器，下面讨论 8421BCD 码十进制计数器。

（1）8421BCD 码同步加法计数器 74160

74160 功能见表 5-22。各功能实现的具体情况参见 74161 的逻辑图（图 5-51），其中进位输出端 $RCO$ 的逻辑表达式为：

$$RCO = ET \cdot Q_3 \cdot Q_0$$

表 5-22 74160 的功能表

| 清零 | 预置 | 使能 | | 时钟 | 预置数据输入 | | | | 输出 | | | | 工作模式 |
|---|---|---|---|---|---|---|---|---|---|---|---|---|---|
| $RD$ | $LD$ | $EP$ | $ET$ | $CP$ | $D_3$ | $D_2$ | $D_1$ | $D_0$ | $Q_3$ | $Q_2$ | $Q_1$ | $Q_0$ | |
| 0 | × | × | × | × | × | × | × | × | 0 | 0 | 0 | 0 | 异步清零 |
| 1 | 0 | × | × | ↑ | $d_3$ | $d_2$ | $d_1$ | $d_0$ | $d_3$ | $d_2$ | $d_1$ | $d_0$ | 同步置数 |
| 1 | 1 | 0 | × | × | × | × | × | × | 保　持 | | | | 数据保持 |
| 1 | 1 | × | 0 | × | × | × | × | × | 保　持 | | | | 数据保持 |
| 1 | 1 | 1 | 1 | ↑ | × | × | × | × | 十进制计数 | | | | 加法计数 |

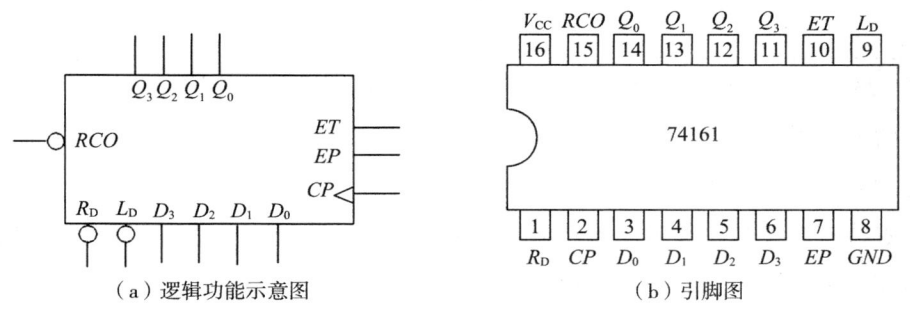

(a) 逻辑功能示意图　　(b) 引脚图

图 5-51　74160 的逻辑功能示意图和引脚图

（2）二—五—十进制异步加法计数器 74290

74290 的逻辑图如图 5-52 所示。它包含一个独立的 1 位二进制计数器和一个独立的异步五进制计数器。二进制计数器的时钟输入端为 $CP_1$，输出端为 $Q_0$；五进制计数器的时钟输入端为 $CP_2$，输出端为 $Q_1$、$Q_2$、$Q_3$。如果将 $Q_0$ 与 $CP_2$ 相连，$CP_1$ 作时钟脉冲输入端，$Q_0 \sim Q_3$ 作输出端，则为 8421BCD 码十进制计数器。

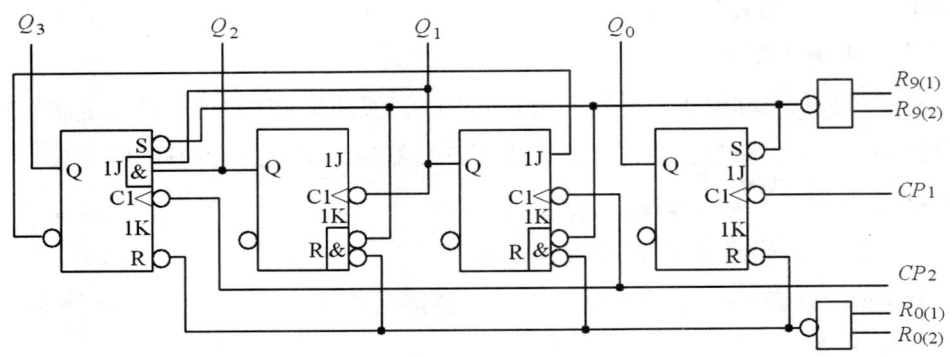

图 5-52 二—五—十进制异步加法计数器 74290

表 5-23 74290 的功能表

| 复位输入 | | 置位输入 | | 时钟 | 输出 | | | | 工作模式 |
|---|---|---|---|---|---|---|---|---|---|
| $R_{0(1)}$ | $R_{0(2)}$ | $R_{9(1)}$ | $R_{9(2)}$ | $CP$ | $Q_3$ | $Q_2$ | $Q_1$ | $Q_0$ | |
| 1 | 1 | 0 | × | × | 0 | 0 | 0 | 0 | 异步清零 |
| 1 | 1 | × | 0 | × | 0 | 0 | 0 | 0 | |
| × | × | 1 | 1 | × | 1 | 0 | 0 | 1 | 异步置数 |
| 0 | × | 0 | × | ↓ | 计 数 | | | | 加法计数 |
| 0 | × | × | 0 | ↓ | 计 数 | | | | |
| × | 0 | 0 | × | ↓ | 计 数 | | | | |
| × | 0 | × | 0 | ↓ | 计 数 | | | | |

表 5-23 是 74290 的功能表。由表可知，74290 具有以下功能：

异步清零。当复位输入端 $R_{0(1)} = R_{0(2)} = 1$，且置位输入 $R_{9(1)} \cdot R_{9(2)} = 0$ 时，不论有无时钟脉冲 $CP$，计数器输出将被直接置零。

异步置数。当置位输入 $R_{9(1)} = R_{9(2)} = 1$ 时，无论其他输入端状态如何，计数器输出将被直接置 9（即 $Q_3Q_2Q_1Q_0 = 1001$）。

计数。当 $R_{0(1)} = R_{0(2)} = 0$，且 $R_{9(1)} = R_{9(2)} = 0$ 时，在计数脉冲（下降沿）作用下，进行二—五—十进制加法计数。

3. 集成计数器的应用

（1）计数器的级联

两个模 $N$ 计数器级联，可实现 $N \times N$ 的计数器功能。

①同步级联

图 5-53 是用两片 4 位二进制加法计数器 74161 采用同步级联方式构成的 8 位二进制同步加法计数器，模为 $16 \times 16 = 256$。

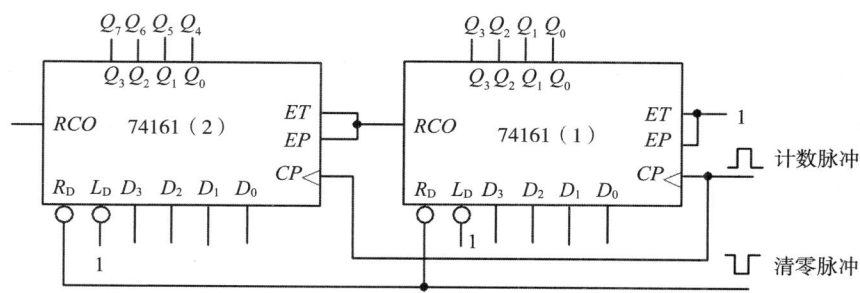

图 5-53 74161 同步级联组成 8 位二进制加法计数器

②异步级联

用两片 74191 采用异步级联方式构成的 8 位二进制异步可逆计数器如图 5-54 所示。

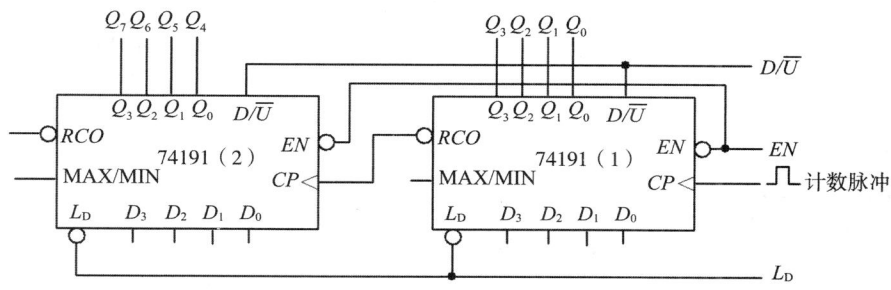

图 5-54 74191 异步级联组成 8 位二进制可逆计数器

有的集成计数器没有进位/借位输出端,这时可根据具体情况用计数器的输出信号 $Q_3$、$Q_2$、$Q_1$、$Q_0$ 产生一个进位/借位。如用两片二—五—十进制异步加法计数器 74290 采用异步级联方式组成的二位 8421BCD 码十进制加法计数器如图 5-55 所示,模为 $10 \times 10 = 100$。

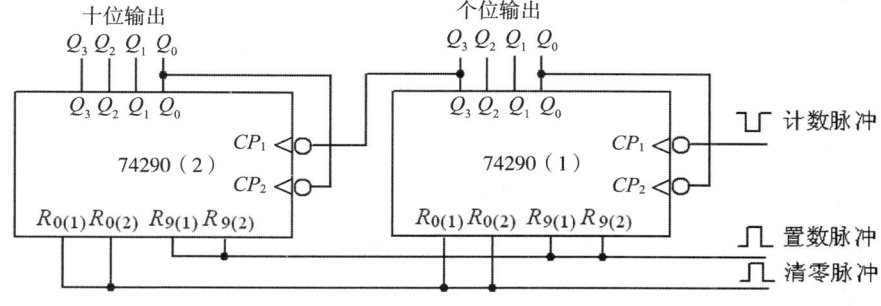

图 5-55 74290 异步级联组成 100 进制计数器

（2）组成任意进制计数器

市场上能买到的集成计数器一般为二进制和 8421BCD 码十进制计数器，如果需要其他进制的计数器，可用现有的二进制或十进制计数器，利用其清零端或预置数端，外加适当的门电路连接而成。

①异步清零法

它适用于具有异步清零端的集成计数器。图 5-56 所示是用集成计数器 74161 和与非门组成的 6 进制计数器。

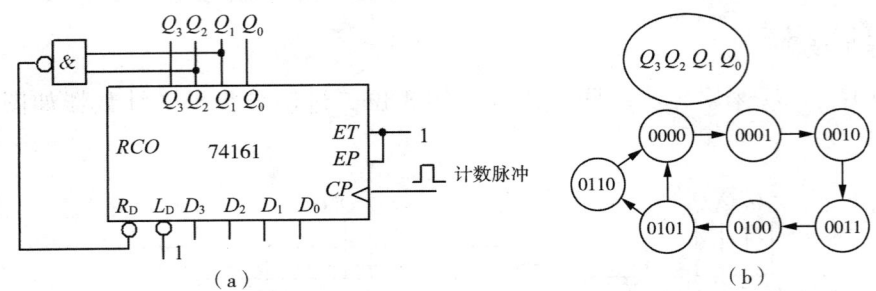

图 5-57　异步清零法组成 6 进制计数器

②同步清零法

它适用于具有同步清零端的集成计数器。图 5-57 所示是用集成计数器 74163 和与非门组成的 6 进制计数器。

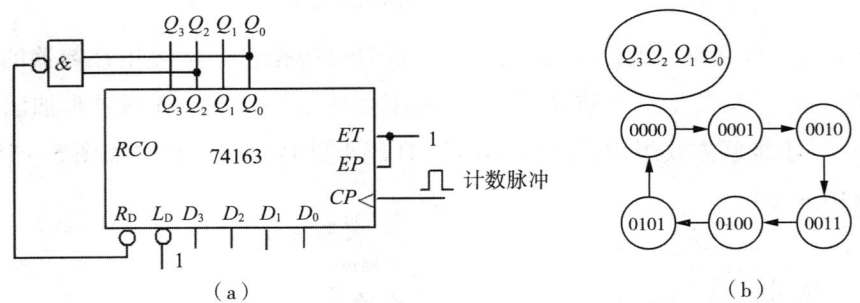

图 5-57　同步清零法组成 6 进制计数器

③异步预置数法

它适用于具有异步预置端的集成计数器。图 5-58 所示是用集成计数器 74191 和与非门组成的 10 进制计数器。该电路的有效状态是 0011~1100，共 10 个状态，可作为余 3 码计数器。

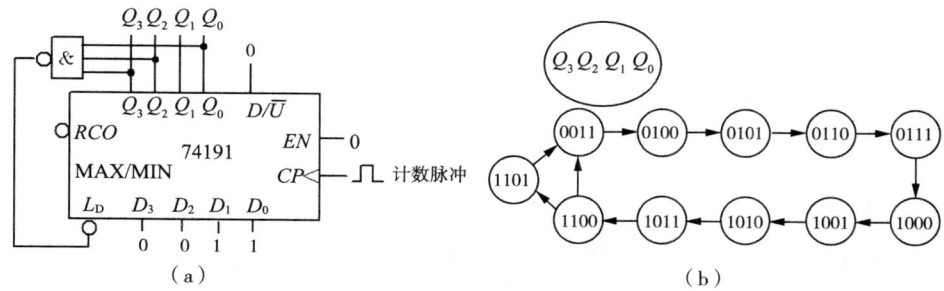

图 5-58  异步置数法组成余 3 码十进制计数器

④同步预置数法

它适用于具有同步预置端的集成计数器。图 5-59 所示是用集成计数器 74160 和与非门组成的 7 进制计数器。

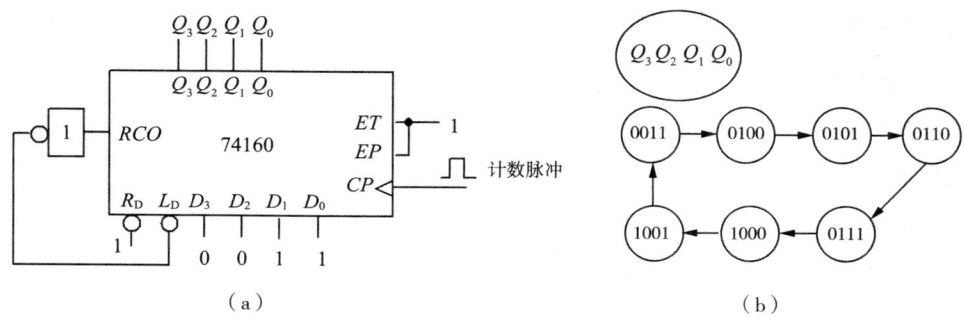

图 5-59  同步预置数法组成 7 进制计数器

综上所述，改变集成计数器的模可用清零法，也可用预置数法。清零法比较简单，预置数法比较灵活。但不管用哪种方法，都应首先搞清所用集成组件的清零端或预置端是异步还是同步工作方式，根据不同的工作方式选择合适的清零信号或预置信号。

1. 用 74160 组成 48 进制计数器。

2. 某石英晶体振荡器输出脉冲信号的频率为 32768 Hz，用 74161 组成分频器将其分频为频率为 1 Hz 的脉冲信号。

# 任务五 电路分析

 **学习目标**

**知识目标**

1. 理解数字秒表中基本 RS 触发器、单稳态触发器、时钟发生器及计数、译码显示等单元电路的结构和原理。

2. 能理解数字秒表电路的设计方法，比较各种方案优劣，制定电路设计方案。

**能力目标**

1. 根据任务要求分析、制定电路框图。

2. 能根据实物电路板测绘电路原理图。

3. 能理解数字秒表电路的工作原理。

**情感目标**

1. 提高学生学习专业的兴趣。

2. 提高学生分析解决实际问题的能力。

 **学习过程**

查阅资料，完成以下问题。

1. 分析项目要求，描述电路应该具有的功能。

2. 绘制数字秒表电路的原理框图。

3. 试述清零、开始计时、停止计时电路的解决方案。

4. 试述时钟信号电路的解决方案。

5. 试述计数电路的解决方案。

6. 试述显示译码器电路的解决方案。

7. 将收集到的数字秒表拆开观察里面的电路板或参考教师给的电路板测绘电路原理图。

参考电路板图如图 5-60、图 5-61 所示。

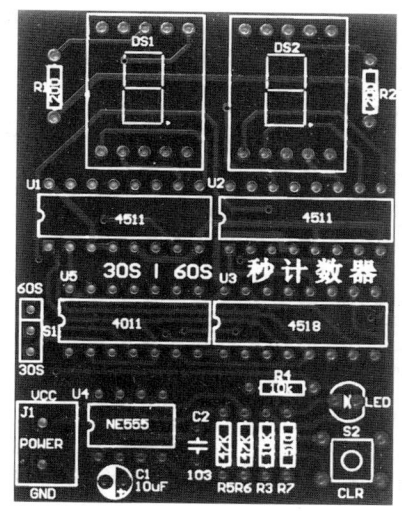

图 5-60 字符面

图 5-61 焊接面

请将电路原理图绘制到此处。

8. 查阅资料，了解数字秒表电路的工作原理并进行完整描述。

## 知识储备

### 一、项目要求

设计制作一个数字秒表,该数字电路应当实现以下功能。

(1) 以 0.1s 为最小单位进行显示;

(2) 秒表可显示 0.0~9.9s 的量程;

(3) 该秒表具有清零、开始计时、停止计时功能;

(4) 除了以上功能,个人可根据具体情况进行电路功能扩展。

### 二、电路分析

根据任务要求,得到数字秒表电路的组成框图,如图 5-62 所示,按功能可将其分成 5 个部分电路,下面逐一分析。

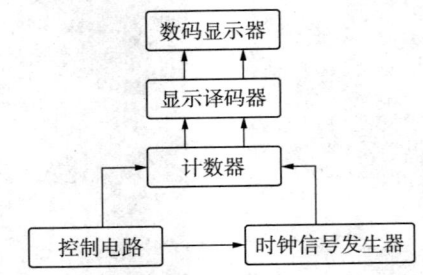

图 5-62 数字秒表电路的基本组成框图

1. 基本 RS 触发器

图 5-63 中单元 I 为用集成与非门构成的基本 RS 触发器,属低电平直接触发的触发器,有直接置位、复位的功能。它的一路输出 $\overline{Q}$ 作为单稳态触发器的输入,另一路输出 $Q$ 作为与非门 5 的输入控制信号。

按动按钮开关 $K_2$(接地),则门 1 输出 $\overline{Q}=1$;门 2 输出 $Q=0$,$K_2$ 复位后 $Q$、$\overline{Q}$ 状态保持不变。再按动按钮开关 $K_1$,则 $Q$ 由 0 变为 1,门 5 开启,为计数器启动做好准备。$\overline{Q}$ 由 1 变 0,送出负脉冲,启动单稳态触发器工作。

基本 RS 触发器在数字秒表中的职能是启动和停止秒表的工作。

2. 单稳态触发器

图 5-63 中单元 II 为用集成与非门构成的微分型单稳态触发器,图 5-64 为各点波形图。

单稳态触发器的输入触发负脉冲信号 $v_i$ 由基本 RS 触发器 $\overline{Q}$ 端提供，输出负脉冲 $v_O$ 通过非门加到计数器的清除端 $R_o$。

静态时，门 4 应处于截止状态，故电阻 $R$ 必须小于门的关门电阻 $R_{Off}$。定时元件 $RC$ 取值不同，输出脉冲宽度也不同。当触发脉冲宽度小于输出脉冲宽度时，可以省去输入微分电路的 $R_P$ 和 $C_P$。

单稳态触发器在数字秒表中的职能是为计数器提供清零信号。

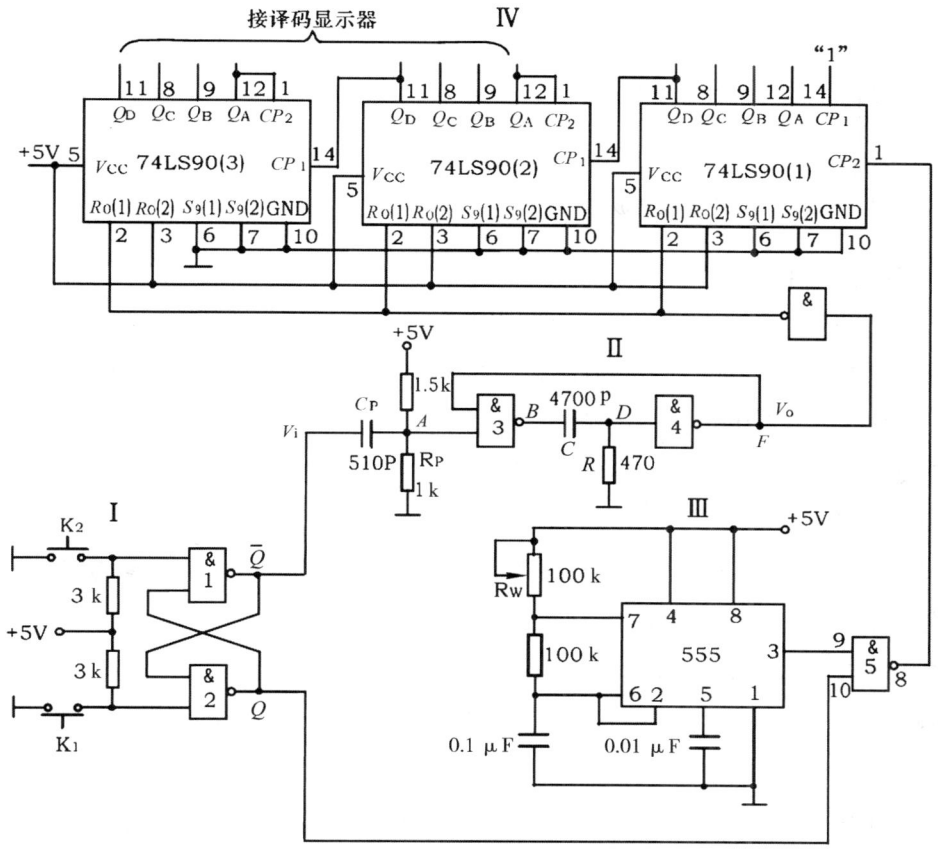

图 5 – 63　数字秒表原理图

3. 时钟发生器

图 5 – 63 中单元Ⅲ为用 555 定时器构成的多谐振荡器，是一种性能较好的时钟源。

调节电位器 $R_W$，使在输出端 3 获得频率为 50 Hz 的矩形波信号，当基本 RS 触发器 $Q=1$ 时，门 5 开启，此时 50 Hz 脉冲信号通过门 5 作为计数脉冲加于计数器①的计数输入端 $CP_2$。

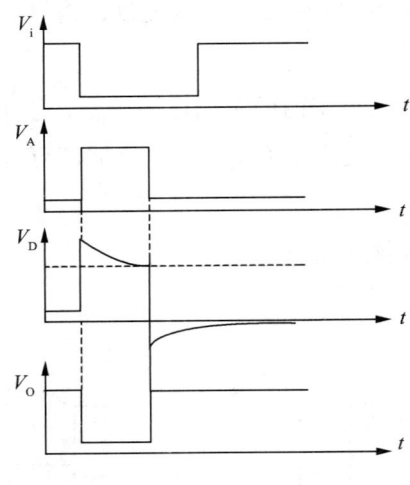

图 5-64 单稳态触发器波形图

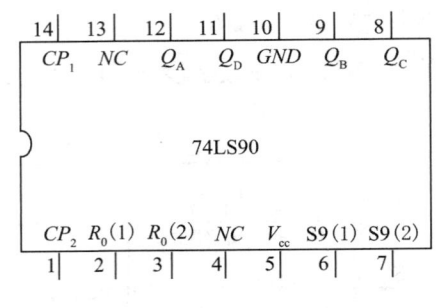

图 5-65 74LS90 引脚排列

### 4. 计数及译码显示

二—五—十进制加法计数器 74LS90 构成数字秒表的计数单元，如图 5-63 中单元 Ⅳ 所示，其中计数器①接成五进制形式，对频率为 50 Hz 的时钟脉冲进行五分频，在输出端 $Q_D$ 取得周期为 0.1 s 的矩形脉冲，作为计数器②的时钟输入。

计数器②及计数器③接成 8421 码十进制形式，其输出端分别与两片 74LS48 译码显示器相应输入端连接。

译码显示器的 a～g 输出端分别与两个共阴极数码显示器的相应输入端连接，可在两个数码显示器上分别显示 0.1～0.9s；1～9.9s 计时。

集成异步计数器 74LS90 是异步二—五—十进制加法计数器，它既可以作二进制加法计数器，又可以作五进制和十进制加法计数器。图 5-65 为 74LS90 引脚排列，表 5-24 为功能表。

通过不同的连接方式，74LS90 可以实现四种不同的逻辑功能；而且还可借助 $R_0(1)$、$R_0(2)$ 对计数器清零，借助 $S_9(1)$、$S_9(2)$ 将计数器置 9。其具体功能详述如下：

(1) 计数脉冲从 $CP_1$ 输入，$Q_A$ 作为输出端，为二进制计数器。

(2) 计数脉冲从 $CP_2$ 输入，$Q_D Q_C Q_B$ 作为输出端，为异步五进制加法计数器。

(3) 若将 $CP_2$ 和 $Q_A$ 相连，计数脉冲由 $CP_1$ 输入，$Q_D$、$Q_C$、$Q_B$、$Q_A$ 作为输出端，则构成异步 8421 码十进制加法计数器。

(4) 若将 $CP_1$ 与 $Q_D$ 相连，计数脉冲由 $CP_2$ 输入，$Q_A$、$Q_D$、$Q_C$、$Q_B$ 作为输出端，则构成异步 5421 码十进制加法计数器。

（5）清零、置 9 功能。

①异步清零。当 $R_0$（1）、$R_0$（2）均为"1"；$S_9$（1）、$S_9$（2）中有"0"时，实现异步清零功能，即 $Q_D Q_C Q_B Q_A = 0000$。

②置 9 功能。当 $S_9$（1）、$S_9$（2）均为"1"；$R_0$（1）、$R_0$（2）中有"0"时，实现置 9 功能，即 $Q_D Q_C Q_B Q_A = 1001$。

表 5-24　74LS90 逻辑功能

| 输入 | | | 输出 | 功能 |
|---|---|---|---|---|
| 清 0<br>$R_0$（1）、$R_0$（2） | 置 9<br>$S_9$（1）、$S_9$（2） | 时　钟<br>$CP_1$　$CP_2$ | $Q_D$　$Q_C$　$Q_B$　$Q_A$ | |
| 1　　1 | 0　　×<br>×　　0 | ×　×  | 0　0　0　0 | 清 0 |
| 0　　×<br>×　　0 | 1　　1 | ×　×  | 1　0　0　1 | 置 9 |
| 0　　×<br>×　　0 | 0　　×<br>×　　0 | ↓　1 | $Q_A$ 输出 | 二进制计数 |
| | | 1　↓ | $Q_D Q_C Q_B$ 输出 | 五进制计数 |
| | | ↓　$Q_A$ | $Q_D Q_C Q_B Q_A$ 输出<br>8421BCD 码 | 十进制计数 |
| | | $Q_D$　↓ | $Q_A Q_D Q_C Q_B$ 输出<br>5421BCD 码 | 十进制计数 |
| | | 1　1 | 不变 | 保　持 |

5. Multisim 仿真电路

对于以上各部分电路，在 multisim 仿真软件中选取对应元器件，连接导线，进行仿真测试，验证数字秒表功能，完成任务分析（图 5-66）。

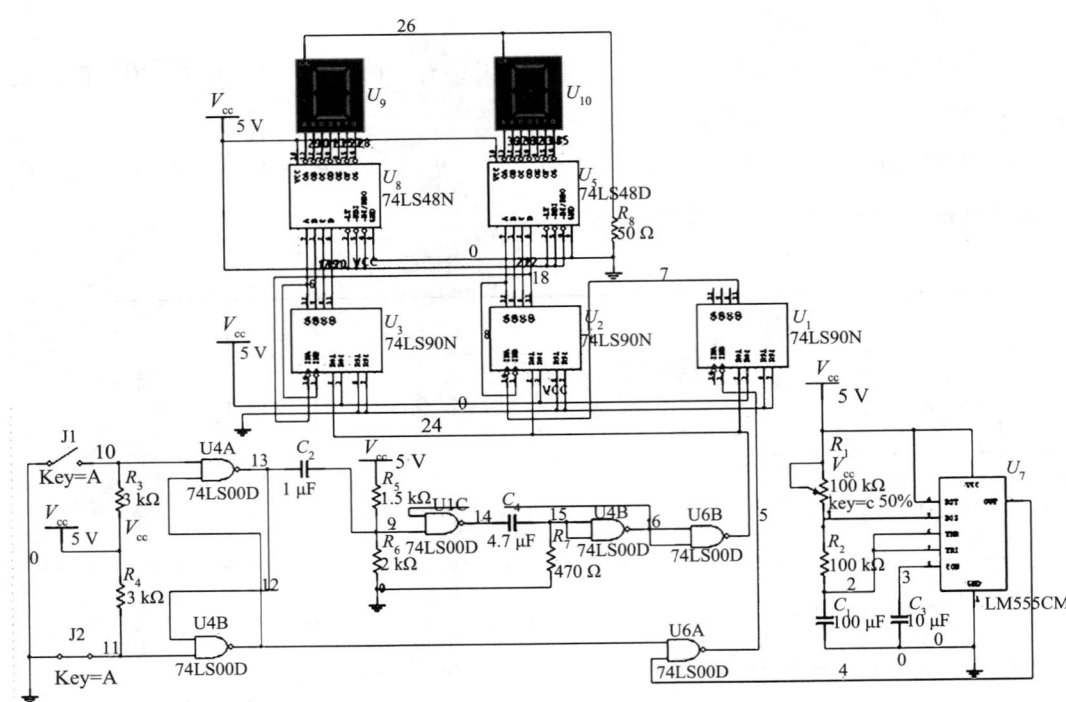

图 5-66 数字秒表仿真电路图

### 一、时钟脉冲发生器

时钟脉冲发生器的功能是产生标准时钟脉冲信号，主要由振荡器和分频器组成。振荡器是计时器的核心，振荡器的稳定度和频率的精准度决定了计时器的准确度，可由石英晶体振荡电路或 555 定时器与 RC 组成的多谐振荡器构成。

一般来说，振荡器的频率越高，计时的精度就越高，但耗电量也将增大，故在设计时，一定根据需要设计出最佳电路。石英晶体振荡器具有频率准确、振荡稳定、温度系数小的特点，但如果精度要求不高，可以采用 555 构成的多谐振荡器。

1. 按图 5-67 选取元器件，组装电路。

2. 利用示波器观察输出信号和 $C_1$ 充放电的波形（图 5-68），计算信号幅值和频率。

3. 调节电位器，观察信号波形变化，计算信号幅值和频率。

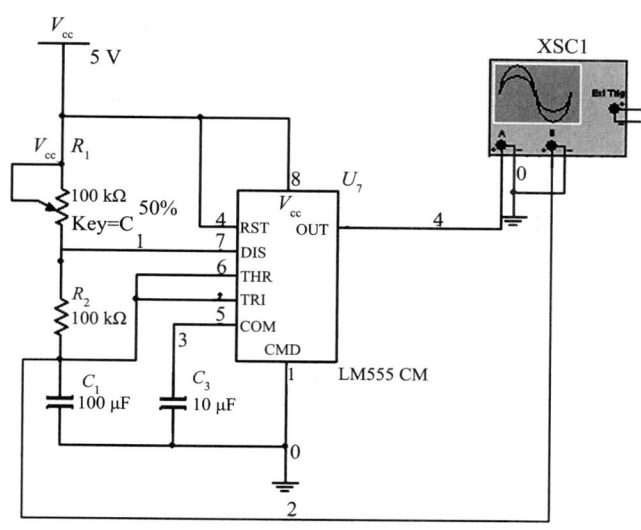

图 5-67　555 定时器组成的时钟脉冲发生器

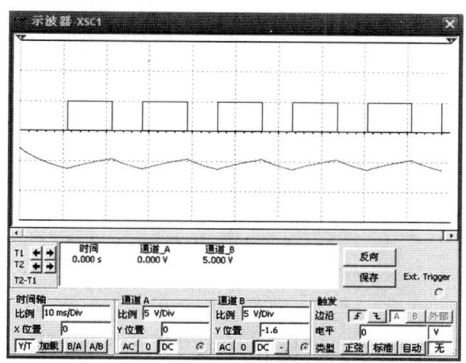

图 5-68　时钟脉冲发生器输出信号波形

## 二、计数电路

74LS90 是一种较为典型的异步十进制计数器,它由 1 个一位二进制和 1 个异步五进制计数器组成。如果计数脉冲由 CP1 端输入,输出由 QA 端引出,即得二进制计数器;如果计数脉冲 CP2 端输入,输出由 QA~QD 端引出,即得五进制计数器;如果将 QA 与 CP2 相连,计数脉冲由 CP1 输入,输出由 QA~QD 引出,即得 8421 码十进制计数器。因此,又称此电路为二—五—十进制计数器。

1. 按图 5-69 选取元器件,组装电路,将 74LS90 接成十进制计数器。

2. 给十进制计数器加周期分别为 1 s 和 0.1 s 的时钟信号,观察译码显示电路的数码显示。

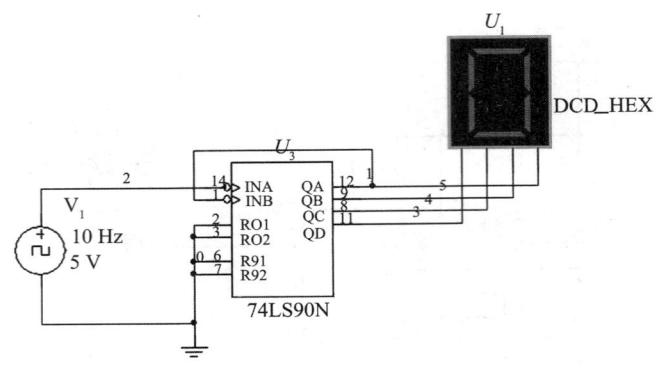

图 5-69　74LS90 构成的十进制计数器

3. 将 74LS90 接成五进制计数器（图 5-70）。

4. 给十进制计数器加周期分别为 1 s 和 0.1 s 的时钟信号，观察译码显示电路的数码显示。

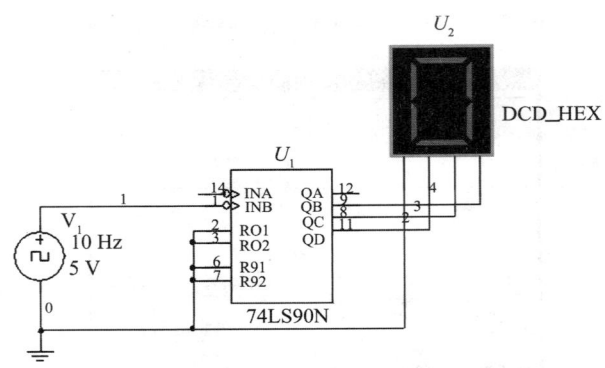

图 5-70　74LS90 构成的五进制计数器

### 三、译码显示电路

常用的 BCD 对七段显示器译码器/驱动器之 IC 包装有 TTL（7446、7447、7448、7449）与 CMOS（4511）等。其中 7446、7447 必须使用共阳极七段显示器，7448、7449、4511 等则使用共阴极七段显示器。

图 5-71 是 74LS48 显示译码器和共阴极数码管组成译码显示电路。

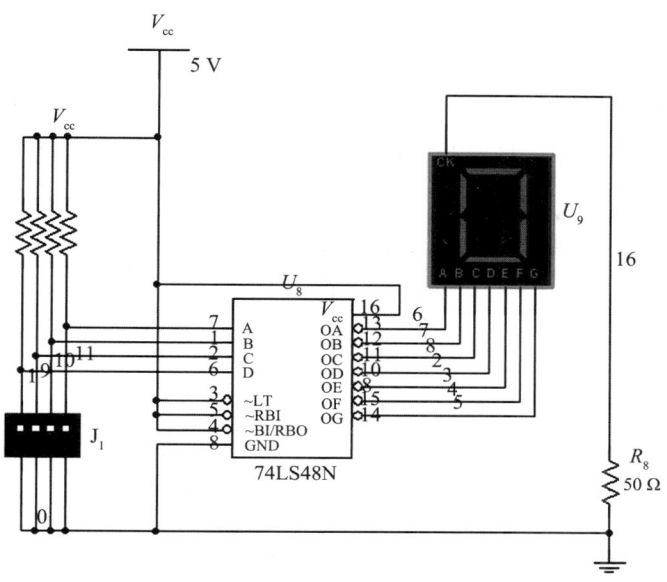

图 5-71　74LS48 译码显示电路

1. 按图 5-71 选取元器件，组装电路。
2. 将四位拨码开关作为 8421 码输入，共阴极数码管作为显示电路。
3. 拨动四位拨码开关，从 0000 到 1001，观察 74LS48 的译码输出，应从 0~9 变化。

**四、基本 RS 触发器**

用集成与非门构成的基本 RS 触发器属低电平直接触发的触发器，有直接置位、复位的功能。图 5-72 为 74LS00 引脚排列图。

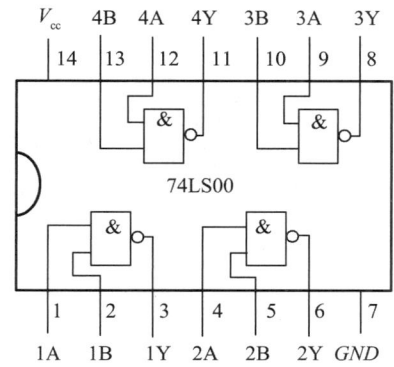

图 5-72　74LS00 引脚排列图

74LS00 是常用的 2 输入四与非门集成电路，顾名思义，它就是实现一个与非门。

1. 利用 74LS00 中的两个与非门构成基本 RS 触发器，如图 5-73 所示。
2. 两个开关作为基本 RS 触发器的输入信号，用逻辑笔或发光二极管作输出显示。
3. 分别操作两开关验证基本 RS 触发器的逻辑功能，即置零、置 1、保持。

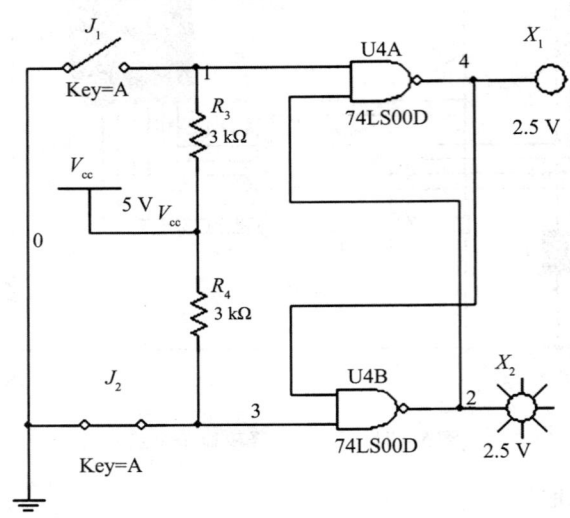

图 5-73　基本 RS 触发器

### 五、单稳态触发器

单稳态触发器是用集成与非门构成的微分型单稳态触发器，如图 5-74 所示。

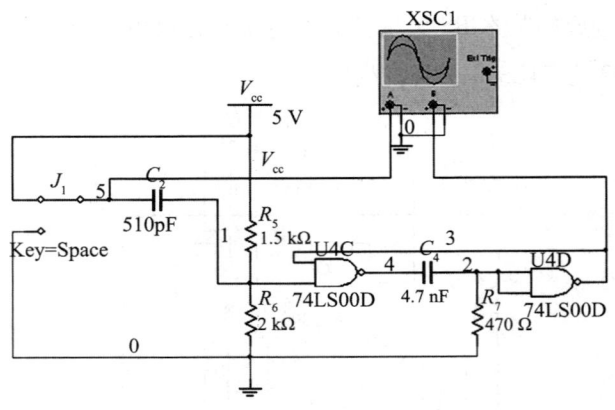

图 5-74　单稳态触发器

单稳态触发器的输入触发负脉冲信号 $V_1$，输出负脉冲 $V_0$。静态时，与非门 4 应处于截止状态，故电阻 $R$ 必须小于门的关门电阻 $R_{\text{Off}}$。定时元件 RC 取值不同，输出脉冲宽度也不同。当触发脉冲宽度小于输出脉冲宽度时，可以省去输入微分电路的 $R_P$ 和 $C_P$。

1. 按图 5-74 组装电路。
2. 按动开关，产生一个负脉冲信号。
3. 利用示波器检测单稳态触发器的输入和输出波形（图 5-75）。
4. 改变 $C_4$ 和 $R_7$ 的数值，观察波形的变化情况。

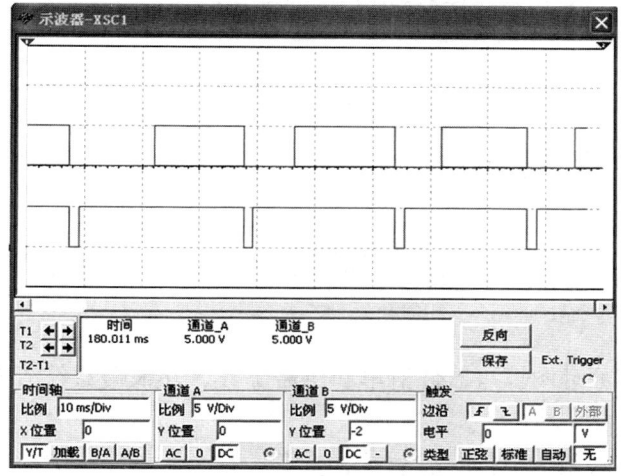

图 5-75　单稳态触发器输入/输出信号波形

# 任务六　成品制作

## 学习目标

**知识目标**

根据原理图，绘制元器件安装布置图。

**能力目标**

1. 能根据电路原理图填写器件清单和所需工具，并根据器件清单采购或挑选所用元器件。

2. 能正确利用仪表识别相关电子元器件。

3. 能正确利用仪表对相关电子元器件好坏进行检测。

4. 能正确使用电子焊接常用工具，按图纸、工艺要求、安装规程要求正确完成线路的安装，并进行通电调试。

**情感目标**

1. 提高学生学习专业的兴趣。

2. 培养学生养成严谨的工作态度。

3. 提高学生分析解决实际问题的能力。

## 学习过程

1. 根据原理图（图 5-76）绘制出元器件安装布置图

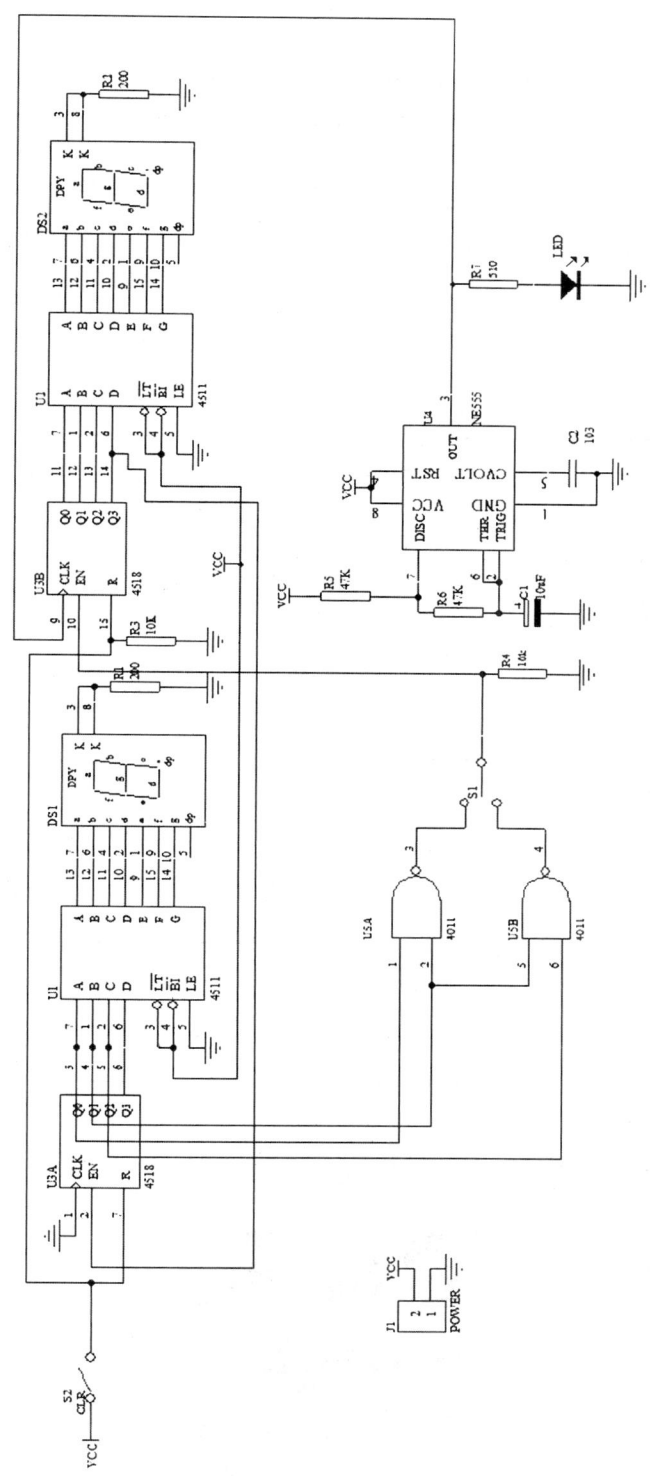

图 5-76 数字秒表原理图

## 2. 准备器材

组员需要填写仓库借用仪器仪表清单（表 5 – 25）和元器件清单（表 5 – 26）。

表 5 – 25　数字秒表电路装调仪器仪表清单

生产单号：_____　　领料部门：_____　　管理员签名：_____　　年　　月　　日

| 序号 | 名称 | 数量 | 规格 | 单位 | 借出时间 | 借用人签名 | 归还时间 | 归还人签名 | 备注 |
|------|------|------|------|------|----------|------------|----------|------------|------|
|      |      |      |      |      |          |            |          |            |      |
|      |      |      |      |      |          |            |          |            |      |
|      |      |      |      |      |          |            |          |            |      |
|      |      |      |      |      |          |            |          |            |      |

表 5 – 26　数字秒表电路装调元器件清单

生产单号：_____　　领料部门：_____　　管理员签名：_____　　年　　月　　日

| 序号 | 名称 | 规格型号 | 单位 | 申领数量 | 实发数量 | 备注 |
|------|------|----------|------|----------|----------|------|
|      |      |          |      |          |          |      |
|      |      |          |      |          |          |      |
|      |      |          |      |          |          |      |
|      |      |          |      |          |          |      |
|      |      |          |      |          |          |      |
|      |      |          |      |          |          |      |
|      |      |          |      |          |          |      |
|      |      |          |      |          |          |      |
|      |      |          |      |          |          |      |

## 3. 识别元器件

请将所需元器件分辨清楚，将图 5 – 77 中元器件名称补充完整。

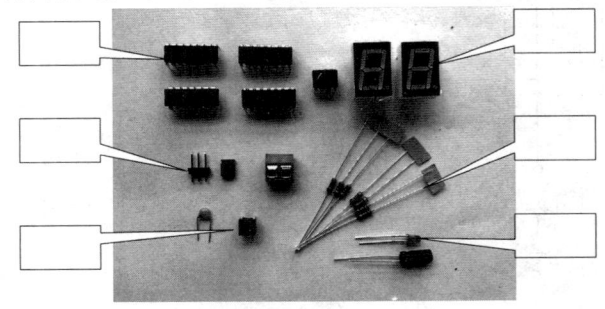

图 5 – 77　数字秒表元器件

### 知识储备

**微型元器件的手工焊接、拆焊**

1. 用电烙铁焊接微型元器件

用电烙铁焊接微型元器件，最好用恒温电烙铁，若使用普通电烙铁，电烙铁的金属外壳应接地，以防感应电压损坏微型元器件。因微型元器件的体积小，烙铁头尖端的截面积应小于焊接面（即焊盘面积）。焊接时要注意保持烙铁头的清洁，经常擦拭烙铁头。焊接时间要短，一般不要超过 2 s，看到焊锡开始熔化就立即抬起烙铁头。焊接过程中，烙铁头不要碰到其他元器件。焊接完成后，要用带照明灯的 2～3 倍放大镜检查焊点是否牢固、是否虚焊。

若被焊件要镀锡，则应先将烙铁头接触待镀锡处 1 s 后再放焊料，焊锡熔化后立即撤回电烙铁。

（1）二端微型元器件的焊接

焊接电阻、电容及二极管等二端微型元器件的示意图如图 5-78 所示。焊接时，先在一个焊盘上镀锡后，电烙铁不要离开焊盘，保持焊锡处于熔化状态，立即用镊子夹着元器件放到焊盘上，元器件浸润后撤离电烙铁。焊好一个焊端再焊另一焊端。

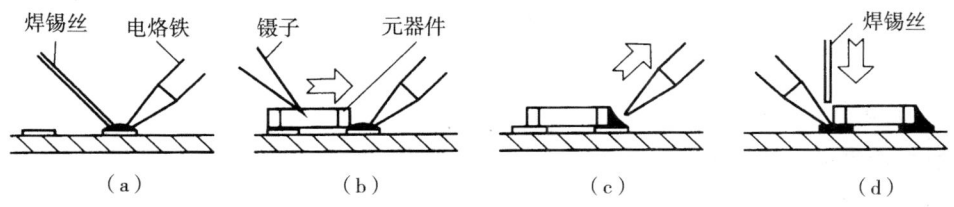

图 5-78 二端微型元器件的焊接

另一种焊接方法：先在焊盘上涂敷助焊剂，并在基板上点一滴不干胶，用镊子将元器件放在预定位置上，先焊好一个引脚，再焊另一引脚。

在焊装微型钽电解电容器时，要先焊好正极再焊负极，以免损坏电容器。

（2）微型集成电路和晶体管的焊接

焊接 QFP 封装（矩形四边都有电极引脚的微型集成电路封装形式）集成芯片的手法如图 5-79 所示。

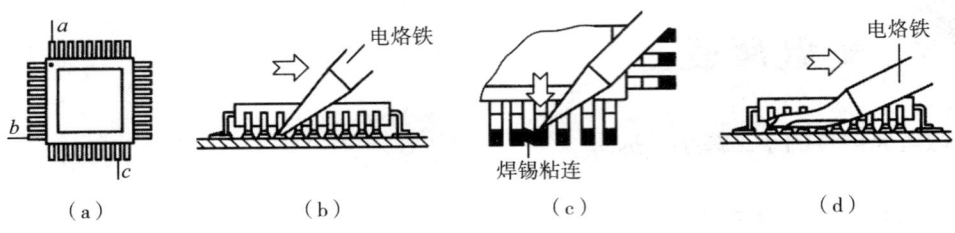

图 5-79 微型集成电路的焊接

在焊接 QFP 封装集成芯片时,应先把芯片放在预定的位置上,用少量焊锡焊住芯片角上的 3 个引脚,如图 5-79(a)所示,使芯片准确地固定,然后给其他引脚涂上助焊剂,逐一焊牢引脚,如图 5-79(b)所示。若焊接时引脚间不慎发生焊锡粘连现象,则可在粘连处涂少许助焊剂,再用烙铁尖轻轻地沿引脚向外刮抹,如图 5-79(c)所示。

"拖焊"是焊接集成电路的好办法。就是采用 H 形烙铁头,沿着芯片的引脚,把烙铁头快速拖曳,如图 5-79(d)所示。这种方法是有经验技术工人常用的方法,如不熟练极易造成虚焊或焊锡粘连。

焊接 SOT 封装晶体管或 SO、SOL 封装的集成电路与焊接 QFP 封装集成芯片相似,应先焊住两个对角,然后给其他引脚均匀涂上助焊剂,逐一将引脚焊牢。

如果使用含松香芯等助焊剂的焊锡丝,焊前可不必涂敷助焊剂。焊接时一手持电烙铁,另一手持焊锡丝,烙铁头与焊锡丝尖端同时对准欲焊接器件的引脚,在焊锡丝被熔化的同时将引脚焊牢。

2. 用电烙铁拆焊微型元器件

各种微型的固定电阻器、电容器和二极管、晶体管等元器件被广泛应用于各种电子设备与家电中。在维修时,常常需要拆焊或替换此类元器件。这类元器件体积很小,以 RD 系列无引线片式稳压二极管为例,其长度为 3.5 mm,直径为 1.5 mm,电极长度仅为 0.4 mm。拆焊此类元器件与一般元器件相比有一些特殊的方法和技巧。

在工厂生产时,不论是采用自动化安装还是人工安装方法,都是严格按照"点胶—贴片—热固化—焊接"的工艺顺序,大密度地贴焊在印制电路板的焊盘上。因此,在维修拆取或安装时,应采用 25W 左右电烙铁,其烙铁头尖端体形要小,且尖端温度应能保持在 240℃左右,最好采用恒温式电烙铁。

拆取或焊接时,不能用烙铁头对这类元器件的任何一个部位长时间加热和直接触及电极,更不允许用力推压这类元器件,以免发生电极移位或主体开裂。拆下的元器件或待装的元器件尽量不要用手去触摸或拿取,以避免电极氧化,使可焊性降低。最好采用小镊子夹取这类元器件的两电极中心部位,实现等电位拿取。不允许带电拆取和安装这类元器件。

(1) 轮流加热拆取法

如图5-80 (a) 所示,用编织铜线吸取各电极焊盘上的焊锡。

用小镊子夹住元器件的中央部位,并参照图5-80 (b),一边用电烙铁轮流对各端子的焊盘加热,一边轻轻转动镊子,便可拆下该元器件。

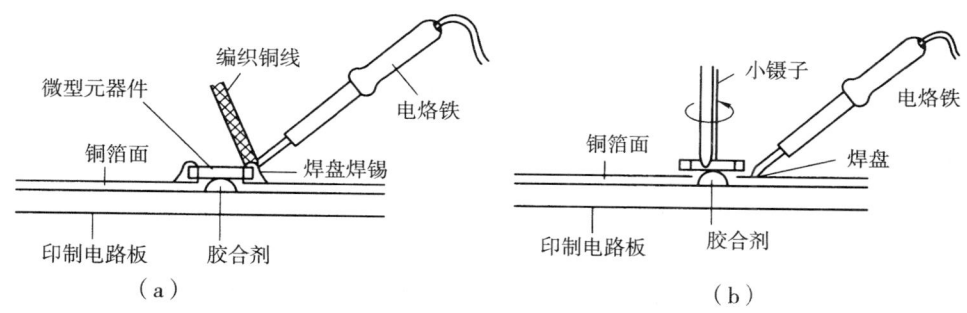

图5-80 轮流加热拆取法

(2) 等电位拆取法

按照图5-81 (a),用一段编织铜线,将这类元器件各电极包住。

参照图5-81 (b),用电烙铁对任一个电极的焊盘加热,待焊锡熔化时,稍用力拖拉编织铜线,便可拆下该元器件。

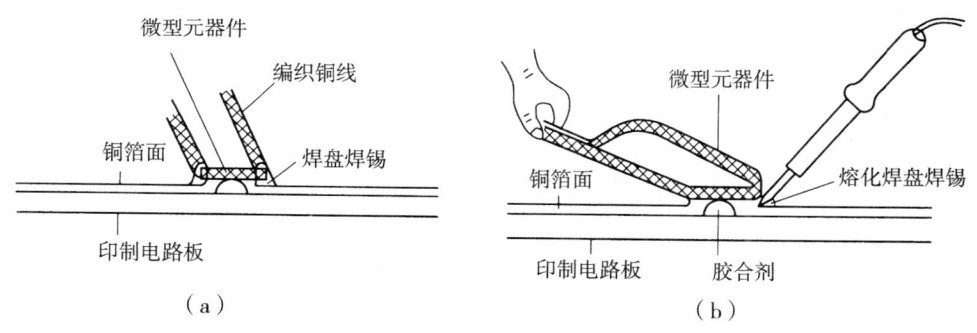

图5-81 等电位拆取法

(3) 专用工具拆取法

这种方法是采用更换专用或自制的烙铁头,如图5-82所示,用电烙铁对元器件各电极的焊盘同时加热。待焊盘焊锡熔化时,用镊子夹住元器件中部轻转,便可拆除。

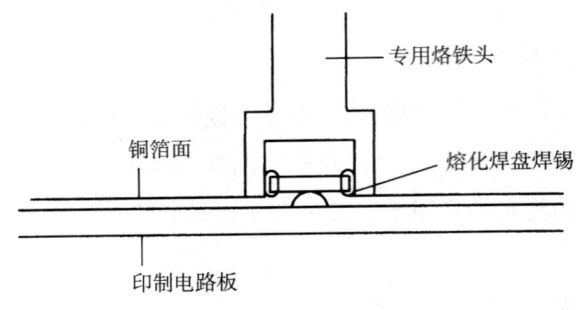

图 5-82 专用工具拆取法

3. 用热风工作台焊接微型元器件

使用热风工作台焊接、拆焊微型元器件比用电烙铁方便得多,在电子产品维修行业得到广泛应用。

用热风工作台焊接微型元器件时,不能使用焊锡丝,焊料应使用焊锡膏。先用手工点涂的方法将焊锡膏涂在焊盘上,贴放微型元器件后,用热风嘴沿着芯片周边迅速移动,均匀加热所有引脚焊盘,即可完成焊接任务。

若发现用电烙铁焊接的微型元器件有引脚"桥接"短路或焊接质量不好,也可用热风工作台进行修整。修整时往焊盘滴涂免清洗助焊剂,用热风加热焊点,使焊料熔化,短路点会在助焊剂作用下分离,使焊点表面变得光亮圆润。

在使用热风枪焊接时要注意以下三点:

①热风嘴应距欲焊或欲拆焊点 1~2 mm,不能直接接触元器件引脚,也不能过远,并保持稳定。

②焊接或拆焊元器件时,一次连续吹风时间不能超过 20 s,同一位置使用热风不能超过 3 次。

③针对不同的焊接或拆焊对象,可参照设备生产厂家提供的温度曲线,通过反复实验,优选出适宜的温度与风量的设置量。

4. 用热风工作台拆焊微型元器件

按下热风工作台的电源开关,调整热风工作台面板上的旋钮,使热风的温度和送风量适中,这样就可用热风嘴吹出的热风拆焊微型元器件。

热风工作台的热风筒上可以装配各种不同的热风嘴,用于拆除不同尺寸、不同封装形式的芯片。用热风工作台拆焊集成电路芯片的示意图如图 5-83 所示。

其中,图 5-83(a)是用于拆焊 PLCC 封装芯片的热风嘴;图 5-83(b)是用于拆焊 QFP 封装芯片的热风嘴;图 5-83(c)是用于拆焊 SO、SOL 封装芯片的热风嘴;图 5-83(d)是一种针管状的热风嘴,其应用面较宽,不仅可用于拆焊两端元器件,有经验的操作者可灵活地用其拆焊各种集成电路芯片。

使用热风工作台拆焊元器件时，要注意调整温度高低和送风量的大小。若热风的温度过低，则势必增加熔化焊点的时间，这样反而会让过多的热量传到芯片内部，容易损坏元器件；若热风的温度过高，则可能会烤焦印制电路板或损坏元器件。若送风量过小，则会使加热时间明显延长；若送风量过大，则可能会使周围元器件受到影响，甚至把周围元器件吹跑。初学者在使用时，应把"温度""送风量"旋钮置于中间位置，即"温度"旋钮在刻度"4"左右，"送风量"旋钮在刻度"3"左右。若担心周围元器件被吹跑，则可把待拆元器件周边的元器件用胶带贴住。

注意：待全部引脚的焊点均被热风充分熔化后，才能用镊子取出元器件，以免印制电路板上的焊盘或印制导线受力脱落。

图 5-83（e）中左边所画虚线箭头，表示用针管状热风嘴拆焊元器件时热风嘴应沿芯片周边迅速移动，同时加热全部引脚焊点。

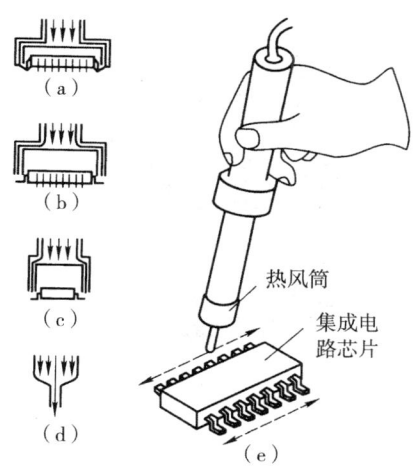

图 5-83 热风工作台焊接微型元器件

5. 工业生产中的焊接

手工焊接只适用于小批量生产和维修，而对大批量生产、质量标准要求较高的电子产品或电气产品的电子线路生产，就需采用自动化焊接系统，尤其是集成电路、超小型的元器件和复合电路的焊接，通过自动化焊接加工，才能保证焊接质量，提高产品的稳定性和可靠性，保证产品质量。

一、数字秒表电路焊接步骤及方法

请按照表 5-27 中要求焊接电路、安装产品,并将注意事项补充完整。

**表 5-27　数字秒表电路焊接步骤及方法**

| 步骤名称 | 焊接示意图（请在图中标出元件） | 注意事项 |
|---|---|---|
| 1. 焊接电阻器（$R_1 \sim R_7$） | 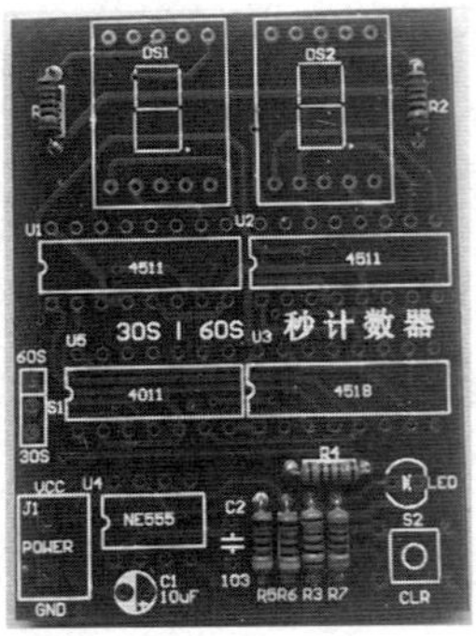 元件面 <br><br>焊接面 | 立式插装,要求: |
| 2. 焊接集成电路外围元件。独石电容、发光二极管、轻触开关（C2、LED、S2） | 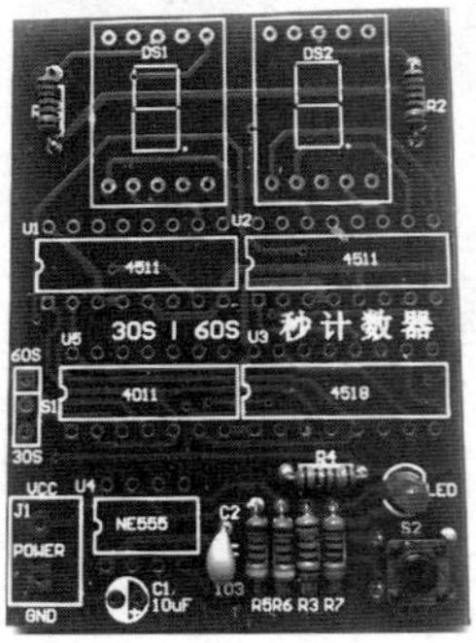 元件面 | 焊接时注意: |

（续表）

| 步骤名称 | 焊接示意图（请在图中标出元件） | 注意事项 |
|---|---|---|
|  |  焊接面 |  |
| 3. 焊接跳线、接线端子、电解电容（S1、J1、C1） | 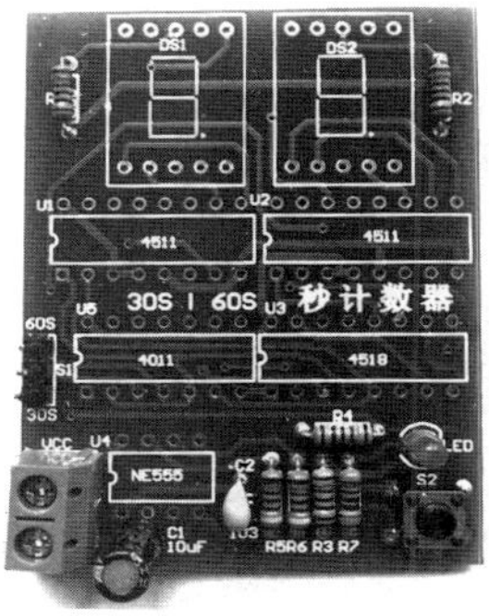 元件面 <br><br>焊接面 | 焊接时注意： |

327

（续表）

| 步骤名称 | 焊接示意图（请在图中标出元件） | 注意事项 |
|---|---|---|
| 4. 焊接集成电路（U1～U5） |  元件面 <br><br>焊接面 | 焊接时注意： |
| 5. 焊接 LED 数码管（DS1、DS2） |  元件面 | 焊接时注意： |

（续表）

| 步骤名称 | 焊接示意图（请在图中标出元件） | 注意事项 |
|---|---|---|
|  |  焊接面 |  |
| 6. 安装短路帽 | 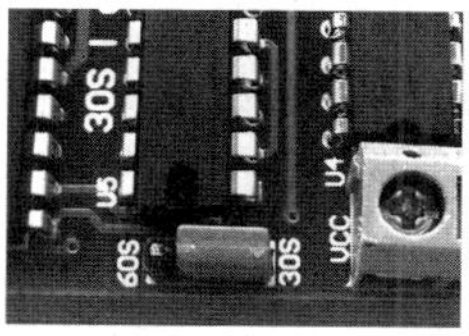  | 安装时注意： |
| 7. 连接电源线 |   | 连接时注意： |

**二、数字秒表的调试步骤及方法**

由于本电路组成功能模块较多，为了方便调试查找故障，宜采用分功能块连线和调试，分段进行后再综合调试。

1. 可利用万用表或逻辑测试仪对各单元电路的逻辑功能逐个测试。它们按照功能可分为_____电路，_____电路，_____电路和_____电路。

2. 时钟发生电路是否工作正常，可以观察 LED 指示灯。正常情况下应该每秒钟亮一下，否则应检查_____。

3. 若短路帽接通 30s 跳线，则接通电源后，数字秒表立即开始计数，数码管显示 00~30，到 30 后计数停止，按下复位按钮 S2 后，计数器从 00 重新开始计数。

若短路帽接通 60s 跳线，则_____。

4. 利用电子钟或手表的秒计时对数字秒表进行校准。时间稍快或稍慢，应检查或考虑更换_____。

## 总结与评价

### 一、本项目学生能力考核表（表5-28）

表5-28 学生能力考核表

| 主项目及配分 | 序号 | 子项目 | 配分 | 得分 |
|---|---|---|---|---|
| 理论知识 | 1 | 能根据实物电路板测绘电路原理图 | 10 | |
| | 2 | 能理解电路原理 | 5 | |
| | 3 | 能根据电路原理图填写器件清单 | 5 | |
| 实操能力 | 4 | 能认识集成芯片的封装 | 10 | |
| | 5 | 能正确识别LED数码管、CD4011、CD4511、CD4518 | 15 | |
| | 6 | 能正确完成数字秒表线路的安装并通电调试 | 25 | |
| | 7 | 能正确利用仪表对数字秒表电子线路成品进行检修 | 15 | |
| 综合素养 | 8 | 出勤、纪律 | 5 | |
| | 9 | 符合安全生产规范 | 5 | |
| | 10 | 团队合作意识 | 5 | |

### 二、实操评价标准表（表5-29）

表5-29 实操评价标准表

| 考核项目 | 考核要求 | 配分 | 评分标准 | 扣分 | 得分 | 备注 |
|---|---|---|---|---|---|---|
| 准备工作 | 15min内完成所有元器件的清点、检测及调换 | 10 | 规定时间以外更换元件，每个扣5分 | | | |
| 元器件检测 | 完成材料清单中元器件检测 | 15 | 监测数据不正确，每处扣2分 | | | |
| 组装焊接 | 元器件按要求整形；正确安装元器件；焊点美观、走线合理、布局漂亮 | 35 | 整形、安装或焊点不规范，每处扣1分<br>元器件安装错误或损伤件，每处扣2分<br>少线、错线及布局不美观，每处扣1分 | | | |
| 通电调试 | 输出电压正常可调 | 20 | 检修一次后电路才正常，扣2分<br>检修两次后电路才正常，扣4分 | | | |
| 安全文明操作 | 严格遵守电业安全操作规程，工作台工具、器件摆放整齐 | 10 | 违反安全操作规程，扣1-10分<br>工具、器件不整齐，扣1-5分 | | | |
| 时间 | 90min | 10 | 提前正确完成每5min加2分<br>超过定额时间每5min扣2分 | | | |
| 开始时间: | | | 结束时间: | | 实际用时: | |